ゼロからはじめる
Webデザイナー

黒 卓陽
KURO TAKUYO

日経BP

はじめに

　本書は、これからプロの Web デザイナーを目指す方のための本です。

　私は、Web デザインはほぼ独学で、未経験から約 9 カ月の独学を経て Web デザイナーとしてお仕事させていただき、それから 3 年ほど経ちます。

　2022 年からオンラインイベント「0 からはじめる Web デザイン」「0 からはじめる WordPress」などを開催させていただいて、延べ 2000 名以上の方にご参加いただきました。

　私自身、未経験で知識も人脈もなく、手探りで知り合い伝手にホームページ制作から始めてみたものの、どこから手を付けたらいいのか、どんな知識を身に付けたらいいのかわからないまま、たくさん苦い思いをしました。

　イベントにたくさんの方に参加していただいた中で、同じようなお声をたくさん耳にしました。少しでも、自分の経験が誰かの役に立つなら、そしてより多くの方が Web をデザインするという仕事に魅力と面白さを見出していただければと思い、筆を取りました。

　本書は、全くの未経験でゼロ知識から、1 人でも Web 制作の案件を受けられるようになるために、正しく第一歩を踏み出してもらうことを目指します。小難しい理論的な解説は最小限になるよう、なるべく削りました。本書では学ぶというよりは、実際に手を動かしてサイト制作をしてみて、発見し体得していただきたい。いろんな表現を知って、創造性を膨らませながら、Web で表現することを楽しんでいただくための本です。もちろん、そのために必要な基礎知識は手を抜かずに説明したつもりです。

　本書はこんな方に読んでいただきたいと思って執筆しました。

・未経験からプロの Web デザイナーを目指している方
・自由にさまざまなデザインの Web サイトを作れるようになりたい方
・Web デザイナーの仕事をひと通り知りたい方
・クライアントのさまざまな要求に柔軟に対応していきたい方
・小難しいデザインロジックはさておき、かっこいいサイトを作りたい方

また、未経験でまだ知識がなく、デザインセンスに自信がなく、Webデザインはむずかしそうと思っている方も多いと思います。私自身も、仕事がなくて貯金残高がゼロに近づき、なんとか生計立てなければという状況になるまで、Webデザインというものを敬遠していました。しかし、重要なほんのひと握りの知識（たとえば本書の「第3章　画像、フォント、色の基本」「第12章　HTMLとCSSの基本」）さえ覚えておけば、最近は便利なツールが登場し、仕事をするための環境はどんどん充実しています。Webデザイナーとして早くスキルを身に付けて、活躍しやすい状況になっています。あとは繰り返し、いろいろなサイトを作ること。その過程では困難もあるとは思いますが、要は慣れです。場数です。自転車に乗れるようになるようなものだと思って、根気強く継続してみてください。

Webデザイナーは、素晴らしい職業です。世の中のいろんな企業や人やサービス、商品などを、わかりやすく、美しく、魅力的に伝えていく。あるいは、オウンドメディアやWebアプリを、より使い勝手がよい、使い手に寄り添ったものに生まれ変わらせていく。デザイナー自身もまた、新たな表現や、技術や、クライアントとのやりとりに、日々挑戦することができる。日々、成長を実感することができるでしょう。

デザインには、際限がありません。とある有名なデザイナーの講演を聞いたときに、質問したことがあります。「デザイナーはたくさんいるし、世の中によいデザインはあふれているのだから、今から自分が参入しても、もうやるべき仕事は残っていないのでは？」と。答えはこうでした。「ガードレールや電柱ひとつとっても、まだまだデザインすべきものはある」。デザイン、クリエイティビティは、まだまだ世の中で求められているのです。

まだ何も知らない分野だとしても、だからこそ、あなたが今までなかったような視点で、新しいWebサイトが作れると思います。本書を手に取り、ゼロから異分野に挑む読者の皆さんのことは心から尊敬いたします。不安を抱えながらも、挑んできたこと自体が、あなたの人生を豊かに楽しくしてくれるはずです。

さあ、ゼロからはじめましょう！

2023年3月　　黒 卓陽（くろ たくよう）

contents

はじめに ……………………………………………………………………… 2
おわりに …………………………………………………………………… 498

第1部　Webデザイナーの仕事

第1章　Webデザイナーになるには　　11

Webデザイナーのスキルを身に付ける ………………………………… 14
　　デザインを学ぶ…………………………………………………………… 14
　　コーディングを学ぶ ……………………………………………………… 15
Webサイト制作の準備 …………………………………………………… 16
Webデザイナーの将来性 ………………………………………………… 17
実績を作ってWebデザイナーに ………………………………………… 18
Webデザイナーを目指す皆さんへ ……………………………………… 18

第2章　要件定義　　21

何のためにWebサイトを作るのか？ …………………………………… 22
　　サービスの打ち出し方を整理する……………………………………… 23
　　ユーザーが欲しい情報と媒体について考える ………………………… 25
　　Webサイトの要件を定義する ………………………………………… 26
　　予算とスケジュールと役割分担 ………………………………………… 27
Webサイトの役割 ………………………………………………………… 29
　　目指すは口コミ…………………………………………………………… 30
　　コラム　Web以外の選択肢が答えになることも ……………………… 31
求められるのはコミュニケーション …………………………………… 32
　　コラム　ステークホルダーを見つける ………………………………… 33
費用見積もりの勘所 ……………………………………………………… 34
新規サイトの制作か既存サイトの改修か ……………………………… 35

第2部　デザインの基本とスキルアップ

第3章　画像・フォント・色の基本　37

画像の基本 ……………………………………………………… 38
　ラスターとベクター ………………………………………… 38
　JPG、PNG、WebP ………………………………………… 39
　Webデザインにおける画像の著作権 …………………… 40
　　コラム　商用利用もOKな画像素材提供サイト …… 41
　　コラム　画像の入手元は必ず記録しておく ………… 42

フォントの基本 ………………………………………………… 43
　代表的なフォント …………………………………………… 43
　デバイスフォントとWebフォント ……………………… 44
　フォントの著作権 …………………………………………… 45

色の基本 ………………………………………………………… 45
　カラーモデル ………………………………………………… 45
　　コラム　IllustratorやPhotoshopはカラーモードを要確認 ……… 49
　「カラー選択ツール」で空色を表現してみる ………… 50
　濃淡、色相、明度 …………………………………………… 51
　ユニバーサルカラー ………………………………………… 54

第4章　デザインのスキルアップ　55

ベンチマークするべきよいサイトとは ……………………… 59
　デザイン初心者のベンチマーク事例 …………………… 60

第3部　デザイナーの必須ツール

第5章　Figmaの導入と基本操作　61

プロトタイピングツールとは ………………………………… 63

Figmaの使いどころ …………………………………………… 64
　デザインの方向性を決めるとき ………………………… 64
　デザイン案をレビューするとき ………………………… 65
　Web開発会社に依頼するとき …………………………… 67
　Figmaの特徴とメリット ………………………………… 68

Figmaの準備とセットアップ ………………………………… 69
　表示を日本語にして準備完了 …………………………… 74

Figmaの基本操作 ……………………………………………… 77
　フレームを作成する ………………………………………… 78
　図形を追加する ……………………………………………… 79
　色を指定する ………………………………………………… 81
　プロトタイプのレビュー …………………………………… 81

覚えておきたいFigmaの機能 ···················· 83
　レイヤーとオブジェクト　83
　複数のオブジェクトをグループにまとめる　84
　複数のオブジェクトをコンポーネントにまとめる　86
　オブジェクトの色を変更する　88
　オブジェクトの線を変更する　90
　オブジェクトに影を作る　96
　コラム　画像としてエクスポートする　98
　他のサイトを取り込む　99
　Builder.io の使い方　101

第6章　Webページ制作に役立つFigmaのテクニック　105

テキストを追加する ·································· 106

画像を加工する ······································· 110
　画像の色調を変える　110
　画像をクリッピングする　112
　ベクター画像の色を変える　115

ボタンとページ遷移を作る ······················ 117

バリアントを作成する ···························· 120

モーダル画面を作る ······························· 124

ページ内でスクロール領域を作る ·············· 130
　長い文章を収める縦スクロール　130
　幅広のメニューなどに横スクロール　134

第7章　Webデザインで使うIllustrator　137

Illustratorの基本操作 ····························· 139

仕事に役立つIllustratorの機能 ················· 144
　ドキュメントとアートボード　144
　描画にかかわる基本機能　145
　オブジェクト管理　148
　画像を切り抜くパスファインダー　150
　塗りつぶし　153
　線のバリエーション　156
　フォント　160
　画像の切り抜きとトレース　162
　コラム　公式ガイドをスキルアップに活用しよう　167

第8章　Webデザインで使うPhotoshop　169

画像の取り込みから加工後の保存まで ········· 170

コラージュ画像を作成する ······················ 176
　画像を開いて背景を切り抜く　176
　背景画像を追加　179

知っておきたいPhotoshopの基本機能 …………………………………… 183
　画像の大きさとファイルサイズ ………………………………………… 183
　色調補正 …………………………………………………………………… 185
　選択と切り抜き …………………………………………………………… 192
　　コラム　Photoshopをより使いこなすには ………………………… 198

第4部　Webサイトの基本

第9章　サーバーの基礎知識　199

　サーバーの基礎 …………………………………………………………… 200
　Webサーバー ……………………………………………………………… 201
　自社サーバーと外部サーバー …………………………………………… 202
　サーバーのスペック ……………………………………………………… 204
　　コラム　サーバーへのデータ転送はFTPで ………………………… 205

第10章　URLとドメイン　207

　HTTPとHTTPS …………………………………………………………… 208
　ドメイン …………………………………………………………………… 209
　サブドメイン、ディレクトリ …………………………………………… 210
　Webサイトが表示される仕組み ………………………………………… 211

第11章　メールフォームとWebメール　215

　入力フォームとメールアドレス ………………………………………… 216

問い合わせメールの設定　218
　転送設定とメーリングリスト …………………………………………… 218
　メール環境を作らなければならないケース …………………………… 219
　複数のメールフォームを共有する環境に ……………………………… 220
　Gmailに問い合わせメールを集約する ………………………………… 220
　送信時にメールアドレスを切り替える運用に ………………………… 225

第5部　Webサイトを構築する

第12章　HTMLとCSSの基本　227

　Webサイトに使用する言語 ……………………………………………… 229

Visual Studio Codeの導入と基本操作　232
　VS Codeを準備する ……………………………………………………… 232
　index.htmlを作成する …………………………………………………… 235
　ファイルをプレビューする ……………………………………………… 240

HTML／CSSの第一歩 ·· 241
　「Hello World！」を表示するindex.html ························· 242
　文字の書式を設定するCSS ··· 242
　CSSによるレイアウトの記述 ··· 247

HTML／CSSでレスポンシブ対応 ·· 256
　メディアクエリで異なる画面サイズに対応 ···················· 256

基本的なHTMLタグ ·· 259
　Webページの構造を作るタグ ··· 259
　テキストに使用するタグ ··· 259
　画像、動画、音声の埋め込みに使うタグ ························ 261
　表を作るタグ ··· 264
　箇条書きのタグ ··· 266
　リンクのタグ ··· 268
　入力フォームを作るタグ ··· 269
　別ページを埋め込むタグ ··· 272

表示の基本的なCSS ·· 276
　解像度の基礎知識 ·· 276
　配置系のCSS ·· 279
　大きさ、幅、高さを設定するCSS ···································· 280
　最大と最小の大きさを決めるCSS ···································· 281
　要素の配置（レイアウト）のCSS ···································· 282
　位置を指定するCSS ·· 287
　位置を指定するCSSのコード例 ······································· 288
　その他の表示にかかわるCSS ·· 290
　非表示と透明度のCSS ··· 294
　表示順序を指定するCSS ·· 295

文字とフォントの基本的なCSS ·· 299
　Google Fontsを導入する ··· 299
　テキストのデザインに関するCSS ···································· 302

要素の背景と境界線のCSS ·· 306
　背景画像に設定を加えるCSS ·· 307
　境界線を設定するCSS ··· 309

その他の便利なCSS ·· 311
　グラフィック効果を加えるCSS ······································· 311
　疑似要素を作るCSS ·· 312
　要素を変形させるCSS ··· 315
　テキストスクロール用のCSS ·· 317
　表示に動きを付けるCSS ·· 320
　アニメーションのCSS ··· 322
　要素を指定するCSS ·· 324
　コラム　クラス名の付け方 ··· 327

HTML／CSSに役立つ必須ツール ·· 328
　プレビューの強力な味方！ ブラウザーの開発者向けツール ·········· 328
　フォルダ内の全ファイルの文字列を一括置換 ················· 330
　2ファイルの差分を手軽に抽出 ······································· 331
　コラム　コーディングのスキルを身に付けるには ················· 333
　コラム　実際にWebページをコーディングするには ············· 335

第13章　WordPressの基本　337

WordPressを使うメリット **339**
　　他のWeb制作ツールとの違い 340
　　WordPressの環境を作る 341
　　ローカル環境にWordPressをインストール 342
　　レンタルサーバーに環境を構築する 350
　　コラム　表示チェックにはシークレットモードが便利 357

WordPressの画面と基本操作 **358**
　　投稿に関する基本の設定項目 359
　　外観に関する基本の設定項目 363
　　その他の重要な設定項目 369

新しい記事を投稿する **375**
　　新しいページを追加してカテゴリーなどを設定 375
　　記事を入力して公開日時などを設定 377

静的HTMLのサイトをWordPressに移行する **383**
　　テーマを設定する 384
　　ヘッダーとフッターを編集する 388
　　公開のための準備をする 389

メールフォームを導入する **391**
　　①フォーム送信用のメールアドレスを用意 392
　　②「WP Mail SMTP」プラグインで送信メール設定 392
　　③「Contact Form 7」プラグインでフォーム設置 395
　　Contact Form 7を設定する 397
　　CF7のメール設定 401
　　フォームのデザインをカスタマイズする 405
　　④プラグインでフォームの確認画面設置 408
　　⑤フォームとスプレッドシートを連携 416
　　⑥Google reCAPTCHAでスパム対策 423

サイトをバックアップする **428**
　　インポートのサイズ上限を引き上げる 431

WordPressのセキュリティ対策 **433**
　　パソコンのセキュリティ対策は有料ソフトで 433
　　WordPressの設定で対策 434
　　プラグインでセキュリティ対策 435
　　メールフォームを守る 435

WordPress用プラグインを活用する **437**

WordPressビギナーのためのPHP入門 **439**
　　タイトルだけの記事一覧を作る 440
　　記事投稿日・サムネイル付きの記事一覧を作る 446
　　任意のデータを自由に呼び出す 450

JavaScript／jQueryのイントロダクション **452**
　　jQueryをWordPressで使う 452
　　jQueryでclass名を変更してみる 454

第14章　アクセス分析とWeb広告の実装　457

Googleアナリティクスの導入 ………………………………………… 458
Analyticsタグの発行 ……………………………………………… 459
タグをサイトに埋め込む ………………………………………… 465
導入時に必要な設定項目 ………………………………………… 466
Googleアナリティクスを使いこなすコツ …………………… 467
URLパラメーターを使いこなす ……………………………… 468

Google Search Consoleの導入 ……………………………………… 470
DNSコードをサーバーに設定する …………………………… 470
Google Search Consoleの活用 ……………………………… 473

Google AdSenseの導入 ……………………………………………… 474
Google AdSenseの準備 ………………………………………… 474
リンクをサイトに埋め込む ……………………………………… 476
自動広告の導入と設定 …………………………………………… 477
手動広告の導入 …………………………………………………… 481

第6部　Webデザイナーの業務

第15章　納品までの全プロセス　483

要件定義ですること ……………………………………………… 484
プロトタイプ作成 ………………………………………………… 486
サイト構築 ………………………………………………………… 488
サーバーにデータをアップロードする ……………………… 489

第16章　トラブルに備える　491

なかなか要件／デザインが固まらない ……………………… 492
コラム　視点を広げることが大事 …………………………… 494
思うようにコーディングできない …………………………… 494
表示の崩れが見つかった ………………………………………… 495
人間関係に困った ………………………………………………… 495
精神的に行き詰まったとき ……………………………………… 496

第1部　Webデザイナーの仕事

第1章

Webデザイナーになるには

Webデザイナーというと皆さんどういうイメージを持っていますか？　ノマドワークやフリーランスなど自由に仕事ができるイメージがある人もいるかもしれません。実際のところ、Webデザイナーはどのような仕事をしているのか、どのようにWebデザイナーになったのか、まずはその"仕事"についてご紹介します。

　最初に、そもそもWebサイトはなぜ作られるのかについて考えてみます。Webサイトは情報発信の一つの手段です。最近は、SNSや動画サイトでの発信も増えている中で、Webサイトには次のような利点があります。

① 営業にいかなくても企業やサービスの魅力を伝えてくれるため、営業が楽になる
② SNSと比較して表現の制約がない。自由な見せ方、量で示すことができる
③ 名刺代わりで、信頼性を上げることができる

　企業やサービス、商品の魅力など、発信したい情報を一元化して見せられる点で、Webサイトは最も有力な媒体です。Webサイトを立ち上げたい、あるいは今のサイトを改善していきたいと考えている企業はたくさんあります。また、サイトを制作するだけでなく運用や改善も求められています。これからも、Webサイトにかかわるデザイン、技術の需要は高いまま推移すると思っています。

　Webサイトの一連の制作・運用は、さまざま仕事に分解できます。大まかに分類するなら

・顧客のヒアリング
・デザイン設計
・サイト構築
・サーバー運用
・マーケティング

などがあります。

　Web制作に関わる職種にもさまざまなものがあります。実のところ厳密な定義はなく、会社や組織によって呼び名が変わります。さまざまな職種があります。本書はWebデザイナーに焦点を当てていますが、それ以外にも活躍の場はあります。どのようなキャリアを目指すかは、あらためて検討してみてもいいのではないかと思います。一般的には次のような職種があると思っていてください。

■ Webディレクター

顧客の要件ヒアリングや、案件交渉、制作に携わるプロジェクトメンバーの取りまとめを行います。

■ Webデザイナー

メインはデザイン設計ですが、プロジェクトメンバーや案件の種類によって、デザイン以外の仕事もこなすケースが多々あります。一人でサイト制作を行う場合はデザイン以外に必要な作業も一通り自分でこなすことになります。

■ フロントエンドエンジニア

サイトの「Webブラウザーで表示される部分」を中心に構築を行います。HTMLやCSSはもちろん、JavaScriptによるプログラム開発などがメインになります。サーバーなどの「Webブラウザーで表示されない部分」を担うのはバックエンドエンジニアあるいはインフラエンジニアです。

■ Webマーケター

Webサイトの価値を上げるためにサイト構成やコンテンツを企画し、サイトの公開後はユーザーアクセスなどのデータを分析をしながら改善案を考えます。

大まかに分けてみましたが、特にフリーランスのWebデザイナーはデザイナー以外の職種の仕事も求められることが少なくありません。クライアントが「デザインだけしてほしい」というケースはむしろ少なく、「Webサイトを作ってほしい」という要望でWebデザイナーに持ち込まれる案件もあります。そういうケースでは、Webサイト構築に必要なすべての作業をWebデザイナー本人が、あるいは一部の業務を分担できる人を見つけてチームを作り、制作に当たることになります。

13

Web デザイナーのスキルを身に付ける

　これまで Web デザイナーをテーマにした勉強会、イベントを多数開催してきました。それを通じて、Web 制作をするためには幅広い知識とスキルが必要なので、どこから勉強したらいいかわからないという声をたくさん聞きました。また、やってみたいけれど自分に向いているかわからないと悩んでいる人も多いことがわかりました。

　Web デザイナーには、才能も学歴もいりません。新しいことを学んでスキルアップするのには確かに苦労が伴いますが、一歩一歩、着実に進めれば大丈夫です。一気にやろうとすると大変なので、細かくスキルアップの目標と計画を設定しましょう。

　そのために、まずは

・どんなサイトを作ってみたいか
・どんなスキルを身に付けたいか
・どこからどの順番で学んでいくか

を考えたうえで、実際に作ってみながら学んでいくのが最も最短距離だと思います。

　Web デザイナーとして仕事をする前に何を学ぶかという点では大きく、デザインとコーディングが中心になると思います。それ以外は、なかなか事前に学ぶのが難しいところがあります。そこで本書では、コーディングのあとに来るサイト構築についても、実際に手を動かして学べるよう構成しました。

デザインを学ぶ

　Web サイトに与えられた目的を実現するため Web サイト、Web ページを作るというのがデザインの本質です。仕事としても多くの時間を使うことになるはずです。

　デザインは奥深く、Web サイトをカッコよく作ること、クライアントの要望に応えることというのは、デザインという仕事のほんの一部です。

　そもそも、誰のために、何のために Web サイトは存在しているのでしょうか？ どのようなユーザーがいて、どんな印象を与えたらいいか。Web サイトを訪れた人が知りたかったこと

にすぐアクセスできれば、満足度は高いでしょう。期待以上のことまで教えてくれたと思え
ば、かなり印象はよくなるはずです。その反対に、どこをどうクリックしたら、自分が見たい
ページを開けるのかわからないユーザーは、きっと不満に思うことでしょう。何回もクリック
していくつもページを開いていかないと目的のページに行き着けないとなれば、ユーザーの
不満も高まります。

　そうした操作性やページ構成を考えるのもデザインです。大きなところではサイト全体の
構成をどうするかも重要ですし、細かいところではディスプレイに表示されたページ内容を
見て、ユーザーはどのように視点を動かすかなどにも着目する必要があります。

　「こういう構成にすればいい」「こういうデザインにすればいい」という明確な答えがあるわ
けではありません。構成もデザインも、どういう目的のサイトで、どういう素材（写真や画像、
テキストなど）があるか、ユーザーはどういう人たちかなどにより、適切な答えは千差万別に
なります。

　そうしたケースバイケースに対応できるようなスキルを身に付けるためには、とにかく自
分で作るサイトを決めて、作ってみて、周りからフィードバックをもらうことです。本書ではデ
ザインに役立つ3種類のツールを紹介します。中でも「Figma」というツールは実際に作る
Webサイトのリアルなイメージをと操作感を、デザイン案として簡単に作成することができ
ます。FigmaはWebデザイナーとして仕事を始めたあとも主力の武器となるツールです。ぜ
ひ今のうちから習熟してください。必ず役に立ちます。

コーディングを学ぶ

　コーディングは、まずはHTMLとCSSによりWebサイトが表示される仕組みについて理
解し、Figmaなどで作成したデザイン案をコーディングして再現するまでを目指しましょう。
WebデザイナーであってもJavaScriptやPHPを使ったプログラミングなども、サイト構築に
おいては求められる場面もあります。でもまずはHTML／CSSのコードがしっかり書けると
いう基礎があるのが前提です。

　どんなデザインも表現できるようになることを目指したいところですが、まずは大まかなレ
イアウトを表現できるようになるところから始めていきましょう。デザイン案をHTML／CSS
でコーディングするときには、「どうコーディングしていいかわからない」ところがきっと出て
くると思います。そういうときはコードにするのはいったん保留し、そこは仮置きの画像を代
わりに配置して、ひとまずサイトを仮でいいので完成させるようにしましょう。率直なところ
コーディングは慣れの部分が少なくありません。特にCSSを理屈だけで理解しようとすると、

恐らく挫折することになるでしょう。ごくごく簡単なコードの段階から自分で入力し、それがどう表示されるのかを確かめる。うまく表示できていなかったら、コードを見直すというトライアンドエラーを積み重ね、徐々に複雑な表現に挑戦していきましょう。本書では、第12章でHTMLとCSSについて解説しています。コーディングに便利なエディタも合わせて紹介していますので、ぜひ自分でコーディングしてみてください。

Webサイト制作の準備

もちろん知識やスキルで準備することは必要ですが、Webサイト制作で最低限準備しておく環境があります。といってもそれほど難しいものではありません。おおかたの人には想像が付く範囲だと思います。あらためて整理しておくと

・パソコン（制作／検証）
・スマートフォン（検証）
・インターネット環境

くらいなものです。無償で使えるソフトやレンタルサーバーが充実しているので、お金をかけずとも勉強用のサイトを用意することは可能です。別途サーバー用のパソコンを用意したりする必要はありません。

Web制作ではそれほどパソコンに負荷のかかる処理はないので、パソコンのスペックは気にしなくてOKです。自分が気にならない程度の処理性能であれば問題ありません。

ただし、実際の案件では制作用とはいえクライアントからデータを預かって作業することになります。こうしたデータが流出するのは絶対に避けなければなりません。できることは限られますが、セキュリティ対策ソフトは必須です。それも無料のソフトではなく有料の製品を入れておきましょう。有料ソフトはサポートが確実なのと、メンテナンスがしっかりしているためです。

また、一般にはプロ向けの画像ツールであるIllustrator、Photoshopも、できれば用意しておきたいところです。いずれ本格的に仕事をするようになれば必ず使う場面は出てきます。プロを目指すなら、早いうちからプロが使うソフトに慣れておくことを強くお勧めします。

このほかにも本書では解説に合わせて、そのつど必要なものを紹介します。基本的には無償で利用できるものを中心に取り上げています。

Webデザイナーの将来性

Web業界は、今急激な変化を迎えています。Webデザイナーも人ごとではありません。

今後のWebデザインは、VR（バーチャルリアリティ＝仮想現実）やAR（オーグメンテッドリアリティもしくはXR：エクステンデッドリアリティ＝いずれも拡張現実）とAIに大きく影響を受けることになるでしょう。

現在のWebサイトは、パソコンやスマホなど「固定の画面サイズがある」前提でレイアウトしています。しかし、VRはユーザーの周囲すべてが画面の範囲となり、画面サイズという概念が成立しにくくなっています。ARは現実空間を拡張するように、コンピューターからの情報を現実に重ね合わせて表示します。このため、何をどう見せるかという仕組みがさらに複雑になる可能性があります。いずれの場合も、固定の画面サイズに合わせてレイアウトするといった、既存のデザイン設計の手法およびそれを表現するHTML／CSSでは対応できなくなるかもしれません。

これから先、どのような変革が起きるのか。具体的には想像もつかないですが、ここで身に付けたスキルで、安定して、継続的に稼げるとは思わないでおきましょう。今の常識も数年後には通用しないこともあるかもしれません。Webデザイナーとして活躍できるようになっても、ずっと新しいスキルを学び続けることは大事なのです。

そうは言っても、クライアントからヒアリングした内容をデザインに落とし込むというプロセスは何を作るか、どう作るかが変わっても普遍でしょうし、Webの基礎知識、HTML／CSSでサイト構築する手法が将来的にも技術的な基盤であることも当分はゆらがないでしょう。このため、今学んだことが無駄になることはありません。安心してください。

その一方で、VR、AR、AI、あるいはまだ見ぬ新しい技術の動向がどうなるのか。世の中の状況を注視しながら、どうスキルアップしていけばいいのかについては自分で切り開いていってください。

実績を作ってWebデザイナーに

　Webデザイナーを目指す皆さんは、今は何をされていますか。既卒で別の職種についている場合、Webデザイナーになるということは「未経験からの転職」になります。「未経験からでも大丈夫！」とうたっているスクールはたくさんあります。しかしながら、必ずしも「誰でも」そうとは限らないようです。実際、スクールで学んだスキルが転職先では通用しなかったとか、転職支援までしてくれるスクールだったのだが、実際には一部の人にしか求人案内が来ないという話をたくさん聞いています。

　理想は、Webデザインのスキルアップができる会社に転職することです。私自身、独学でWebデザインを学んだあとに転職活動しましたが、経験を積んでいないことがネックになることが多く、なかなか厳しい状況でした。Webデザイナーを求めている会社でも、多くはスキルと実績をすでに持っている人を採用するのです。

　可能なら、プロのWebデザイナーから指導を受けられる場を探して、アルバイトや派遣の立場ででも仕事を手伝うといった現場重視のやり方も考えられると思います。仕事の進め方を覚えるには、やはりプロと一緒に仕事するのが一番早いでしょう。それが叶わない場合は、Webデザインを学ぶだけではなく、早い段階から実績を作ることを考えてください。知り合いのつてでいいので、実際に案件を受けて制作してみることです。勉強することは自分の武器にはなりますが、他人からは武器に見えません。場合によっては自分の趣味をテーマにしたサイトでもいいかもしれません。実際にWebサイトとして完成させ、「こういうサイトを制作しました」と言える実績が何よりもものを言うのです。

Webデザイナーを目指す皆さんへ

　Webデザイナーを目指されている皆さんの多くは、何かを作るのが楽しい、新しく何かを作ってみたいという人が多いと思います。どのようなサイトが作ってみたいか、どのような仕事をしていきたいか、ぜひワクワクしながら学んでください。それが一番です。

その上で、具体的に何をゴールにするかを明確にしましょう。Webデザイナーとして、会社員になるのか、フリーランスになるのか、副業でこなすのか。そのために必要なスキル・知識は何か。本書で紹介する内容を、必ずしもすべて理解する必要はないと思います。目的に合わせて必要な部分を学ぶ代わりに、本書以外の領域にも学ぶべきことがあるはずです。

それと同時に、どれくらいの収入に臨むのかも考えておきましょう。趣味でWebデザイナーをするという人はほとんどいないと思います。Webデザイナーを仕事とする以上、お金のことを真剣に考えないわけにはいきません。はたから見れば同じような仕事に見えても、単価が大きく違うことがあります。無料で簡単にWebサイト構築するツールが普及してきて、単価が下がっている案件も多い中で、可能な限り仕事が高く評価されるよう工夫することを真剣に考える必要があります。また、今後も大きな技術変革が訪れるので、今やろうとしていることが将来通用することなのかについても、常に気を配るほうがいいでしょう。

仕事の仕方からスキルまで、今は複雑な時代です。目指すべきところは明確にしつつ、可能なら少しでも人脈を広げていくことも大切です。特にフリーランスでやっていくことを目指すなら、人脈も大事にしましょう。

本章のまとめとして、Webデザイナーにとって大事だと思うことをお伝えします。

究極のクリエイティブとは、自分の現在の能力に関係なく、誰かに貢献したいという思いと行動だと思います。これで十分と打ち止めにせず、何か一つでももっとできることはないか、クライアントに喜んでもらえることはないかを常に考え、精一杯背伸びをしてください。

それでも、自分はこうだろうと思ったデザインが周りから否定されることもよくあります。なかなかデザイン案が固まらなかったり、コーディングにミスがあったりして、仕事が思うように進まないこともあると思います。でも、そこから学び続けるしかないのです。数多くのフィードバックを受けながら、どのようなメッセージと見せ方をすれば、どのような人が、どのような印象を受け、どのような行動を取るのかを徹底的に考え続ける。地道な作業の積み重ねと、挑戦の繰り返しです。本当、泥臭い仕事ですよね。

それでも、どんなに大変でも、地道に継続していけば絶対に楽しめるときはやってくるし、多くの人に喜んでもらえる仕事になり、それに合わせて収入も上がるようになるはずです。少しでもWebデザインの仕事の楽しさを知ってもらって、挑戦し続けてもらいたいと思っています。

—
第 2 章

要件定義

本章では、Webデザインを始めるにあたって重要となる「要件定義」について解説します。いかにデザインやコーディングのスキルを培おうとも、どれほど時間をかけてクオリティの高いサイトを作ろうとも、サイト自体の存在目的があいまいなままだったり、発注元の意図と異なっていたりしたら、何の意味、ありません。

　すべてのサイトは、サイトに明確な目的があってこそ成り立つのです。発注元は何を目的にWebサイトを構築するのか、こうした発注元の目的や提供したいものを明確にする必要があります。それを踏まえて、その目的のためにはどういうWebサイトにしなければならないのか、どういうWebページが必要で何を提供する必要があるのか──。これが「要件」です。こうした要件を明確に定義しないと、目的にかなうWebサイトは作れません。

　そのためにはデザインに着手する前に、顧客との間でWebサイトを作る目的や狙いについてヒアリングをするステップが必要です。場合によっては、現状の課題についても踏み込まなければならないこともあるかもしれません。顧客がはっきりとWebサイトの目的について認識を持てているとは限らないためです。

　そのうえで、Webサイトの構成や内容についてまずは大枠から、そして徐々に細部について、要件を煮詰めていきます。要件定義が完了するまでの間には、顧客と密にコミュニケーションを取る必要があります。

何のためにWebサイトを作るのか？

　とはいえ、どの段階で、どういう話を顧客との間ですればいいのか。言葉だけで説明してもイメージしにくいかもしれません。そこでまずはケーススタディとして、要件ヒアリングからWebデザインに入る一歩手前までにどういったやり取りをするのか、その流れをまとめました。要件定義とはだいたいこんな感じで進むというものをつかんでいただければと思います。

　架空のケースとしてまとめたシナリオですが、実際にあった複数の案件をベースにしています。リアルという意味では本当に現場でのやり取りがたくさん詰まっていることを付け加えておきます。

サービスの打ち出し方を整理する

　X社は従業員数十名の企業で、オンラインの学習コンテンツを提供しています。新サービスがリリースされてから半年ほど経過しましたが、まったくと言っていいほどユーザー数が伸びません。中高生がオンライン学習するためのアプリで、教科別に問題集と解説があって、進捗によって「レベル」が上がっていく、ゲーム感覚で楽しみながら学習することができるアプリです。自身を持って開発したのですが、成果を生んでいません。

　このアプリプロジェクトを進める担当部門の部長が、外部のWebデザイナーに相談しました。企業から外部デザイナーに案件を持ち込む場合、本来はもう少し間に対外的な応対を担当する社員（企画や広報など）が入るケースが望ましいですが、現実はそうもいかないことがあります。

部長 　新しいアプリの新規ユーザーを1年以内に5000名まで増やしたいのですが……

デザイナー 　ターゲットはどういった人たちですか?

部長 　塾通いが難しい環境にいる中高生です。提供するのは自習用アプリで、月額1100円です

デザイナー 　アプリということは、最近コマーシャルもやっていて注目されている動画を視聴して学習るような感じですか?

部長 　いや、問題を解いてもらって採点するサービスです。全問選択式で、基礎的な分野を中心に取り上げています。とにかく基礎を徹底的に反復練習させたいのです

デザイナー 　なるほど。アプリの目的ははっきりしていますね。

部長 　それと月に1回、講師と直接面談できるサービスも利用できるようにしています。講師というより、メンターといった感じですな

デザイナー 　面白いサービスですね。似たようなサービスには、どんなものがあるのでしょうか。……あっ、最近は結構いろんな勉強アプリがあるんですね!

　　こっちのアプリは時間管理してくれたり、あっちのアプリは講師にいつでも質問できたり、勉強の進み具合を共有したりできるのか。自分が中高生のときにあったら、もっと勉強できてたかもしれないなあ

部長 　まったくですね。しかし、大手さんで作っているようなアプリをウチで出しても…

デザイナー　確かに、基礎知識の反復に特化したようなアプリはなさそうですね

　X社のアプリは、大手とも競合しているとはいえ、独自の特色がありそうです。でも、それだけではユーザーを集められていない以上、どう対策するかはさまざまな視点から考えていく必要がありそうです。

部長　アプリだけでなく書籍の教科書も競合になります。とりあえず書籍から考える生徒さんもいるだろうと考えています。学校ごとに授業の進み方も違うでしょうし、目前のテスト対策もあるので、ピンポイントでこの教科書を勉強しようという人も多いだろうとは見ていますが……

デザイナー　確かに。大手のアプリには、電子教材が200冊も入っているのがあるんですね！ そうなってくると、特定の単元だけ学習できるのを魅力に感じるユーザーもいそうだなあ。そういえば中高生向けということですが、決済方法は何を？

部長　クレジットカードです

デザイナー　となると、親御さんが手続きされることにますね。そうすると、Webサイトでは親御さんにも安心してもらえるような、信頼性を得られるように見せる必要がありますよね。できれば、実績もあった方がいいですね。

部長　残念ながらまだ実績はないので、そこはどうしようもないですね

デザイナー　な、なるほどですね。今まではこのサービスってどうやって周知させてきたのですか？

部長　インスタグラム広告、Googleアドセンス広告、PR Timesかな。30万円ほど広告を打ったのだけど、全然ユーザーが増えませんでした

デザイナー　LP*1とか、SNSとかは作ったのですか？

部長　どちらも用意しました。でも……

デザイナー　そうですか……

*1　ランディングページ。くわしくは本章で後述しています。

ユーザーが欲しい情報と媒体について考える

　それなりに手を打ってはいるのに、ユーザーがなかなか増えない状況のようです。Webデザイナーの立場から見ても、ほかにもさまざまなサービスがある中で、このサービスを利用する強力な理由が見当たりません。確かに、基礎の反復に特化するというコンセプトは他にないようですが、それをアピールしたところで学習アプリというくくりで見れば、他にもサービスはたくさんあります。

　しかも、月額1100円。このアプリにあえてお金を、それも親御さんが出すかというと……。だからこそ、LPのデザインを確認するまでもなく、改善の余地があることは確実でしょう。そこで新しい打ち出し方を考えるために、もう少し突っ込んでヒアリングしてみることにしました。

デザイナー　打ち出していくメッセージを、整理しましょう。今はどんなメッセージを出しているのですか?

部長　「いつでもどこでもできる、勉強アプリ」ですね

デザイナー　それ、すでに他サービスもあるヤツですね。私は「基礎の反復」というのは面白いキーワードかなと思いました

　中高生向けに「目の前の試験も大事だけれど、徹底して基礎固めした方が後々いい」ということをもっと打ち出したらどうでしょう?

部長　言われてみれば、元々の企画にはそんなフレーズがありましたねぇ……

デザイナー　親の立場からすれば、お金をかけたとしても勉強する習慣がつくなら、その価値はあると思うんですよね。少なくとも、塾通いの月謝よりもはるかに安く成績が上がったら、それは大歓迎でしょうから

　塾との競合という点で価格は武器になるわけですから、それだけにアピールできる実績がほしいところだなあ

部長　モニターを募集して無料で使ってもらうとかも必要ですかね

デザイナー　可能ならそれはよさそうですね。何名かに無料でやってもらって、感想とかその後どうだったのかを教えてもらえれば、それは大きくアピールする素材になります

　あとは、見込み客向けのメッセージをどこに出していくか、その媒体を考えなくては

ならなさそうですね。Webサイトは発信したいメッセージを自由な表現で、存分に盛り込んで発信することができます。SNSは運用によりますが、多くの人に見てもらえるので拡散力がある。あとはお金があったら、インフルエンサーの起用やマスメディアも検討したいところです。また、塾や学校でチラシ配りできるかも知れません。そう考えると、まだいろいろと手段はありそうです

部長 そうですね、予算は検討しなければ。とはいえ、すでに広告費はけっこう使ってしまってますし、Webサイトだけでも何とかなりませんかね。

デザイナー わかりました。考えてみましょう。

Webサイトの要件を定義する

　Webサイトを再設計することは決まりました。でも、それには新しいWebサイトに必要な要件を固める必要があります。サービスのメッセージを整理するだけなら、LPで十分でしょう。そうすると、導線としてはまずLPを見てもらって、そこからアプリのダウンロードページに誘導する感じでしょうか。

　あとはデザインの話になるので、予算（見積もり）をある程度固められそうではあります。画像素材は有料のを使うこともありそうなので、これ以外に予算を取ってもらうことも含めて、提案を作ろうと思います。それでもまだ、動き出すまでには考えなくてはならないことがあります。

デザイナー 主としてLPの改修ということになると思うのですが、何の当てもなく改修するよりも、ベンチマークできるサイトを探したほうがよさそうですね。世の中にサイトは無数にあるので、あわてずにまずは御社のイメージに合ったサイトを見つけてから、それをもとに文章もデザインも固めていくのが望ましいと思います

部長 わかりました。私のほうでもいろいろ探してみます

予算とスケジュールと役割分担

　改修と、どういう作業から手を付けていくかは決まりました。そこで、お金と納期について
すり合わせます。案件の規模に対する予算感は、市場の相場、自分のスキル、希望収入を考
慮し、事前に設定しておきましょう。また、どれほど詳細に要件定義の段階でヒアリングして
も、あとあと変更を求められることは多々あります。最初から標準的な金額で案件を獲得す
るのは難しいと思いますが、慣れてきたら多少のバッファを見込んだ上での予算を提示しま
す。

デザイナー　ちなみに、Webサイトの予算はどの程度と考えていらっしゃいますか？ ざっと見積
　　　　　　もりましたが、◎□万円でいかがでしょうか。あと、文章はどなたか書けたりします
　　　　　　か？

部長　すみません。そこまでの予算はないので、△◎万円でお願いできないでしょうか。文
　　　　章は、私のほうで用意しますよ

デザイナー　かしこまりました。ただし、画像素材は有料のを使うかも知れないので、その分は別
　　　　　　に見ておいていただければ、私のほうは異論はありません。さっそく、見積書を作成
　　　　　　します。

　　　　　　文章は、参考サイトを見つけてから、どのようなことを書くのがいいか考えてみても
　　　　　　いいかもしれませんね

部長　わかりました

デザイナー　それで、スケジュールですが……

　　　　　　参考サイト探しに1週間
　　　　　　文章はそれから1週間ほどでいただけると考えて
　　　　　　デザインに1週間
　　　　　　サイト構築に1週間で
　　　　　　だいたい1カ月後のの△月×日に完成ということでいかがでしょうか

部長　OKです。それでよろしくお願いします

　いかがでしたか。広い視野で考えることも盛り込みたかったので、ここではあえてやや困
難な事情がある、ハードめのケースを検討してみました。そのような状況でも、Webデザイ

ナーは自分の役割を考えながら、ベストな選択肢を選び続けるしかないという泥臭い一面も表現したかったので、決して「新しいWebサイトで奇跡の大逆転！」というようなストーリーにはなっていません。ただ、現状と顧客の問題意識から、どういうプランを考えていけばいいのかという一例としては、なかなかリアルにできたのではないかと思っています。

　要件のまとめ方も見ていただきたかった一方で、この段階の着地点では要件定義と合わせて

・予算
・スケジュール
・役割分担

は少なくとも決めておくことを考えておいてください。ここをあいまいにしておくと、あとあと重大なトラブルにつながることがあります。とはいえ、こういったところはそうすんなり決まらないこともあるのですが……。

　あとは、初めて仕事を請け負う相手ならば、ある段階から以降は「何回まで修正可能」かを決めておくのが無難ではあります。いつまで経っても細かい修正を要求されて、なかなか終わらないというケースも少なくないためです。すでに何度かお付き合いのあるクライアントでなければ、後々どういう風に進めていってもらえるのかを見極めるのは難しいところもあります。

　Webデザイナーがここまで要件に深く首を突っ込むことは、現実にはあまりないと思います。しかし、企画やマーケティング担当者が別にいたとしても、何の疑問もあいまいな点もない要件をすぐにまとめられるとは限りません。何のためにWebサイトを制作するのか、Webデザイナーとしてもクライアントの立場から常日頃考えておくと、要件定義の段階でクライアント側にとっても有意義な質問ができるようになります。状況にもよりますが、場合によってはWebデザイナーを超えた指摘も必要になることがあるかもしれません。それも要件定義を適切にするためです。そこさえできていれば、デザインから以降のプロセスが楽になり、クライアントにとっても付加価値の高いサイトを納品できると思います[*2]。

＊2　もっとも、クライアントに企画の撤退を提案するのも選択肢になるときもあるのですが……。

Webサイトの役割

顧客からサイト構築の目的を引き出し、適切に要件を定義したり、どのようなWebサイトにするかを提案したりするために、標準的なWebサイトを"構築する理由"について整理しておきましょう。

企業がWebサイトを構築するという場合、その目的には大体パターンがあります。そのパターンについてまとめておきます。

■ コーポレートサイト

これは、Webサイトを会社の看板にするというパターンです。今やほとんどの会社が、会社の看板としてコーポレートサイトを持っていると言っても過言ではありません。特に新興企業のように、これからサービスを打ち出して営業をかけなければいけないところこそ、しっかりコーポレートサイトを作っていく必要があります。

コーポレートサイトの目的は、会社の名刺代わりで信頼性を増すためですが、それ以外にもサービスや商品の紹介ページを充実させて、新規顧客を目当てに問い合わせ獲得を狙うサイトも少なくありません。

■ サービスサイト、LP

これらはサービスや取扱商品を紹介するページです。LPとはLanding Page（ランディングページ）の略で、検索サイトやWeb広告など、他のサイトを閲覧していた人が最初に自社サイトに来たときに開くページということを強く意識して作ります。

やはりWebサイトは、SNSやチラシと比べて文字数や表現方法にも制限がなく、存分にアピールすることができます。CSSやJavaScriptなどを駆使して、アニメーションを入れたり、マウスの動きでインタラクティブな表現をしたりといった仕掛けができるメディアは、現状はWebのみです。

とはいえ、サービスサイトを作ってもすぐにたくさんのユーザーがアクセスするとは限らず、集客に苦労するケースも多々あります。どうやってこのサイトに辿り着くか、導線をサイト設計とともに考えていくことが重要になります。

■ オウンドメディアサイト

ブランディングを目的としている場合に構築するのがオウンドメディアです。会社のサービスや商品を直接打ち出していくサイトの場合、ユーザーがそうしたサービスや商品に関心がない限り、じっくりサービスについて知ろうとはしてくれません。

しかし、商品やサービスのアピールとは別に、広く一般向けに有意義な情報を継続的に発信することで、より広いユーザーと接点を持つことができます。

たとえば、よくWebデザインスクールがWebに関する知識を発信しているのを見たことがあるかもしれません。スクールのカリキュラムや受講コースには直接アクセスするつもりはなくても、そうした情報であればアクセスするユーザーが多いことが期待できます。サービスに直接リーチしてもらうのが難しいときに、まずはオウンドメディアを間にはさんでアクセスを増やすことで、最終的には商品やサービスへのリーチにつなげていくというのが有力な選択肢になることがあります。

■ Webサービス

広報やブランディングというより、「すぐに利用してもらえる」ような実用性が高いサイトもたくさんあります。たとえば、ECサイト、ネット銀行、動画配信サイトなどです。

そういうサイトでは、ユーザーがサービスが利用しやすくなるように、ユーザーエクスペリエンス（UX）を大事にします。それとともに、サイトとしても商品購入や新たなサービス加入などを促すような仕掛けをサイト内に設けます。

こうしたサイトの場合、要件も複雑ですし、画面の種類も多く、システム開発が絡むこともあるため、多岐に渡る関係者間の調整やシステムやアプリケーション開発への理解、そして何よりデザインのスキルも求められてきます。

目指すは口コミ

いずれのパターンのサイトでも、たくさんの人に見てもらって、会社を知ってもらって、サービスや商品を利用してもらって、ユーザーに喜んでもらうことが、クライアントばかりでなくWebデザイナーにとっても大切です。そのためには、口コミ（アーンドメディア）が大切と言われています。そこでは、"誰が" そうしたWebサイトのことを言うかが大事なのです。たとえば、

・サービス提供企業が「この製品はすごい！」とアピール

・人気のタレントが「この製品はすごい！」がコメント

・口コミサイトのコメントや商品レビューで「この製品はすごい！」と誰かが書き込み

・口コミサイトで「星5つ」に評価が集中

は、それぞれ聞こえ方が変わってくると思いませんか。Webサイトも作って公開して終わりではなく、その後にどのように広まっていくかを考えることも大事ですね。

Web以外の選択肢が答えになることも

　ただし、こうしたWebサイトのパターン以外にも選択肢がもう一つあることは頭に入れておいてください。Webデザイナーの立場ではありますが、依頼内容に対してWeb以外の媒体の可能性を検討することは、特にクライアントと話をする初期の段階では必要です。企業もサービスも、世の中の情勢も、インターネットのあり方も千差万別で、いずれも今後ずっと変化し続けるわけですから、Webがベストとは限らないケースも出てくるでしょう。「それはWebでは難しいです」と伝えなければならないこともあり得ます。それを無理に受注しても、クライアントにとっては費用対効果の悪い投資になりますし、自分の作業も大変になるだけという側面もあります。

求められるのはコミュニケーション

　だいたいの案件は、結局は発注者との間で十分なコミュニケーションが取れれば何とかなります。その点では、できるだけ頻繁に、密にコミュニケーション取れるような関係をクライアントとの間で作ることも重要ですね。

　また、最近はいちいちスケジュールを合わせてミーティングするばかりではなく、LINE やSlack などのメッセンジャーでやりとりしていくことも増えました。そうした環境で案件をスムーズに進めていくのに大事なのは

・返信のスピード
・少しでも前に進める意識
・こまめなコミュニケーション

だと、読者の皆さんにはアドバイスします。

■ 返信のスピード

　何か連絡をもらったら、できるだけ早く返信しましょう。これは姿勢の問題ではなく、進捗への悪影響を防ぐためです。極端なことを言えば、わずか1分返信が遅くなっただけでも、その間にクライアントの担当者には別のMTG に入ってしまうかもしれません。1分早く返信をしていればすぐにその返事がもらえたのに、出遅れたために返信をもらえるのは2時間後になってしまうかもしれません。あるいは、タッチの差で退勤になってしまい、こちらの返信を見てもらえるのが翌日になってしまうかもしれません。Web デザイナーにとって納品が命ですから、途中段階での1日の遅れは大きいです。1分、1秒でも早く返信できるように心がけることが、自分のためになるのです。

■ 少しでも前に進める意識

　早く返信すると言っても、ただ返信すればいいわけではありません。全体のスケジュールを見て、次にクライアントに何をやってもらいたいのか、何を決めてもらいたいのかを考えて返信します。どんなホームページにしたいのか、コンテンツをどう構成したらいいか、サーバーやドメインはどうなっているかの、どんなイメージでデザインを考えているのか、制作したプ

ロトタイプはどう修正したらいいかなど、クライアントに決めなければいけないことがたくさんあります。クライアントに決めてもらわなくてはならないことをあいまいにしたままだと、いつまでもサイトが完成しません。自分の仕事がどう進んでいるかに合わせて、Web制作を仕上げていくプロセスを考えながらコミュニケーションを取る必要があります。

　たとえば、複数案を出してその中から選んでもらったり、イメージに合致するサイトを一緒に探したり、クライアントに「今何を決めればいいか」を判断材料とともに示して、適切なタイミングで決断してもらうことが重要ですね。

■ こまめなコミュニケーション

　あとは、こまめにコミュニケーションを取ることが大事です。一番恐いのは、特にやりとりがないまま進んで、サイト完成直前になって一気に「思っていたのと違う」とダメ出しされることです。実は定義した要件が適切ではなかったことに、あとになって気づくというケースです。何度も発注していただいているクライアントならその点に心配はいらないかもしれませんが、初めてお仕事するような場合は、特に注意深くコミュニケーションを取っていきましょう。当たり前と思うかもしれませんが、その当たり前をきちんと実践することで、自分に余計な負担が降りかかってくるのを防げるのです。

ステークホルダーを見つける

　クライアントの担当者が複数で、さらにそのほかにデザインの意思決定をする上司がいたり、さらにその上にも最終的なOKを出す上司がいたりすることがあります。現場の担当者とは順調に制作を進められていても、そうした上司にひっくり返されるといったことも、現実にはあります。そういう事態を避けるために、どういう関係者がかかわっているかを把握し、そうした関係者との間で調整していくことも大事になってきます。これが正解という対策があるわけではなく、各方面と調整しつつ、コミュニケーションを取り続けていくしかないですね。

費用見積もりの勘所

　Webサイト制作やリニューアルは、いくらの費用で見積もりを作ればいいか。気になる人も多いでしょう。

　実際のところ、これは案件にもよりますし、自分の実績、クライアントとの関係性も影響していくるので、金額の基準を一概に言うことはできません。でも、見積もりを作る際には最低限考慮すべきことがあります。主なところを挙げると

・サーバーとドメイン費用
・サイトのデザイン、構築、修正の工数
・画像素材費用
・画像素材の入手、加工、制作費用

といった項目があります。

　まず、見積もりやすいのはサーバーとドメインです。これは、利用する機器やサービスが決まったら、その合意を取ればOKです。ただし、柔軟に見積もるにはサーバーの知識を少しでも持っておいたほうがいいと思います。

　次に、デザイン、サイト構築の工数です。これはとにかく要件次第です。これを早く決めるには、ある程度は案件の経験が必要です。こんな感じのサイトにしたいというイメージがクライアントとの間で共有できれば、それにどのくらい時間が必要か、経験から大まかなスケジュール感が立てやすくなります。自分の実績をベンチマークの対象とするわけです。同じクライアントさんと何回か仕事を重ねていけば、どれくらい修正が必要になるかも大体わかってきます。最初は大変だと思いますが、あとはいただいたお仕事の分だけ、修正工数も含めて見積りやすくなるはずです。

　全く知らないクライアントと仕事をする場合は、上記の内容について要望を聞き、こちらからはくわしく提案・説明するといったように、ていねいにコミュニケーションを重ねていくほかありません。可能な限り案件を円滑に進めるロジックがあっても実践は難しいですし、相手も人間なので想定外のことは起こり得ます。とにかく、コミュニケーションの回数を増やしていきましょう。

　最も見積もりが難しいのは画像素材です。サイトに「ぴったり当てはまる画像」は、画角、

被写体の人物の写り方、明るい／暗いなど、素材提供サイトの大量の写真の中から探すのはかなり大変で、時間がかかります。このため、素材画像を入手、加工、場合によっては新規に撮影する費用も考慮しておく必要があります。ちなみに、少しでも早く画像を見つけるには、普段からいろいろな素材提供サイトをウォッチして、どこにどんな画像があるかを知っておくことですね。

　なお、画像素材の入手、加工の工数が読めない場合は、サイト制作と別枠で費用請求することを検討してもいいと思います。

　見積書を作成する際は、要件定義を含めた各作業の単価と、サーバー、ドメイン、画像などの諸経費など、必要なものを記載します。高単価案件になると、作業をより細かく記載することを求められる場合もあり、記載すべき項目の粒度は案件により異なります。

新規サイトの制作か既存サイトの改修か

　Webデザイナーの案件は、大きくわけて新規と改修（リニューアル）があり、それぞれ最初のアプローチが異なります。

　新規作成案件の場合、ゼロからサイトを設計するので

・どんなサイトを作りたいのか要件定義
・デザイン案作成
・デザイン案をもとに実装

することになります。

　新規案件は比較的わかりやすいのですが、改修の場合はそれとは異なり、単純に一般化できません。

　まず、既存サイトを隅々まで確認して現状を把握し、発注者の要望を聞いていきます。ここで気を付けなければならないのは、発注者の要望をもとにデザインを考えるので、既存サイトに引っ張られないこと。わかっていても現実にあるサイトなので、どうしても影響を受けがちです。

　デザイン案が固まったら、実装方法を検討します。既存のデータを修正することで対応す

るか、それとも新規に作り直すかです。これは、実装のしやすさもそうですし、既存サイトへの影響も考慮する必要があります。現行のサイト構成が複雑であるほど、どちらの方針で行くのがいいのかを見極めることが重要になります。

　とはいえ、大枠では新規も、既存の改修もやることはそれほど変わりません。しっかり要件を固めて、デザイン案を起こし、早く確実に実装していくという点では同じです。

第 2 部　デザインの基礎知識

第 3 章

画像・フォント・色の基本

ここからは、実践に役立つデザインの基礎知識・基礎スキルを中心に解説していきます。どのようにデザインを考えていくか、どのようにデザインを生み出すかまでは踏み込んでいません。ただ、どうデザインするかについては手を動かしてみて、周りの人に見てもらう、特に実際に業務に携わるプロからフィードバックをもらったほうが、習得は早いと思います。ここでは、そうやって手を動かすときに役立つ、Webデザイナーの "常識" にあたる画像、フォント、色の使い方の基本について紹介します。

画像の基本

　Webデザイナーがなぜ画像を扱うかというと、画像がWebサイトの印象を大きく左右するからです。特に、Webサイトを開いて最初に目に入るメインビジュアルや、サービスのイメージ図などは、ユーザーが「その先に何が書いてあるのか」と興味や関心を持たせるのに重要な役割を果たします。基本的に、目的に合った画像をあて込めばいいのですが、ここでは画像を扱ううえで知っておくべき、ファイル容量と著作権について解説します。

ラスターとベクター

　画像には大きく2種類のデータ形式があります。ラスター形式とベクター形式です。
　ラスター（raster）画像は、色を持つ小さい点をグリッド状に並べた集合体で、スマートフォンで撮影した写真などは、ラスター形式の代表です。グラフィックスソフトなどで画像を元々のサイズから拡大していくとだんだん絵が粗くなり、より拡大するとグリッド状に点が並んでいることがわかると思います。
　画像の代表的な種類は、拡張子でいうとJPG、PNG、WebPが挙げられます。
　ラスター画像を扱う際には、画像が精密さ（画質、解像度）とファイル容量に配慮が必要です。画質や解像度（サイズ）が高い精密な画像は大きく表示してもきれいに見えますが、精密さが上がるとそれだけファイル容量が大きくなり、データ転送や表示が重くなります。双方のバランスを考慮する必要があります。
　一方、ベクター（vector）画像は、主に図形を数式と数値で記述した画像です。

PowerPointで描画した四角形や丸などの図形や、Wordで入力した文字をいくら拡大しても、粗くなりませんよね。原理的には数学の授業で習った放物線と同じように、数式で記述されているためです。

　Webでも利用するベクター画像では、拡張子でいうとSVGが代表的な形式です。SVGファイルはマークアップ言語で記述されており、大きな意味ではHTMLの仲間です。SVGファイルの記述をHTMLに直接埋め込んでデザインすることもできます。くわしくは、HTMLとCSSの解説（第12章）をご覧ください。

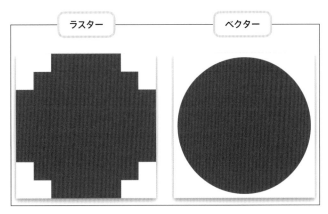

図3-1
**ラスター形式とベクター形式を
拡大表示したときのイメージ**

JPG、PNG、WebP

　ラスター画像を扱ううえで、画質とファイル容量の両方を考慮する必要があることはすでに書きました。そのためには、JPG、PNG、WebPといった画像形式の特性を知っておく必要があります。

■ JPG（.jpg／.jpeg）

　写真を中心に使われる形式です。画像を「大まかな見た目を変えないで圧縮」することで、高画質画像を低容量で表現できます。色数が多い画像ほど、また人物や自然、風景など複雑な形状のものが写っている画像では、JPGの特性が有利に働きます。

　「圧縮する」というのは、言葉を選ばずにいうと「省略して描画する」ということです。JPGは、上手に省略することで、画質を落とさずにファイル容量を削減できます。複雑な被写体ほど省略が目立ちません。ところが単色で塗りつぶした図形の画像などをJPGで保存すると、途端に粗が目立ちます。

JPG画像を作成する場合は、圧縮の程度を調整することで、画質とファイル容量のバランスを変えることができます。

■ PNG (.png)

イラストを中心に使われる形式です。以前のインターネットで使われていたGIF形式に変わって利用されるようになりました。元の画像を再現できる方式で圧縮するため、画質を下げずにファイル容量を押さえられます。また、PNGには「透過」情報を持たせることができ、背景を透過したり、半透明を表現できたりします。このため、Webデザインではボタンやアイコンなどに利用するケースが多く、重宝する画像形式です。ちなみにJPGは透過に対応していません。

■ WebP (.Webp)

JPGとPNGをいいところ取りした、次世代の画像形式です。2010年にGoogleが開発しました。本稿執筆時点（2023年）でWebを中心に普及しつつあり、ひと昔前のWebブラウザーでは対応していないものもあります[1]1。まもなく本格的に普及してくると思います。

Webデザインにおける画像の著作権

Webページで使う画像は、Webデザイナーが自作したり、クライアントから提供されたりすることもありますが、最近は画像素材提供サイトが充実しているため、こうしたサイトで調達することも増えています。

画像素材提供サイトの画像は、何でも自由に利用できるわけではなく、商用利用やコピーライトなどに条件があり、それをクリアする必要があります。許諾違反をすれば、最悪の場合、提供元から訴えられる可能性もあります。また、Webデザイナーだけではなく、クライアントにも違反の影響が及ぶこともあり得ます。著作権には十分に注意を払わなくてはなりません。

画像素材が有料／無料に関わらず、利用する際に確認しなければならないのは、基本的には以下の3点です。ライセンスは、使用許諾条件が素材提供元に必ず掲載されています。利用前に必ず確認しましょう。

---

[1]　主要なWebブラウザーを最新版にしていれば表示に問題はありません。

■ 商用利用は可能か

　フリー画像で個人利用が認められていても、商用利用は認められていなかったり、章用の場合は利用料が必要な場合があります。基本的に、企業のWebサイトで使うのは商用利用と思ってください。とはいえ、商用が示す範囲は、サイトごとに変わる部分もあります。いずれにしても、ライセンスを参照して、商用利用での要件を確認する必要があります。

■ コピーライト表記は必要か

　商用利用が認められていても、提供元のコピーライトを表記しなければならないことがあります。利用料を支払うと、コピーライトの記述を免除されるサービスもあります。コピーライト表記は必要か、必要な場合はどのように何と記述しなければならないか、確認しておきましょう。

■ 画像の加工は可能か

　画像素材をそのまま使うケースは意外に多くありません。何らかの加工をするケースが大半です。画像の加工に制限がある場合もあります。Webサイトのデザインに合わせて色味を変えたい、表示する範囲に合わせてトリミングしたいということも頻繁にあります。そうした加工もライセンスに抵触するケースがあります。加工についても可能かどうか、可能な場合の条件は何か、確認しておきましょう。

無料で使える写真も！
商用利用もOKな画像素材提供サイト

　商用利用が可能で、コピーライトも不要、加工も自由なサイトも増えてきました。ここでは、無料のサイトを中心に使い勝手のいいサイトを紹介します。ただし、提供元のライセンスはいつ変わるとも限らないので、利用前にはあらためてよくライセンス確認の上、利用してください。

※情報は2023年2月現在

■ ラスター画像

　　・Pixabay　　　　　　　https://pixabay.com/

　　・Unsplash　　　　　　https://unsplash.com/

　　・Adobe Stock（有料）　https://stock.adobe.com/jp

■ ベクター画像

　　・Undraw　　　　　　　https://undraw.co/illustrations

　　・ICOOON MONO　　　　https://icooon-mono.com/

　　・Bootstrap Icons　　　https://icons.getbootstrap.jp/

画像の入手元は必ず記録しておく

　Webサイトに使用する画像は、すべて使用許諾条件をクリアしていなければ、あとあと問題になる可能性があります。クライアントに「あの画像のライセンスは大丈夫か」と尋ねられて、即座に問題ないことを回答できないと、クライアントからの信用を損なうことにもなります。画像の信頼性を担保するには

　・元画像
　・素材提供元URL
　・素材提供元のライセンス文面
　・加工後の画像

は必ず手元に残しておくようにしましょう。

フォントの基本

　Webデザイン表現の中でも特に重要なのがフォントです。特に設定せずにWebページを作ってしまうと、Webブラウザーやデバイスごとに異なる標準設定で表示されてしまい、意図しないデザインになってしまいます。ここでフォントの基礎知識について学んでいきましょう。

代表的なフォント

　Webサイトでよく使われる代表的なフォントをご紹介します。

■ ゴシック体

　ヒラギノ角ゴシックはApple系デバイス、游ゴシックはWindos系デバイスで標準で使われているフォントで、Noto SansはGoogleが開発したオープンソースのフォントです。ゴシック体は縮小しても読みやすく、可読性を高めることができます。

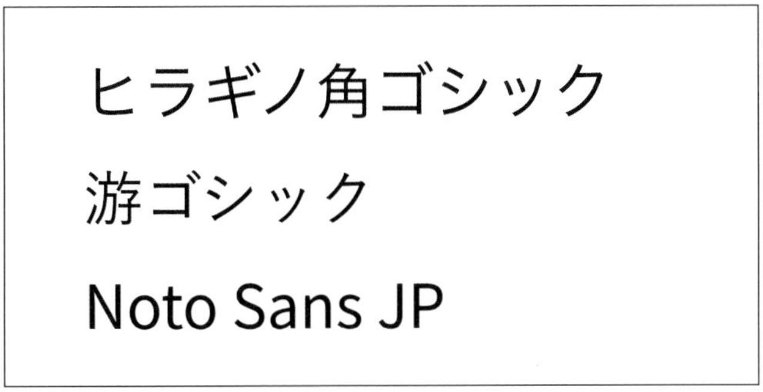

ヒラギノ角ゴシック

游ゴシック

Noto Sans JP

図3-2
代表的なゴシック体のフォント

■ 明朝体

　ヒラギノ明朝はApple系デバイス、游明朝はWindos系デバイスで標準で使われています。明朝体は上品さを表現でき、サイトのデザインを考慮して使えるといいです。

ヒラギノ明朝
游明朝
Noto Serif JP

図3-3
代表的な明朝体のフォント

デバイスフォントとWebフォント

　Webブラウザーが Web サイトを開いたときに表示のために使用するフォントは、デバイスにもともとインストールされているフォントか、Web 上に用意されているフォント（Webフォント）のいずれかです。CSS でフォント名を指定しても、それがデバイスにはないフォントだったり、あるいはWebフォントとしては提供されていなければ、Webブラウザーは利用できません。そういう場合は、デバイスにある別のフォントに置き換えられてしまいます。

　第7章でくわしく紹介する「Figma」は Web アプリケーションとして提供されているグラフィックスソフトですが、Webフォントだけでなく、パソコンにインストールされているローカルのフォントも利用できます。

　Webフォントは、Webブラウザーを開いてダウンロードしたHTML／CSSファイルを解釈するときに、指定された Web フォントを読み出すという動作になります。このためローカルのフォントを使用するときよりも、Web ページの動作が重くなります。しかしながら、近年はデバイスも通信も性能が向上しているので、動作への影響をそれほど重く考える必要はなくなりました。それ以上にデザインの向上に注力するほうがいいでしょう。

　Webフォントを提供している代表的なサービスを紹介します。いずれも、無料で商用利用可能です。

- ・Google Fonts
  https://googlefonts.github.io/japanese/

- ・Adobe Fonts（Adobe CC）
  https://fonts.adobe.com/?locale=ja-JP

フォントの著作権

　画像や文章と同様、フォントにも著作権があります。商用利用可能か、許諾が必要かなど、ライセンスを調べることは大切です。Google FontsやAdobe Fontsは、今のところ無料で商用利用可能となっていますが、いつ変更されないとも限りません。こうしたサービスが突然使用条件を大きく変えるとなれば、事前にWebデザイン周辺では大きな話題になると思います。四六時中気にする必要はないですが、使用条件についての変化については動向を気にしておくようにしたほうがいいでしょう。

色の基本

　ここでは、色の基本的な考え方について解説していきます。配色や色のトレンドは重要ですが、そのときどきで変わってくることもあり、ここでは触れません。最新動向をつかんでおくのもWebデザイナーのスキルの一つ。さまざまな本やWebサイトで情報を収集するようにしてください。

カラーモデル

　光にはさまざまな波長があります。人間の目はその波長に従って、光の色を認識します。波長によって異なる色をコンピューターで表現するには、大きくRGB、CMYK、HSVという3種類の方法があります。それぞれ利用用途とデータ表現が異なるので、それぞれ理解しておきましょう。

　なお、Googleに「カラー選択ツール」が用意されており、特定の色を指定してそれぞれの色表現でどう表されるのか、確認することができます。

　CMYKは印刷用の色表現であり、本来であればWeb制作でCMYKを使うことは滅多にありません。通常はRGBを使わなければならないのですが、クライアントによっては素材として提供されるデータがCMYKである場合がよくあります。それに気が付かないと、画像の色がどうもおかしいといったことが起こり、その原因を突き止めるのに余計な手間と時間がか

かったりします。Web デザイナーとしてというよりも、広く画像を扱う立場から CMYK も含めたカラーモデルの基礎をマスターしましょう。

■ RGB

　光の三原色が赤、青、緑であることを利用したカラーモデルが RGB です。

　光の色は、その光に含まれる赤、青、緑の各成分がどのくらい強いかで決まります。どの色の成分もなければ黒に、どの色の光も強ければ白に、あとは各色の成分の組み合わせで色が決まります。

　これを、スマートフォンやパソコンなどのデジタルデバイスで再現するために、機械が理解できる表現として考案されたのが、RGB です。画面表示用の画像で使うための色表現でもあります。後述の Web カラーコードと併せて、HTML ／ CSS でも利用できる表現なので、Web デザインでもよく使う色表現です。

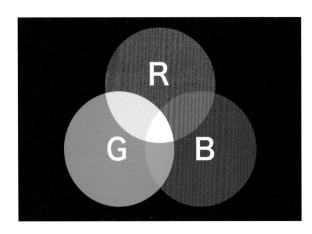

図 3-4
光の成分である赤、青、緑で
色を表現する RGB

　RGB は、赤（Red）、青（Blue）、緑（Green）のそれぞれの色の強弱を、256 段階（8bit）の数値（0〜255）で表します。

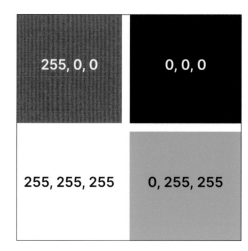

図3-5
図の中の色を、RGBの値で表した

■ カラーコード

　RGBをHTML内で短く記述できるよう、RGBの数値（0〜255）を16進数（00〜FF）に変換したものがカラーコードです。数字部分が6桁で、#を先頭につけ合計7桁で表します。

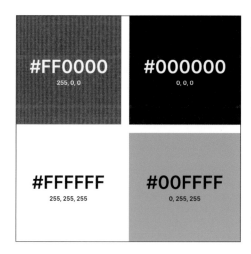

図3-6
図3-5と同じ色をカラーコードで表現

　HTMLやCSSで色を指定する場合は、基本的にこのカラーコードで記述します。
　なお、RGB→カラーコードの細かい変換方法を頭で覚える必要はありません。色変換ツールはたくさんあるので、それを利用しましょう。このような表現があることを覚えて、適切な場面で使えるようにしてください。

■ CMYK

　CMYKは前述の通り、印刷用の色表現です。絵の具でさまざまな色を混ぜていくと、だんだん黒に近づいてきたという経験はありませんか。それと同じように、カラープリンターはシアン（C）、マゼンダ（M）、イエロー（Y）でさまざまな色を作ります。インク量を少なくすれば白（実際には紙の色）に近づき、インク量を増やしていくと色が濃くなり、3色が混ざるほど黒に近づきます。ただ、実際の印刷ではこの3色で黒を表現することは難しく、黒（K、キープレートともいう）も使って4色で印刷します。これを利用した色表現がCMYKです。

　Web制作でCMYKで表現された画像を使うことはありません。ただ、Webデザイナーにとって意外と身近だったりします。というのは、クライアントから素材として渡されたデータがCMYKということがよくあるためです。これは、Webサイトを持っていないクライアントでも、会社案内などのパンフレットや商品カタログなどは制作しているケースがほとんどです。そうした印刷媒体用にCMYKで表現された画像が手元にストックしてあり、それを素材として提供されることがあるためです。そうした画像は、そのままではWebで利用できません。RGB画像に変換する必要がある点に注意しましょう。

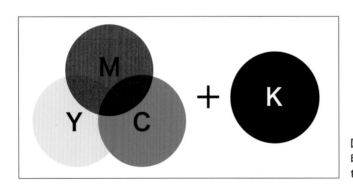

図3-7
印刷用の画像はCMYKの4色で色を表現する

■ HSV（HSB）

　H（色相）、S（彩度）、B（明度）という指標を使うHSVは、直感的に色を探せるようにするための色表現です。Hは虹のような色分布から色の系統を選択し、Sで鮮やかさ、Vで暗さを表します。なお、HSVが色を設定された画像は、そのままではWebでも印刷でも使用できません。Webで使うならRGBに変換する必要があります。とはいえ、基本的にほとんどのグラフィックスソフトには画像のカラーモードにHSVを選んでも、自動的にRGBやCMYKが取得できるようになっているので、変換も簡単です。

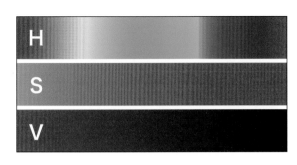

図3-8
色相、彩度、明度で
色を表すHSV

IllustratorやPhotoshopは
カラーモードを要確認

　第7章、第8章で取り上げるIllustratorやPhotoshopといったソフトは、印刷媒体をデザインするデザイナーも対象にしています。このためカラーモードはRGBもCMYKもサポートしています。こうしたソフトでイラストや画像を作成するときは、必ずどのカラーモードで作業しているのかを確認します。Web用の画像を扱うならRGB、印刷用ならCMYKにしなければなりません。

　というのは各カラーモードで再現できる色には違いがあります。CMYKで描画しようとすると、RGBで表現できるはずの色が一部表現できなかったりします。また、CMYKモードで出力した画像をWebに利用すると、画面に表示したときの色が大きく変わってしまいます。

「カラー選択ツール」で空色を表現してみる

Googleで「カラー選択ツール」を検索すると、Googleが備えたカラー選択ツールが利用できます。試しにこのツールで色を選択し、カラーコードを調べてみましょう。

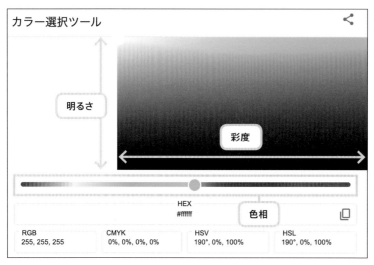

図 3-9　Google に実装されたカラー選択ツール

左右に動かせる虹色のスライダーが色相です。いずれかの色のところで止めると、その上のグラデーションで表現された色の領域が、色相で選択した色に変わります。この領域は横方向が彩度（色の鮮やかさ）、縦方向が明暗です。

ここではまず、色相のバーで水色あたりを選択しました。

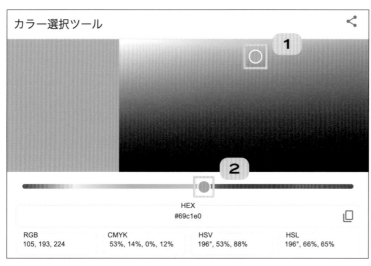

図3-10　色相のバーで大まかな色を決め、グラデーションの領域で最終的な色を決める

次にグラデーションの領域で、「どのような水色か」を選択します。上のほうをクリックすれば白に、左のほうでクリックすればモノクロに、右のほうでクリックすれば鮮やかな色に、下でクリックすれば黒に近づきます。

濃淡、色相、彩度

配色パターンは無数にあり、それを紹介している書籍やWebも多いので、ここでは紹介しません。でも、配色を決める根本にあるのが、色の濃淡、色相、彩度です。本書ではそうした配色を決めるためのポイントを押さえることのほうを重視しました。

■ 濃淡

濃淡とは、色が白に近いかどうかで決まります。白に近ければ淡くなり、白がなくなるほど色が濃いということになります。色の他の要素にかかわらず、白との距離感で濃淡が決まります。

図3-11
左が淡く、右は濃い

■ 色相

　色相とは、色の系統のことです。暖色なら温かみがある、寒色は落ち着いて見えるなど、色の系統によって見え方が変わります。

図3-12
色の系統を示すのが色相

　Webで使用する色を選ぶときは、何でも自由に選んでいいわけではありません。ユーザーの中には、目の機能に起因して一部の色を区別するのが困難な人がいます。そうした人への配慮なく色を選ぶと、一部の情報が伝わらないことが起こります。たとえば、文字色とその背景色の組み合わせによっては、文字を文字として判別できなくなるケースがあります。後述のユニバーサルカラーも意識して色を選ぶようにしてください。

■ 彩度

　色の鮮やかさの尺度が彩度です。彩度を高めると、ポップアートみたいな賑やかな感じの色合いになります。彩度を下げると色がなくなっていきます。

図 3-13
彩度は色の鮮やかさを示す

面積効果

　同じ色でも、色を使った部分の面積と色を使わない部分の面積の対比によって、色から受ける印象は大きく変わります。最近の傾向として、背景に薄い色を使うWebサイトがたくさんありますが、その色をよく見てみると、実は白色にかなり近い色を使っている例が多いことに驚かされます。背景色として、大きく表示させるとその色が強調されるのです。これが、色の「面積効果」です。

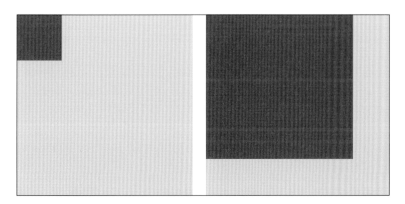

図3-14　背景色のグレーが、面積の違いにより印象が変わってくることがある。これを面積効果という

ユニバーサルカラー

　色の認識は人それぞれに少しずつ違っているものですが、そうした違いを大きく超えて、色を正しく認識できないユーザーがいるのが現実です。遺伝的に、赤緑が混じった色について差が感じ取りにくい人が一定数いることが知られています（色覚異常）。あるいは白内障、緑内障といった目の病気も、色の認識に影響することがあります。

　そういった人にとっても見やすい配色・デザインを、Webデザイナーは心がけなくてはなりません。そのための指針がユニバーサルカラーで、常にこれを意識する必要があります。

　最も簡単にユニバーサルデザインを実現する方法は、明るさの差（コントラスト）を大きくすることです。要は、白黒なら誰でも関係なく見れるということです。

　とはいえ、何でも白黒で表現するというわけにはいきません。色はただでさえ奥が深い分野です。カラーユニバーサルデザインについて、さらに精密なデザインで設計したい場合は、手始めに東京都のガイドラインなどを参考にしてください。

東京都カラーユニバーサルデザインガイドライン
https://www.fukushihoken.metro.tokyo.lg.jp/kiban/machizukuri/kanren/
color.files/colorudguideline.pdf

CHAPTER 04

デザインのスキルアップ

世の中には、優れたデザインがあふれています。Webの世界は、よいデザインが生まれては瞬時に世界に拡散されるを繰り返しており、ある意味Webデザイナーはいきなり世界との戦いを強いられることになります。

それなら、今まで以上のものをこれから作り出すのは難しいのでは？もうWebデザインという仕事はなくなっていくのでは？とも思えてしまいますが、ここは冷静になってWebデザインの置かれている状況についてよく考えてみようと思います。そこから、Webデザイナーとして、新しいデザインを生み出していけるようにすればいいのかを見つけていきましょう。

■「Webデザイナーに仕事を発注する」理由が希薄に

ひと昔のWebデザイナーであれば、より優れた表現手法を生み出すことにひたすら躍起になっていました。ところが、しばらくするとどれほど志向を凝らした表現手法でも見慣れたものになってしまい、今ではより使い勝手のよいデザインが評価される傾向にあります。

最近はWIXやStudio、Canvaなど、簡単にWebサイトを作れるツールも進化してきました。確かにWebデザイナーの手を借りなくても、一般ユーザーなら誰でも見やすくておしゃれなサイトを仕上げることができます。

Web制作案件には、会社の看板を背負うコーポレートサイト、サービスの魅力を存分に引き出すサービスサイト、自社ブランディングを背負うオウンドメディアサイトなどがあります。今や、1社で複数サイトを持つことも当たり前になってきており、もはや人の数よりよりもWebサイトのほうが多くなってしまったように思えるほどです。どのサイトも見やすい、きれい、おしゃれで、その中でどのようなサイト制作をすればいいか。Webデザイナーはより高度で熾烈な戦いの中に足を踏み入れることになります。

■ Webデザインで大切なのは「優先順位」

Webサイトの目的が見やすい、綺麗、おしゃれに見せることであることなどありません。それは目的ではない。目的というのは、伝えたいことを伝えていくことです。それも、じっくり時間をかけて読み込まないと伝わらないようでは、ユーザーは離脱してしまいます。「できるだけ早く、瞬時に」という条件が加わります。

サービスサイトであれば、理想はユーザーがページを開いてコンマ数秒というわずかな時間で、自社サービスを利用しようと思ってもらうことです。ところが一方で、サービスというのはどんどん競争を増していきますから、差別化するためにも情報が増えていく。それを伝えていくためには、早く、瞬時にという条件と矛盾します。だからこそ、ほんのわずかの時間をめぐって、何を、どういう順番で見せるのか、優先順位を明確にし、それを形にしていくことがWebデザイナーとしての仕事の真髄だと思います。

■ 高度なデザインは「作る」より「探す」

いいデザインが世の中にあふれているということは、優れたデザインのサイトを簡単に探し出せるということでもあります。また、Webデザインは、他のデザイン業界と比べてデザインを参考にすることに寛容な面もあります。これは、業界の成り立ちに関係するのでしょうが、たとえばモバイルメニューに「≡」マークを使って問題になったというニュースを聞いたことがありません。

誰かが最初にこれをメニューに使い、それを他の人が真似たからこそ、このユーザーインターフェースがここまで一般化したわけです。その成り立ちを調べてみましたが、正確なところはわかりませんでした。でも、誰かが「真似」しただろうに、なぜもめないのか。それは、Webページでどれほど他サイトをお手本にしようが、最終的なWebページはそっくり同じにはなりません。必ずどこかにデザイン上の違いが出るためなのだと思います。

逆に言えば、自分がWebサイトを作るときも、優れたデザインのサイトを見つけて、優れた部分を分析したらいいのです。模倣する（パクる）のは問題がありますが、分析してデザインの根本を学ぶのであれば、それが問題になることはありません。ここで問題になるのは、Webデザインの初心者にとって、どのサイトがどれほどいいデザインなのかを判断するのが難しいいうことですね。

■ Webサイト分析ツールで探す

いいデザインとはどういうデザインでしょうか。本章ではここまで、Webサイトには目的があって、その目的を達成するようにデザインすべきという話をしてきました。ということは、これから作ろうとしているサイトと同じ目的を持っているサイトで、目的を達成しているところのデザインがいいデザインと見ることができます。

目的を達成しているかどうかを外から厳密に調べることはできません。そこで擬似的にアクセスが多いことを基準にしてみるといいでしょう。Webサイトにはさまざまな目的があると思いますが、成功しているサイトでアクセス数がわずかというケースはまずないと考えていいと思います。

成功しているサイトを探すには、「SimillerWeb」（https://www.similarWeb.com/ja/）が便利です。これは世界中のサイトアクセスを分析しているサイトで、自社のサイトを競合他社や業界の中で比較するというビジネスベンチマークに利用されるサイトです。ここで得られたしたデータはマーケティングに活用するときなどに使います。

その中に、上位ウェブサイトランキングというページがあって、ここでは業界ごとの閲覧数が最も高いページを探すことができます。

図4-1　業種別のアクセスを分析しているSimillerWeb（https://www.similarWeb.com/ja/）。有料サイトだが、時間をかけずに優れたデザインを見つけられるため、Webデザイナーとしてはメリットが大きい

　カテゴリーは、エンターテイメントから食品、金融まで選択することができ、さまざまな業界の上位サイトを探すことができます。また、こういったサイトを探し出すこと自体、クライアントから「しっかり業界分析している」と好意的な評価をしてもらいやすいというメリットもあります。ファクトがあるという成果が出している分、説得力も増しますからね。

　作るサイトとピッタリ同じ業界のサイトがなかなか見つからないこともあるでしょう。いや、むしろそのケースの方が圧倒的に多いです。そうすると、ピンポイントで同じようなことをやっているサイト探しに走り出したくなるところですが……。

　ここでの目的は、広く見られているサイトを探し出し、そのサイトを基準にする（ベンチマークする）ことです。まったく同じ分野のWebサイトである必要はありません。制作するサイトとの類似点が見つけて、正しくベンチマークする対象になるというロジックを立てられればOKです。業界が近くなかったとしても、デザインがシンプルめ、構成が使えそうなどのレベルでも、ベンチマークにする価値ありです。

　ただし、ベンチマークするなら、まずは徹底的にベンチマークしてください。デザイン案の段階ではそっくりになってしまってもいいくらいのつもりでかまいません。似すぎても、それをすぐに世の中に出すわけではないですから。その後で、フィードバックを受けながら修正していく過程で、オリジナルにしていけばいいのです。

　これもまた「プロから学ぶ」手法でもあります。デザインのテクニック一つひとつを習得す

ることに意味がないとは言いません。でも、こうしてお手本から徹底的にデザインを徹底的に学び取る方法は、実績のある教材で実践的に学べます。デザインのスキルは飛躍的に伸びていくはずです。

ベンチマークするべきよいサイトとは

　ベンチマークの前提として、デザインで判断するのではなく、「お金がかかってそう」という基準でサイトを選んでみましょう。ページビュー上位の成功しているサイトであることはもちろんですが、多額の広告宣伝費をかけ、何人ものプロのWebデザイナーが時間をかけて熟考して生み出されたものだからです。「デザイナーとしてどうなの?」とも思う人もいるかもしれませんが、私は一番理に適っている方法だと思っています。

　大前提として、いいデザインをたくさん見て、センスを磨くことは大事です。でも、センスを重視するのは危険という面があります。WebデザインはWebデザインなりに積み重ねや文脈があり、そうした蓄積がわからないまま「自分なりのセンス」でデザインすると、作っても作っても、なかなか上手くいかないという結果になりがちです。経験が浅いまま、自分のデザインに対して「これがいいだろう」と、自分の思い込みで判断してしまうことが、デザインスキルの足かせや大きな障壁になるのです。

　だから、「お金がかかってそう」なサイトを分析するのです。実績十分なプロのWebデザイナーがじっくり思考を重ねて作り上げたのであろうWebサイト、つまりはお金のかかったであろうWebサイトを、特に閲覧数の多いWebサイトの中から探し出し、それをベンチマークするのが有効なのです。

デザイン初心者のベンチマーク事例

　と書いただけでは半信半疑の人もいるでしょう。そこで、この手法が有効に働いた例を紹介します。

　著者が所属する技術者のコミュニティ「シンギュラリティ・ラボ」に、デザインはまったくの未経験という人が参加してきました。Webサイトの要件を伝え、ツールの使い方もレク

チャーし、まずはデザイン案を作ってもらいました。初期の段階で出てきたのは、次の図の左のデザインです。

図4-2　デザインは未経験でも、閲覧数の高いサイトをベンチマークにすることで大幅にデザインが改善できた事例

　次の段階として、SimillerWebで閲覧数の高いサイトからベンチマークのサイトを探して分析し、オリジナリティも考慮していくらか手を入れたのが右のデザイン案です。左のデザイン案が修正されて右のデザイン案になるまで、わずか1週間ほど。「プロの手本から学ぶ」ことで、これだけデザインをアップデートできるのです。

第3部　デザイナーの必須ツール

第5章

Figmaの導入と基本操作

ここからは、プロトタイプや画像素材の作成に必要なツールの導入と基本的な操作方法を具体的に紹介していきます。お薦めは業界で最も使われているツールである

- ・Figma
- ・Adobe Illustrator
- ・Adobe Photoshop

です。もしかするともっと高機能で、より便利なツールがあるかもしれません。でも、クライアントも含めればWebサイトの開発はチームで動かすプロジェクトです。チームで仕事するには共通のツールを採用するのが必然です。多くのメンバーがゼロから使用方法を習得するのは無駄が大きいでしょう。また、ツールがバラバラのままだと、同じデータを何度もそれぞれのツール用に変換する手間も必要になります。

　その点で、多くの人が使っているツールを共通のツールとしておけば、仮に使ったことのない人がプロジェクトメンバーにいたとしてもチーム全体での学習コストは最小で済みます。ツールの使い方などでサポートするのも容易になります。逆に、チーム全体で統一して使うソフトが決まっているというケースもあります。そのときは、自分の使っているツールや上記のソフトにこだわるのではなく、そちらを利用することになります。

　こうしたツールの中で最も使う機会が多く、さわっている時間も長くなるのがプロトタイピングツールです。上記のソフトではFigmaがこれにあたります。そこで、プロトタイピングツールとは何か、どのような目的で使うのか、そしてFigmaの基本的な使い方について見ていきましょう。

プロトタイピングツールとは

Webサイトを制作するプロセスは、ここまで次のように説明してきました。まず顧客の要望を聞き取りながら要件を定義し、プロトタイプを作ります。それからコーディングしてWebサイトを構築します。細かいところに着目すればケースバイケースのことも多く、必ずしも常にこのプロセス通りとは限りませんが、概ねこのような段階を経てWebサイトができあがっていくと考えていいでしょう。

■ コーディングの直前までがプロトタイピング

プロトタイピングが何かをイメージできない人がいるかもしれません。プロトタイピングとは、仕様を細かいところまで決めていくために、本物そっくりのサイトを仮で作ることを指します。ここで作る仮の成果物がプロトタイプです。細部まで頭の中で想像しながら議論するのではなく、途中の段階でプロトタイプを作ることで、仮とはいえ具体的なイメージを見ながらページデザインや操作性などを決めていきます。プロトタイプは1回作ればいいというものではありません。段階に応じて、何度かプロトタイプを作るのが一般的です。建築でいうところの、建物を建てる前の図面や3DCGモデル、模型などがWebサイトのプロトタイプにあたります。プロトタイプを作り直すほど、Webサイトは完成形に近づいていきます。言ってみれば、「あとはコーディングするだけ」のところまでアイデアを形に煮詰めるのがプロトタイピングです。この段階で使うツールが、プロトタイピングツールです。

■ プロトタイピングツールとグラフィックソフトの違い

プロトタイピングツールが登場したのは、比較的最近のことです。それ以前はPhotoshopやIllustratorなど、グラフィックソフトで画像を作り、その画像をもとにデザインを検討していくのが主流でした。この方法だと、動かないページのイメージしかプロトタイプにできません。このためユーザーの操作に合わせて動的に変化するページや動的なアニメーションを表現することができません。一方で、この段階でそういったWebページを仮に作るとなると、使われないかもしれないコードをそのつど作成することになり、デザイナー側の負担が増大します。

そこで、本物そっくりのサイトの見た目を簡単に再現できて、それも動的な変化のトリガーとなるボタンをノーコードで作ったり、アニメーションをはじめとするWebページ上の動きも

表現したりすることが可能なツールが求められるようになりました。そこで生まれたのがプロトタイピングツールです。プロトタイピングツールはその登場後ほどなくWebデザインを行う上での必携ツールになりました。

　プロトタイピングツールは、画面を作ることに関しては優れたツールですが、初期のツールはパソコン上で動作するアプリ形式が主流で、作成したプロトタイプをスマートホンで確認するには何らかの形でパソコンのプロトタイピングツールと接続する必要があったり、クライアントに見た目を確認してもらうときには、先方のパソコンにも同じプロトタイピングツールをインストールしてもらう必要があったりといったように、データの共有や他デバイスでの確認が面倒でした。

　そうしてプロトタイピングツールの弱点を解決したのが、本章で紹介する「Figma」です。当初から、Web上のアプリケーションとして開発されたFigmaの登場により、作成したプロトタイプはURLだけで簡単に共有できるようになり、今では最もメジャーなツールの一つとして、世界中で使われるようになっています。

Figmaの使いどころ

　では、「プロトタイピングツールをどう使うか」について、実際の検討に即したシーンを見ていただきましょう。

デザインの方向性を決めるとき

　要件を定義した段階では、Webサイトはまだ何も形になっていません。ゼロの状態からサイトやページを作っていくことになります。ここで、アイデアをもとに具体的なデザインを作っていく段階でプロトタイピングツールを使います。

1

要件がまとまってきたので
次は画面構成を決めたいな

いくつかパターンを作って
どういう方向性がいいか
選んでもらおう！

2

トップページのデザインは
どの方向性にしましょうか*1

3

②がイメージに近いけれど
トップ画像をもう少し
工夫したいな！

4

案②をもとにさらに
3パターン考えました
いかがでしょうか？

デザイン案をレビューするとき

　デザインの方向性が決まってきたら、より幅広い人に見てもらってブラッシュアップしていくこともあります。たとえば、ここまではクライアントの担当者とやり取りしながら進めてきましたが、先方の社内では現場の担当社員あるいは部長や役員クラスの意見や承認を得ておきたい。そんなときにもプロトタイピングツールが有効に作れます。

---

*1　「プロトタイピング」という言い方ではなかなか伝わらなかったりすることもあるので、表現の仕方は先方に合わせて工夫します。

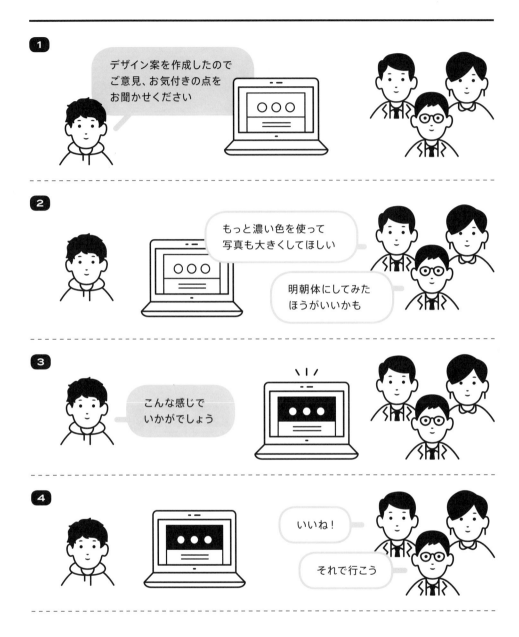

　プロジェクターに映せたり、パソコンの画面を見てもらったりできる環境であれば、その場で出た意見をすぐにデザイン案に反映させ、その場で確認を得るといったことも可能です。デザイン案を一気にまとめ上げたいといったときにもプロトタイピングツールが力を発揮します。

Web開発会社に依頼するとき

　自分が主体となってサイトを構築するときでも、すべての作業を自分がやるとは限りません。たとえば、複雑なJavaScriptのコーディングをエンジニアに依頼したり、サーバー構築を開発会社に委託したりするケースなどが考えられます。単にデザイン案を共有するだけでなく、Webページに持たせる機能について伝える必要があります。そうした場合も、プロトタイピングツールが有効です。

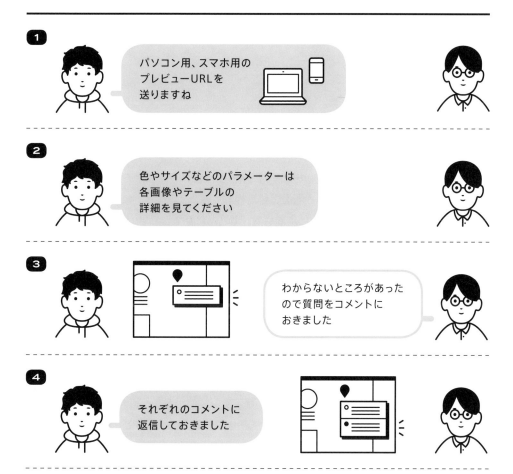

　Figmaのコメント機能を使うことで、補足情報を伝えたり、不明な点を質問したりといったこともFigmaだけで簡単にできます。このため情報共有の手間を減らして、スムーズに開発を進めることができます。

ただし、こうした使い方をする場合には、自分はもちろん相手側もFigmaに習熟していないとスムーズに話が進まないこともあります。その点には、注意が必要です。

Figmaの特徴とメリット

　このように利用シーンからFigmaの用途を見てみました。実は、Figmaには大きく三つの特徴があります。

　・プロトタイピング
　・リアルタイム更新
　・共同編集

です。

　プロトタイピングでは、簡単にページのラフデザインを作る機能が力を発揮します。Figmaには図形やペンツールなどが用意されており、一般的なグラフィックスソフトと同等の操作性でWebページのデザインと画面遷移を作成できます。

　データはWeb上に保管されており、画面を修正すると自動で保存され、特に何の操作をしなくても即プレビュー画面に反映されます。このリアルタイム更新のおかげで、一度URLを先方と共有しておけば、特にファイルやデータをやり取りすることなく常に最新版で確認してもらえます。

　ミーティングの途中で「ここを直したらどうなるだろう」といった要望が出たときでも、その場で修正してすぐにFigmaで確認してもらえるのは本当に便利です。

　共同編集は、Googleドキュメントやスプレッドシートで同じファイルを誰かと同時に編集した経験をしたことがある人なら、イメージしやすいと思います。Figmaも同じページやデータを同時に複数のメンバーで編集することができます[2]。Webサイト制作の案件では常に誰かと作業している形になります。すべてを自分で引き受けるような場合でもクライアントとは密接にコンタクトをた持ちながら作業する必要がありますし、まして他のデザイナーと分担したり、アプリケーションやサーバーの構築でエンジニアの手を借りたりといったような場合ではなおさら共同編集の重みが増えます。

　同じデータを同時に編集するというのは、それほど機会が多くはありませんが、それでも

＊2　後述しますが、共同編集の機能を利用する場合は、有料のアカウントを取得する必要があります。

機能として備わっていることが重要になる場面もあります。また、共同編集までは使わなくても、Figmaはプロトタイピングとリアルタイム更新だけで十分に他の人とコラボレーションするのに有用かつ強力なツールです。ぜひ、一緒にマスターしていきましょう。

Figmaの準備とセットアップ

　では、ここからFigmaを具体的に使っていきましょう。Figmaは、Webアプリケーションです。ローカル環境にプログラムをインストールする必要はありません。基本的にWeb上でアカウントを作ることで利用可能になりますが、アカウントの種類については注意が必要です。個人で利用したり、不特定多数の人とデザインを共有したりするのであれば無料アカウントで利用できます。グループで共同編集するような場合には、無料アカウントでは一部の機能が制限されるため、有料アカウントを選ばなくてはならないケースがあるかもしれません。

　無料アカウントから有料ライセンスへの切り替えはいつでもできるので、本書では無料アカウントを前提に説明していきます。

　ではまず、Figmaの公式ページを開きましょう。トップページを開き、「Get started」ボタンを押します。

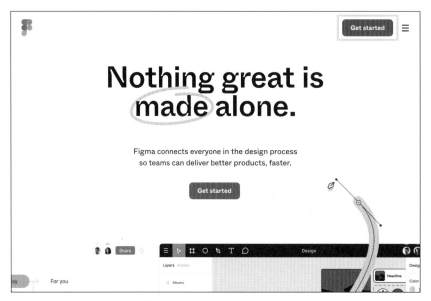

図5-1　Figmaの公式サイト（https://www.figma.com/）にアクセスして、Get Started
　　　ボタンを押す

　Googleアカウントを使って利用することも、任意のメールアドレスとパスワードで登録す
ることもできます。

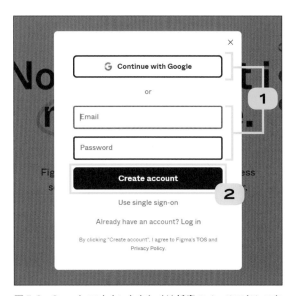

図5-2　Googleアカウントもしくは任意のメールアドレスを
　　　登録する。Create Accountをクリックして次に進む

　次の画面でユーザー名と用途を登録します。担当業務を選ぶ「What kind of work do you do?」の項目は単なるアンケートと思ってください。この項目をクリックすると、「User research」「Design」「Software Development」などを選ぶメニューが表示されるので、いずれかをクリックします。この選択で使える機能が変わるわけではありません。

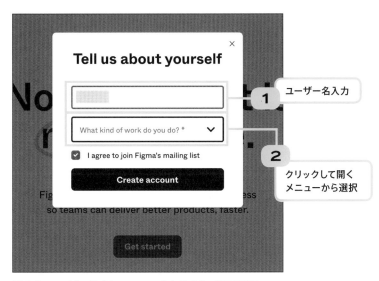

図5-3　ユーザー名（Your name）を入力し、担当業務（What kind of work do you do?）を選ぶ

　図5-3で担当業務を選ぶと、用途（How will you primarily use Figma?）を選ぶ項目が現れます。これをクリックするとメニューが開くので、「For personal use」「For teaching or taking a class」「For work」のいずれかを選びます。

図5-4 用途（How will you primarily use Figma?）を指定して、Create Accountをクリックする

　任意のメールアドレスでアカウントを作成した場合は、そのアドレス宛てに認証用のメールが送られてきます。メールの指示に従って、メールアドレスを認証します。

　すると「Welcome to Figma」画面に切り替わり、チーム名を指定するよう求められますが、これは必要ないので「Do this later」をクリックします。

図5-5 Welcom to Figmaの画面ではチーム名を決めるよう求められる
が、ここでは必要ないのでDo this laterをクリックする

　ここで、無料プラン（Starter）か有料（Professional）かを選びます。特に必要なければ、
最初はStarterプランで十分です。

図5-6 最初は無料プラン（Starter）でかまわないので、Star for freeをク
リックする

最初に開く画面を指定する画面が表示されますが、これは指定する必要はありません。「I'll get started on my own」をクリックしてスキップします。

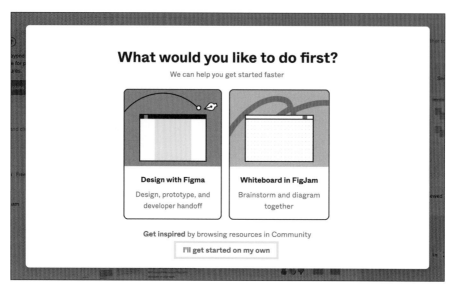

図5-7　What would you like to do first?と尋ねられたら、I'll get started on my ownで次に進む

これで登録作業は完了です。もう少し準備が続きます。

表示を日本語にして準備完了

標準では表示が英語になっています。これを日本語に切り替えましょう。

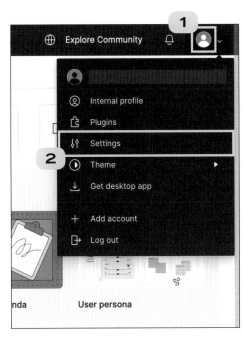

図5-8
ページ右上にあるアカウントの
ボタンをクリックして、開いた
メニューからSettingsを選ぶ

　設定用のウィンドウがAccountタブで開きます。このタブのLanguage欄に「Change languages」のリンクがあるので、これをクリックします。

図5-9
Languageは標準で
Englishになっている
ので、日本語に切り替
えるためにChange
languagesをクリック
する

「Change languages」が表示され、ここで表示を日本語に切り替えられます。

図5-10
標準では「English」が選択されているので、「日本語」をクリックしてからSaveボタンを押す

　Figmaの表示が日本語になりました。これで準備は完了です。この画面で「デザインファイルを新規作成」をクリックして、新規のデザインページを開いてみましょう。続いてこの新規ページをもとに、Figmaの基本操作について解説します。

図5-11　表示が日本語に切り替わった。中央上部にある「デザインファイルを新規作成」をクリックすると、新しいプロトタイプの作成ができる

Figmaの基本操作

では準備が終わったところで、新規のデザインを作っていく手順を通じて、Figmaの基本的な使い方を見ていきましょう。

まずは、新規ページを開いた状態の画面を見てください。

この段階ではまだファイル名が付いていません。このため、本来はファイル名が表示されるタイトルバー上部には「無題」と表示されてしまっています。

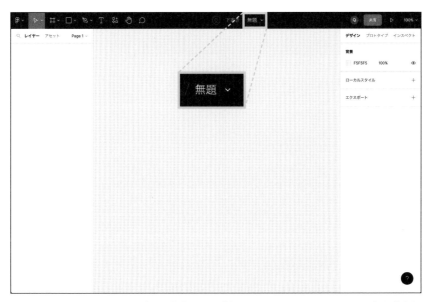

図5-12　Figmaのメニューバーの中央にある「無題」をクリックするとファイル名を変えられる

ここをクリックすると、文字入力が可能になりファイル名を変更できます。新しいページを開いたら、最初に「無題」から変更しておきましょう。ここでは「デザイン案1」に変更したとして、説明を続けます。

フレームを作成する

　次にすることはフレームの作成です。「フレーム」とはデザイン用の画面のことと考えてください。フレームを作る際はそのサイズ、特に横幅が重要です。これが、各デバイスが表示できるサイズに適している必要があります。どのようなコンテンツになるのかにもよりますが、パソコン用のページなら横幅は1200～1400ピクセル、スマートフォンなら350～450ピクセルを目安にします。タブレットがターゲットならばその中間から選びます。各デバイスの表示領域を示す枠としてフレームを作成します。

　ページ上部にあるツールバーの左から3番目がフレームボタンです。これをクリックするとメニューが開くので、その中から「フレーム」を選びます。

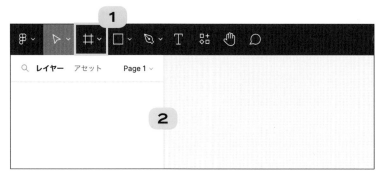

図5-13　ツールバーの「フレーム」ボタンを押して、開いたメニューから「フレーム」を選ぶ

　するとマウスポインターが十字になるので、画面中央の描画領域でドラッグします。ドラッグ操作の始点と終点を結んだ線が対角線になるような四角形がフレームとして作成されます。

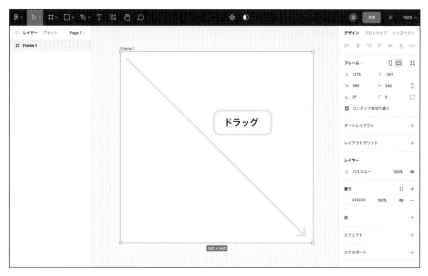

図5-14　マウスポインターが十字になったら、斜めにドラッグしてフレームを作成する

　パソコンの場合はフレームサイズに注意が必要です。今のパソコンであれば1920×1080ピクセルで表示できるフルHDのディスプレイを備えているものが多いと思います。それを前提に画面いっぱいを使うようなデザインを考えてもよいのですが、必ずしもユーザーは画面幅いっぱいで見てくれるとは限りません。実際、読者の皆さんも任意のウィンドウサイズにして表示することが多いのではないでしょうか。そうなると「いくつにしておくのがいい」という明確な答えがあるわけではなくなってしまうため、結局はデザイナー側が任意にサイズを決める必要があります。不自然に大きかったり、小さかったりしないよう、ある程度の考慮したうえで画面幅を決めるようにしましょう。

図形を追加する

　プロトタイピングの段階ではどこにタイトルを表示して、どこに画像を配置して、どこに説明文を置くかといったように、大まかなレイアウトを作ります。そのときに頻繁に使うのが図形です。もちろん、本格的なデザインの段階でも図形の作成は必要になることもあります。
　図形を作成するには、画面上部のツールバーの左から4番目の□の形をした「長方形」ボタンを使います。標準では長方形を描くモードになっているため、ボタンの表示が□になっており、ボタンの名称も「長方形」と表示されます。そのすぐ右にある下向きの矢印を押すと図形を選ぶメニューが表示されます。ここではこのメニューから「楕円」を選んでみましょう。

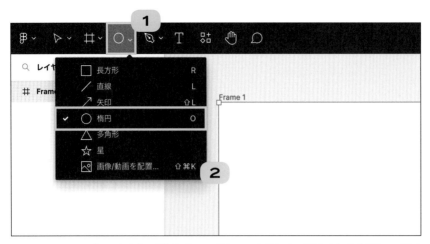

図5-15　ツールバーの左から4番目にある□ボタンの右脇にある下向き矢印を押して、開く
　　　　メニューから「楕円」を選ぶ

　すると□だったボタンが○になると同時に[*3]、マウスポインターが十字になります。この状態で、Shiftキーを押しながらドラッグすると正円を描くことができます。

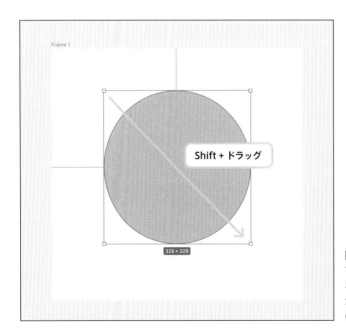

図5-16
マウスポインターが十字に
なったら、Shiftキーを押しな
がら画面内をドラッグする。こ
の操作で正円を作成できる

＊3　この時点でツールバーのボタンの名称も「楕円」に変わります。

色を設定する

　この円の色を変更してみましょう。円が選択されている状態で、ページ右側のパレットを見てください。中ほどに「塗り」という項目があって、その下に現在の図形に設定された色がカラーの見本とコードで表示されています。この見本のほうをクリックします。すると色を設定するパレットが現れます。

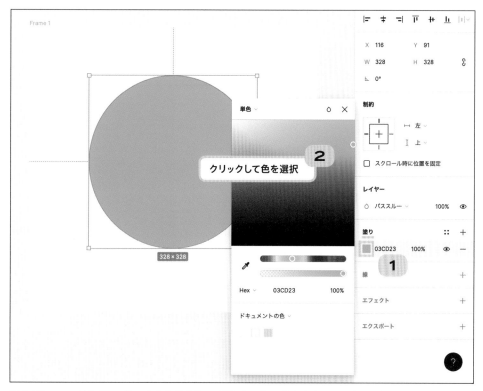

図5-17　ページ右側のパレットから「塗り」の欄にある色の見本をクリックする。表示されたパレット上で色を指定する

プロトタイプのプレビュー

　図形を1個作成しただけですが、このページをプレビューしてみましょう。プレビューページを作るには、ツールバー右上にある右向きの三角形で表示された「プレビュー」ボタンを押します。

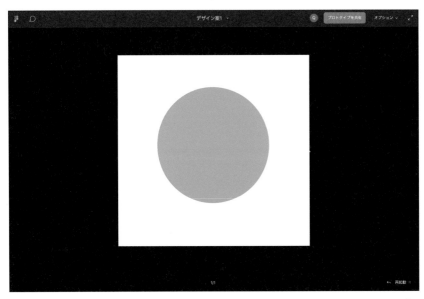

図 5-18 ツールバー右端にあるプレビューボタンを押すと、Web ページの表示としてプレ
ビューできる

　このプレビュー機能がプロトタイピングツールとしての最大の特徴です。ここでは図形を
作成して配置しただけですが、Figmaではページ上で動的な変化を付けたり、別のページへ
の遷移も作成することができます。それをHTMLやCSS、JavaScriptのコーディングをまっ
たくすることなく、プレビューすることができる。それがプロトタイピングの利点なのです。こ
こではFigmaに慣れることを目的にしているのでごく簡単なことしかしていませんが、以降
の操作説明でも折に触れてプレビューを試して見てください。

覚えておきたい Figma の機能

どんな感じで Figma を操作していくのか、その勘所はつかんでいただけたのではないでしょうか。そこで次に、基本操作の中でも真っ先に覚えておきたい Figma の機能について紹介しておきましょう。Figma 自体は Web アプリケーションとは思えないほど高機能なのですが、それをすべて解説することはできません。でも、Figma を使う以上はできるだけ早い段階から使えるようにしておきたい機能があります。本書ではそうした機能である、ページとレイヤー、塗りつぶしと千、影の追加、画像のエクスポートについて紹介します。

レイヤーとオブジェクト

プロトタイピングの段階では、いろいろ試しながらたくさんのオブジェクトを作ることになります。そうすると複数のオブジェクトをまとめて管理して、使い回したり、設定を変更したりすることで、オブジェクトを効率的に扱う必要が出てきます。そのためにはオブジェクトとレイヤーの関係や、グルーピングやコンポーネントについて頭に入れておきましょう。

レイヤーは、フレームや図形などのオブジェクトを作成すると自動で生成されます。いわゆるグラフィックスソフトのレイヤーと同じで、オブジェクトごとの前後関係を決めるのがレイヤーです。最前面にあるレイヤーは常に表示されます。一方、背面にあるレイヤーにあるオブジェクトは、それよりも前面にあるレイヤーのオブジェクトに隠されてしまうと表示されません。

試行錯誤しながらたくさんのフレームやオブジェクトを作っていると、作ったはずのものがなくなってしまうことがあります。実際には前面のオブジェクトに隠されているだけというのは、Figma で作業していて頻繁に起こる現象です。そういうときはレイヤーの前後関係を確認するといいでしょう[4]。

オブジェクトをグループ化するというのは、このレイヤーをグループ化するのと同じことです。一度グループ化しておけば、Figma 上ではいつでもそのオブジェクトのまとまりを一括して扱えます。

---

[4] オブジェクトが行方不明になる原因には、非表示に設定されていたり、色の設定のために背景に紛れてしまったりといったことも考えられます。

グループ化に似た機能にとコンポーネントもあります[5]。その大きな違いは、グループ化したオブジェクトをコピーしたときにオリジナルへの変更がコピー先のオブジェクトに反映されるかどうかです。

　デザインのバリエーションを作るようなとき、一定のオブジェクトはそれぞれに共通した使うといったことはよくあります。そのような使い回すオブジェクトをまとめて取り扱うときというのは、グループ化が役立つ場面の一つです。グループ化したオブジェクトのまとまりをコピーして、各バリエーションに配置できるからです。

　このとき、作成するバリエーションに合わせて、オブジェクトも色を変えたり大きさを変えたりしたいというときは、グループを使います。コピーした先で異なる設定でオブジェクトを利用するためです。

　一方、コンポーネントの場合はコピー先でもオリジナルの設定が引き継がれます。オリジナルの設定をあとから変更したら、それはコピー先のオブジェクトにも反映されます。各バリエーションでも同一の設定でオブジェクトを使い回したいとか、サイト全体のページを作っていくときに共通のパーツ（たとえばナビゲーション用のヘッダーなど）はコンポーネントでグループ化したオブジェクトを使います。こうすれば、あとから共通パーツに変更を加える必要ができたといった場合でも、オリジナルだけ変更すればコピー先も同時に書き換わることになります。手動で一つずつ変更していくのに比べて、格段に作業性が上がります。

複数のオブジェクトをグループにまとめる

　では、グルーピングの実際から見ていきましょう。

　グルーピングするときには、複数のオブジェクトを同時に選択します。すると、すべてのオブジェクトが含まれるような枠が表示されます。

＊5　このほかフレームにもオブジェクトをまとめる機能がありますが、本書では割愛します。

図5-19
グループ化したいオブジェクトをすべて選択して右クリック。表示されたメニューから「選択範囲のグループ化」を選ぶ。すると、「レイヤー」にグループが新たに追加される

　この枠内で右クリックして表示されるメニューから「選択範囲のグループ化」を選ぶと、画面左上の「レイヤー」一覧に「Group1[6]」というグループが作成されます。以降は、このグループを指定することで選択したオブジェクトをまとめて取り扱うことができます。

　グループ名にマウスポインターを載せると、左端に三角形のアイコンが表示されます。これをクリックすると、このグループにまとめられているオブジェクトが一覧で表示されます。各オブジェクトを選択すると個別に設定を変えたり、位置を変えたりといった操作が可能です。

*6　末尾の数字は、Figmaの使用状況によって変わることがあります。

複数のオブジェクトをコンポーネントにまとめる

　オブジェクトをまとめるときにコンポーネントを使う方法も見ておきましょう。複数のオブジェクトを選択して右クリックするところまでは、グループ化と同じです。表示されたメニューから「コンポーネントの作成」を選ぶところが違います。

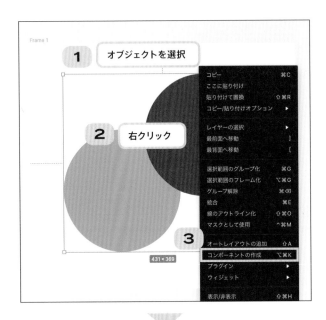

図5-20
グループ化したいオブジェクトをすべて選択して右クリック。表示されたメニューから「コンポーネントを作成」を選ぶ。すると、レイヤーにコンポーネントが新たに追加される

　コンポーネント化すると、レイヤー一覧にComponent1[*7]が作られ、これを開くとこのコンポーネントを構成するオブジェクトが表示されます。このあたりはグループと同じような感覚で使えます。
　ただし、グループと違うのはコンポーネントをコピーした場合のふるまいです。試しにコン

＊7　末尾の数字は、Figmaの使用状況によって変わることがあります。

ポーネント名（ここではComponent1）を右クリックして、コンポーネントをフレーム内に複製してみましょう。

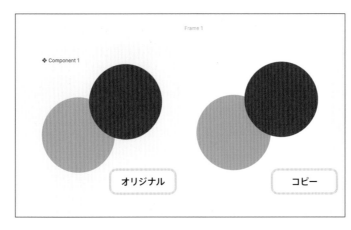

図5-21
コンポーネントを複製した
ところ

ここでオリジナルのオブジェクトのいずれかを指定し、色や形、位置などを変えてみてください。コピー先のオブジェクトも同時に変化します。

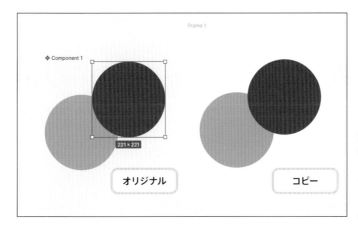

図5-22
オリジナルのコンポーネン
トのオブジェクトを変更
すると、それに合わせてコ
ピー先のオブジェクトにも
反映される

コンポーネントが使いこなせるようになると、Figmaの使い勝手がかなり上がります。たとえばこんな使い方がコンポーネントの使いどころです。

次の図は、ホームと会社概要のページのプロトタイプを制作している途中の様子です。

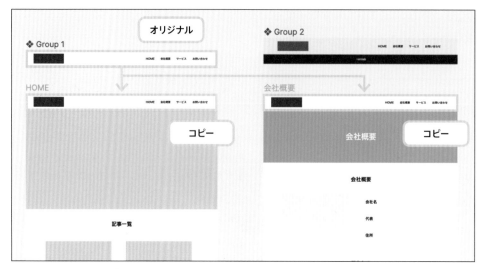

図5-23 プロトタイプを作成中のホームと会社概要のページに、コンポーネント化したヘッダーをコピーしたところ

　画面左上にページヘッダー案を用意しました。これをコンポーネントにして、HOMEと会社概要および画面外で作成しているページに配置しています。もしこのヘッダーのデザインを少し変えようとなったときには、左上のオリジナルを変更すれば、それぞれのページでも自動的に変更が反映されます。

オブジェクトの色を変更する

　「ちょっと色合いを変えてもらえないかな」。色の変更はプロトタイピングの段階では頻繁に聞かれる要望の一つです。オブジェクトの色を変更するには、オブジェクトを選択すると画面右側に現れる作業ウィンドウの「塗り」で設定を変更します。

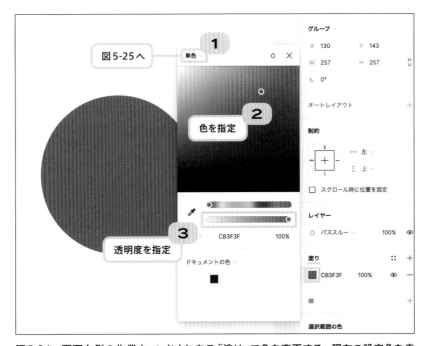

図5-24　画面右側の作業ウィンドウにある「塗り」で色を変更する。現在の設定色を表すカラーチップをクリックしてカラーパレットを表示し、適切な色と透明度を設定する

　グラデーションも設定できます。カラーパレット左上の描画モード名（標準では「単色」）をクリックするとメニューが開きます。この項目の「線形」（2番目の項目）から「ひし形」（5番目の項目）までがグラデーションです。

図5-25
カラーパレット左上のメニューから4種類のグラデーションを選択できる

　「線形」のグラデーションを選んだ場合の操作を見てみましょう。描画モードを「線形」に切り替えるとカラーパレットの最上部にグラデーションの変化を指定するスライダーが表示

されます。

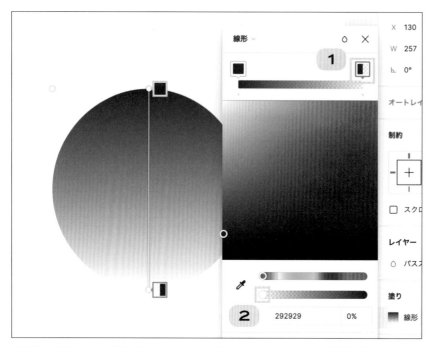

図5-26　表示されたグラデーションのスライダーで終点をクリックし、透明度を100％にしたところ

　このスライダーはグラデーションの始点と終点を表しています。オブジェクトのほうには、この始点と終点に応じたゲージが表示されており、グラデーションの向きや位置を変えることもできます。

　ここでは終点の透明度を変更してみました。グラデーションのスライダー上の終点をクリックし、透明度のスライダーを100％(左端)まで動かすと、グラデーションの終端では色がなくなって透明になります。

オブジェクトの線を変更する

　塗りの次は、オブジェクトの線を変更してみましょう。オブジェクトを選択して作業ウィンドウが開いたら、「塗り」の次の項目に「線」があります。ここでオブジェクトの外枠に相当する線の設定ができます。

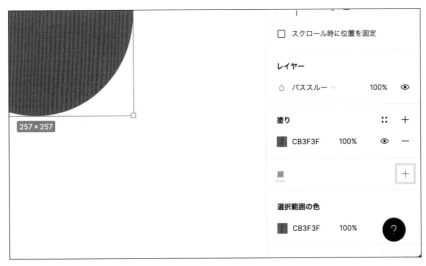

図5-27　オブジェクトを選択して、項目「線」の右端にある＋をクリックする

　項目名である「線」の右端にある＋をクリックします。すると、線のプロパティが表示されます。この時点で、線の色が初期値である黒に変更されます。

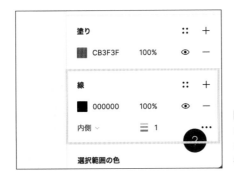

図5-28
オブジェクトの枠線に関するプロパティが表示され、オブジェクトの枠線が黒に変わるなど、各プロパティの初期値が適用される

　色を黒からさらに変更するには、カラーチップをクリックします。その後の操作は塗りのときと同じです。線の太さは、その右の太さの異なる三本線で示されるアイコンの右側の数値を直接書き換えます。

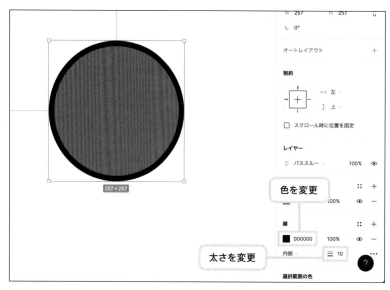

図5-29 色の変更はカラーチップ（プロパティを開いた段階では黒）をクリック。線の太さはその右の項目で数値を書き換えて設定する

　塗りを削除して線だけで表示することもあるでしょう。そのときは「塗り」の右にある＋をクリックしてプロパティを開きます。すると設定されている色が表示されるので、その右端にある－をクリックして色の設定を削除します。

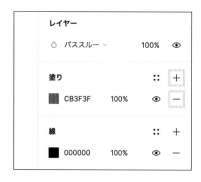

図5-30
オブジェクトを選択して、項目「塗り」の右端にある＋をクリックすると、設定されている色が表示される。ここでその右端にある－をクリックすると塗りの設定を削除できる

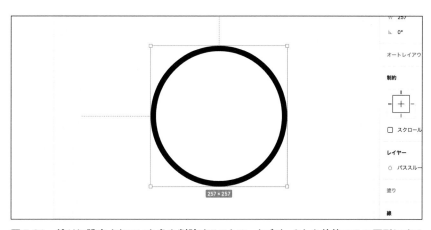

**図5-31　塗りに設定されていた色を削除することで、オブジェクトを外枠のみの図形にする
ことができる**

　枠線の設定を変えてみましょう。初期設定は実線ですが、これを点線にしてみます。ここ
までの操作を順に実行しているならば、線の項目の右下にメニューボタン（…）が表示され
ているはずです。これをクリックします。

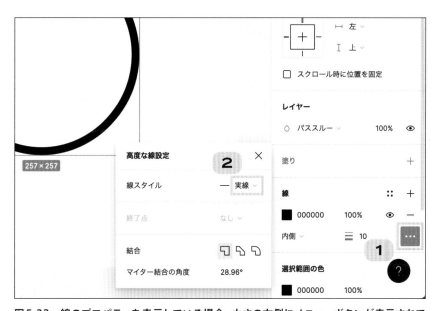

**図5-32　線のプロパティを表示している場合、太さの右側にメニューボタンが表示されて
いる。これをクリックして表示される「高度な線設定」パレットで、「実線」をクリッ
クする**

すると「高度な線設定」パレットが表示されるので、その最初の項目である「線スタイル」の初期値である「実線」をクリックします。するとメニューが表示され、「破線」を選べるようになります。

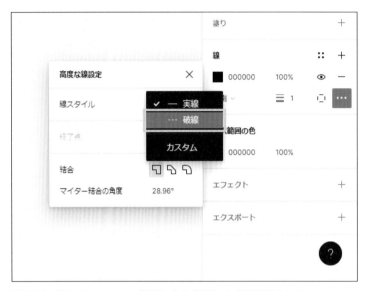

図 5-33　開いたメニューで「実線」から「破線」に切り替えられる

　ここで「破線」を選ぶと、その下に「破線」「間隔」「線端」の各項目が現れます。このうち「破線」は表示される部分の長さ、「間隔」は表示される部分同士の間隔です。次の図では、それぞれ 20 に設定しました。

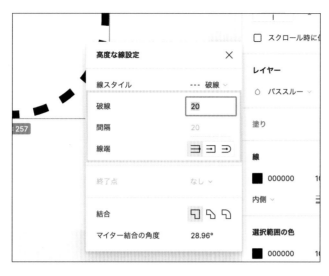

図 5-34
「破線」の数値で描画する線の長さを、「間隔」では線と線の間隔をそれぞれ任意の数値で設定できるほか、「線端」で破線の形状も選択できる

　「線端」では表示される部分の形状を選べます。形状を設定しない「なし」、線端を中心にした正方形で描画するのが「正方形」、線端を中心に円を描画するのが「丸型」。この3種類のうちいずれかを選びます。初期設定では「なし」になっています。

　この設定を変更することにより、いろいろな破線の見せ方をすることができます。たとえば、「破線」を1、「間隔」を線の太さより大きな数値、「線端」を「丸形」にすると、次の図のようになります。

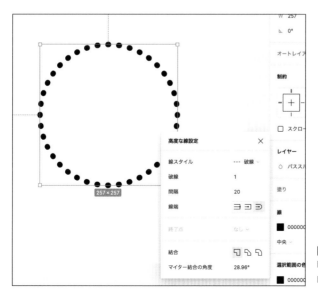

図 5-35
「破線」を1、「間隔」を20、「線端」を「丸形」に設定したところ

この図の場合、オブジェクトの線の太さは10のため、間隔を20にしてみました。こうした設定の組み合わせをいろいろ変えることにより、デザインに工夫したボタンを作るといったこともできるようになります。

オブジェクトに影を付ける

オブジェクトに影を付けたり、ぼかしたりといった効果を加えることもFigmaでできてしまいます。それには、「エフェクト」を設定します。初期設定では、何も設定されていません。そこで、作業ウィンドウの「エフェクト」右側にある+をクリックします。

図5-36
作業ウィンドウの「エフェクト」にある
＋をクリックすると、標準でドロップ
シャドウが設定される

これだけで選択したオブジェクトに対しドロップシャドウが設定されます。ただ、初期設定ではほんのわずかに影が付く程度。そこで、影の設定を変えてみます。「エフェクト」に現れた「ドロップシャドウ」の左側にある照明を模したアイコンをクリックすると、設定用のパレットが表示されます。

設定できるのはまず影の位置。これはXおよびYに数値を与えて設定します。オブジェクト本体からどのくらいずらして影を表示するかを決めます。

次に影のぼかし具合をBに、影の広がり具合をSに、それぞれ数値で設定します。

図5-37　XとYで影を作る位置、Bでぼかし具合、Sで広がり具合を任意に設定できる

　この4項目の設定を変えることで、さまざまな影を作ることができます。ドロップシャドウにはこれといった定石があるわけではありません。どのように設定するとどういう感じの影が付くのか、要件に合わせたオブジェクトを作る際にはいろいろ試してみてください。

**図5-38
ドロップシャドウの例。各項目の設定値を変えながら適切な値を探していこう**

　なお、エフェクトには別の影の付け方として、オブジェクトの内部がくぼんだように見える「インナーシャドウ」、オブジェクト全体をぼかす「レイヤーブラー」、背後のレイヤーにあるオブジェクトをぼかす「背景のぼかし」があります。

画像としてエクスポートする

作成したオブジェクトをそのままWebページのパーツとして利用するときには、画像としてエクスポートします。具体的にはまず、対象のオブジェクトを選択してから作業ウィンドウの「エクスポート」にある＋をクリックします。

図5-39
「エクスポート」の＋を押すと、オブジェクトを他形式のPNG、JPG、PDFなどの形式で書き出すことができる

標準ではPNG形式でエクスポートするようになっていますが、JPG、SVG、PDFでの書き出しも可能です。また、「1X」と表示されるところをクリックすると、書き出す際のサイズも指定できます。2Xを選べば縦横それぞれ2倍の大きさで書き出せます。メニューでは4Xが選べるようになっていますが、数値部分を書き換えれば任意の倍数も設定できます。また「512w」もしくは「512h」といったように横もしくは縦のピクセル数を直接指定して書き出すこともできます。エクスポートのボタンを押すと、サーバー側でファイルが生成され、Webブラウザーでダウンロードが始まります。

他のサイトを取り込む

　もしかするとこれはFigmaの基本機能とは言えないかもしれません。でも、既存サイトのリニューアルをするときの出発点として現状のWebページをFigmaに取り込むといったときのように、Figmaが最大の力を発揮するための機能でもあります。そこでFigmaを使うのであればできるだけ早い段階で使えるようになっておくのがベストと考え、ここで既存のWebサイトやWebページをFigmaに取り込む方法をご紹介します。

　Figmaの標準機能だけではサイトの取り込みはできません。Builder.io - Figma to HTML, React, and more（以下、Builder.io）というプラグインを使います。このプラグインを利用するには、Figma上でそのつど実行する必要があります。それにはまず「リソース」ボタンをクリックし、現れるメニューで「プラグイン」のタブを開きます。

図5-40　「リソース」ボタンをクリックし、開いたメニューで「プラグイン」タブに
　　　　　切り替えてからBuilder.ioで検索する

　検索ボックスにbuilder.ioと入力すると、検索結果にBuilder.io - Figma to HTML, React, and moreが表示されます。これをクリックすると、詳細な説明表示に切り替わります。

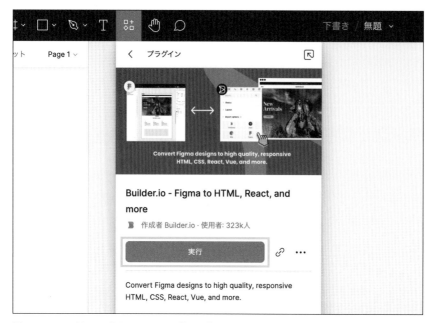

図5-41　Builder.ioをクリックして詳細を表示したところ。ここで「実行」ボタンを押す

　ここに表示される「実行」ボタンをクリックするとBuilder.ioが起動します。なお、一度実行しておけば次回以降はFigmaの描画領域上で右クリックし、表示されるメニューの中からプラグインを選び、履歴の中からBuilder.ioを指定するという手順で、簡単に実行することができるようになります。

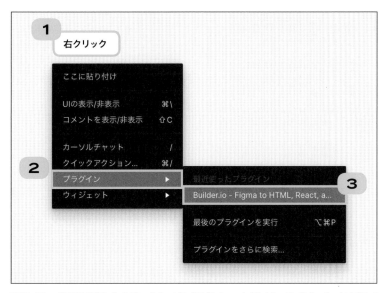

図5-42 描画領域を右クリックして「プラグイン」を開くと、Builder.ioを実行で
きるようになる

Builder.ioの使い方

　Builder.ioが起動したらImport to Figmaタブに切り替えます。タブを切り替えるとURL
to importに取り込みたいページのURLを入力し、EnterキーもしくはReturnキーを押し
ます。

図 5-43
Builder.io が 起 動 したら、Import to Figma タブに切り替え、URL to import に 取 り 込 みたいページの URLを入力する

　するとBuilder.ioが指定されたページを解析し、それが終わるとページ内の要素を個別の
オブジェクトに落とし込んでFigma上に表示してくれます。そのページがどのような構成に
なっているかにもよりますが、かなり高い再現性でFigmaのデータとして取り込むことがで
きます。

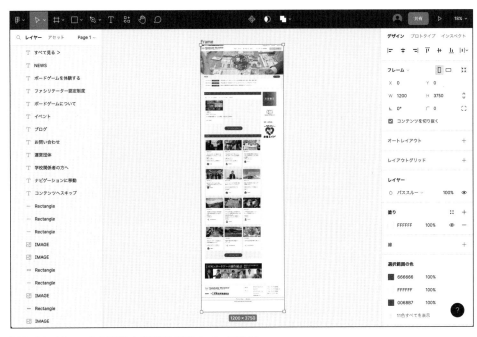

図5-44　Figmaに取り込んだ既存のWebページの例

　読み込んだ直後は元のWebページそのもののように見えますが、Figma上に展開された
データはそれぞれオブジェクトとしてFigma上で設定を確認したり操作したりできます。

図5-45　オブジェクトを選択して色の設定を確認しているところ

　Builder.ioが重要なのは、前述の通りリニューアル案件のときなどに現状のページの状態を把握するときに便利なのはもちろんですが、皆さんには何より既存のWebページがどのように作られているかを学ぶのに有用だからです。対象のページを作ったプロのWebデザイナーがなぜこのサイズで、この位置に、この配色でデザインしたのか。それを考えながら他人のWebページを見るのはかなり効率のいい勉強になります。その意味でも、ぜひBuilder.ioは早い段階から皆さんに使いこなしていただきたいプラグインなのです。

CHAPTER

06

———
第 6 章

Web ページ制作に役立つ
Figma のテクニック

基本的な操作がわかったところで、Webページ制作に役立つ実践的な操作について見て
いきましょう。本書では実際のWebページを作ってみるといったやり方では説明しません。
本章では、Webページのプロトタイプあるいは本番用のデータを作る現場で実際にやるこ
とになる操作として、テキストの配置、画像の加工、ボタンの作成とページ遷移、バリアント、
モーダル画面、スクロールの制御について紹介します。

テキストを追加する

　文章なしのWebページはほとんど考えられません。テキストをFigmaデータに追加する
には、ツールバーの「テキスト」ボタンをクリックします。

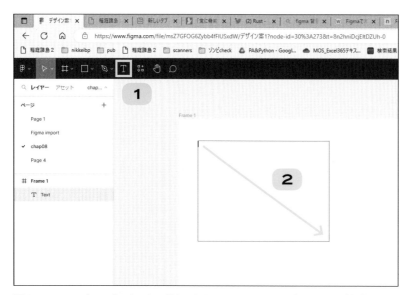

**図6-1　ツールバーの「テキスト」ボタンをクリックし、マウスポインターが十字になっ
　　　　たらキャンバス上を斜めにドラッグしてテキストオブジェクトを作る**

　図形のオブジェクトを作成したときのようにマウスポインターが十字になったら、キャンバ
ス上の任意の位置で斜めにドラッグします。するとドラッグ操作に合わせてテキストオブジェ
クト（テキストボックス）ができます。この中に文字を入力します。

フォントを変更するには、このテキストボックスを選択した状態で画面右側の右サイドメニューにある「テキスト」で設定します。

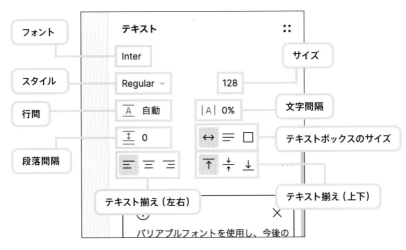

図6-2　右サイドメニューの「テキスト」の各項目で、オブジェクトもしくは文字ごとにテキストの設定を変えられる

Figmaの場合、フォントにはGoogle Web Fontがあらかじめ用意されています。日本語のフォントはバリエーションがあまりありません。環境によっては初期状態でパソコンにインストールされているローカルフォントが使用できる場合もありますが、使用できない場合もあります。そのときは、第5章でFigmaの表示を日本語化したときと同様の手順でアカウントの設定を呼び出し、「アカウント」タブの「フォント」からフォントサービスのインストーラーを入手します。

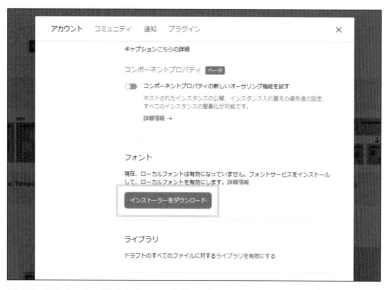

図6-3 アカウントの設定からフォントサービスのインストーラーをダウンロードして実行する

　これを実行してパソコンを再起動すると、ローカルのフォントもFigma上で使えるようになります。

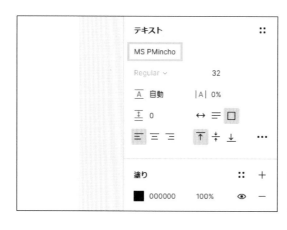

図6-4
MS P明朝など、パソコンのローカル環境にインストールされているフォントがFigmaでも利用できるようになった（Windowsパソコンの場合）

　ただし、フォント名は日本語ではなく英語で表記されます。

　フォントについては注意が必要な点があります。たとえば他のパソコンで作成したデータを編集する際に、元のパソコンにあって自分のパソコンにはないフォントが設定されているようなケースです。この場合は、データを閲覧するだけならばオリジナルのフォントで表示さ

れるのですが、データを編集しようとすると自動的に代替フォントに置き換えられてしまいます。

　Webページ制作の際、共同で同一のデータを編集するような場合はもちろん、担当するのが自分ひとりだとしても、Webページにどういったフォントを使うのかはクライアントともプロトタイピングの中でも早い段階ですり合わせておく必要があります。その範囲でプロトタイプを作りましょう。必要に応じて、自分のパソコンにはないフォントをインストールすることも求められます。

　テキストをどのように見せるかについては、正解があるわけではありません。文章を読みやすくするのか、目を引くようにしたいのかなど、目的に応じて図6-2の設定項目をさまざまに変えながら、いろいろな表現を検討・提案してください。

図6-5　同じテキストでも、設定を変えることで印象がかなり変わる

画像を加工する

　Figmaには取り込んだ画像を加工する機能があります。後述するIllustratorやPhotoshopほどではありませんが、プロトタイプを作りながら画像パーツを同時に作れるので大変重宝します。

画像の色調を変える

　ここでは画像を取り込んで、色調を変える手順を見てみましょう。
　画像を取り込むには、ツールバーの「メインメニュー」→「ファイル」→「画像の取り込み」とたどって、取り込むファイルを指定します。

図6-6
Figmaのメインメニューから「画像の取り込み」を選ぶ。あとは通常のファイルを読み込むダイアログボックスが表示されるので、取り込む画像ファイルを指定すればよい

　取り込んだ画像は自動的にオブジェクトとして登録されます。画像は、オブジェクトの塗りという扱いになるため、オブジェクトを選択すると右サイドメニューの「塗り」に画像として取

り込んだファイルがサムネイル表示されます。

図6-7　オブジェクトの塗りとして取り込んだ画像が表示される

　ここでこのサムネイルをクリックすると、さまざまな加工が可能な「画像」パレットが表示されます。

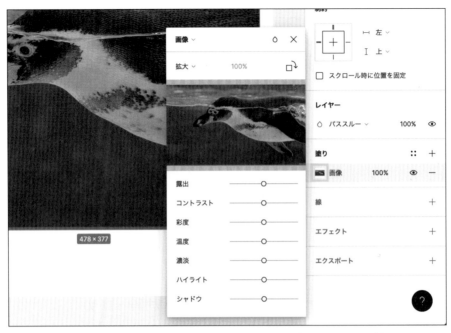

図6-8 「塗り」に表示された画像のサムネイルをクリックすると、「画像」パレットが表示される

このパレットについて詳細は説明しませんが、明るさ（項目としては「露出」）、コントラスト、彩度など、色調調整に必要な基本機能はそろっています。グラフィックスソフトを使い慣れた人なら特に説明なしで使えるはずです。そうでないという場合には、各項目のスライダーを実際に動かして、どの項目をどう変更すると色調がどのように変わるのか、いろいろ試してみてください。

画像をクリッピングする

クリッピングとは簡単にいうと画像を任意の形で切り抜くことです。Figmaだけでも丸や星をはじめ、さまざまな形で切り抜くことができます。

それには切り抜く対象の画像オブジェクトの上に、切り抜きたい形のオブジェクトを配置します。このとき、切り抜く範囲や大きさに合わせてオブジェクトを整えておきます。塗りなどのオブジェクトの設定は特に必要ありません。

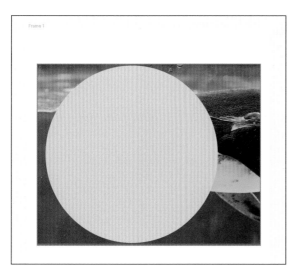

図6-9
**切り抜く画像のうえに、切り抜く
形や位置を示すオブジェクトを
作成する**

　切り抜き用のオブジェクトが確定したら、元画像が上、切り抜き用のオブジェクトが下になるようにレイヤーの順番を変更します。レイヤーの並びを変えるのは、レイヤーをドラッグします。

**図6-10　レイヤーをドラッグして、画像が上、切り抜き用のオブジェクト
（Ellipse1）が下になるようにレイヤーの順番を入れ替える**

　これでキャンバス上では画像オブジェクトの背面に切り抜き用オブジェクトがあるという状態になりました。ここで両方のオブジェクトを同時に選択し、選択範囲の内側を右クリックします。開いたメニューから「マスクとして使用」を選びます。これにより、画像を切り抜くことができました。

図6-11　選択したオブジェクトを右クリックし、「マスクとして使用」を選ぶ

図6-12
画像を丸く切り抜くことができた

ベクター画像の色を変える

　Figmaは写真のようなラスター画像だけでなくベクター画像も取り扱えます。写真を拡大していくと、拡大するにつれて粗さが目立っていくのに対し、ベクター画像は点の位置やそれをつなぐ線の情報などを主として数値として持つデータのため、拡大してもどのように描画するかは計算で求められるため、画質が変わることはありません。複雑な画像は取り扱えませんが、文字や図形を画像にするときに向いています。FigmaはSVGファイルを扱えます。

　ファイルの取り込みは画像と同じです。図6-6と同じ要領でSVG形式のファイルを指定します。このファイルをキャンバスに配置したフレーム内に読み込む際、SVG形式の場合は図形やテキストのオブジェクトを作るときと同様にマウスポインターが十字になります。ドラッグ操作で読み込む位置と大きさを指定します[*1]。

　読み込んだ画像を選択すると、右サイドメニューに「選択範囲の色」という項目が表示されます。ここに使用されている色が表示されるので、カラーチップをクリックするか、色を表す値を書き換えることで色を変更します。

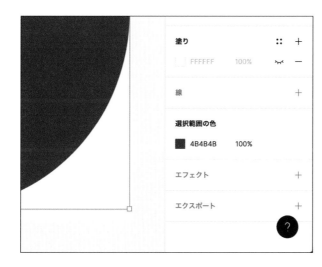

図6-13
読み込んだSVG形式のオブジェクトを選択すると、「選択範囲の色」が設定できるようになる

Webページ制作に役立つFigmaのテクニック

---

*1　オリジナルと同じ縦横比で読み込むには、Shiftキーを押した状態でドラッグします。

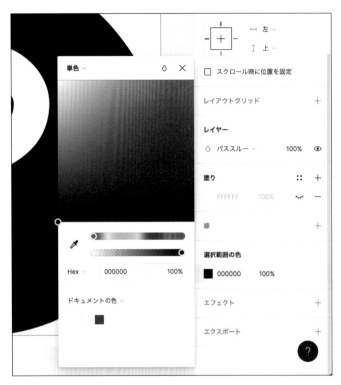

図6-14
「選択範囲の色」に表示され
たカラーチップをクリック
すると、元の色の設定に合
わせたパレットが表示され、
Figma標準の手順で色を変
更できる

ボタンとページ遷移を作る

　Webサイトを作る場合、サイト内のページ同士でリンクしている状態をプロトタイプでも表現しなくてはなりません。Figmaではキャンバス上に作成したフレームが個々のページに相当します。フレーム内のオブジェクトにリンクを作成し、これをクリックすると別のフレームに移動するように設定します。

　ここではキャンバス上にフレームを2個用意し、フレーム間の遷移を作る手順を見てください。

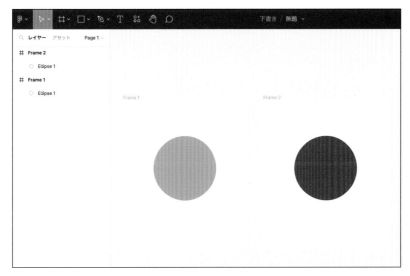

図6-15　2個のフレームを作成する。ここでは区別するため異なるオブジェクトを配置した。

　この図の左のフレームにある丸いオブジェクトをクリックすると、右のフレームに移動するような遷移にしてみます。それには、左のフレームのオブジェクトを選択し、右サイドメニューで「デザイン」タブになっていたのを「プロトタイプ」タブに切り替えます。

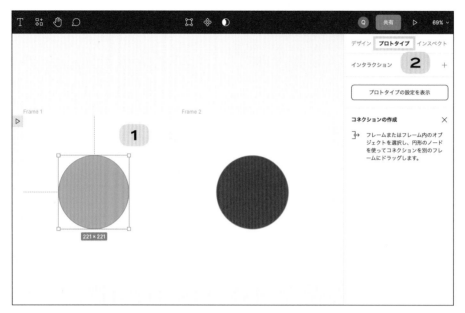

図6-16 ページ遷移のためのリンクを設定するオブジェクトを選択し、右サイドメニューを「プロトタイプ」タブに切り替える

　元のフレームの選択しているオブジェクトにマウスポインターを載せると、オブジェクトの外枠上に○のハンドルが表示されます。この○の上にマウスポインターを合わせると、○の中に＋が表示されます。ここで＋をドラッグし始めると、ドラッグ操作に合わせて矢印が表示されます。この矢印を右のフレームの外枠に合わせます。すると、「インタラクション詳細」パネルが自動的に開きます。これを見ると、「クリックするとFrame2に移動する」設定ができています。そうでない場合は、Frame1への操作を「クリック」、そのときの動作を「次に移動」、移動先を「Frame2」に設定します。

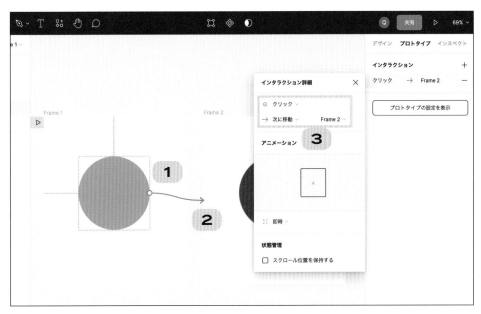

図6-17　オブジェクトの外枠上で、四隅以外の部分にマウスポインターを合わせ、表示される＋のマークを右のフレームまでドラッグすると、オブジェクトから右のフレームに移動する遷移を作成できる

　ここで「プレビュー」ボタンを押すと、まず左のフレームがページとして表示されます。ここでオブジェクトをクリックすると、右のフレームが遷移先のページとして表示されることが確認できます。

バリアントを作成する

　バリアントとは、チェックスボックスやラジオボタン、カルーセルなど、同じページ内で表示を変えたり、動きを付けたりするためのデザイン要素です。ページ上の同じ位置で表示するパーツを変えるような変化になります。

　バリアントを作成するには、第7章で解説したコンポーネントを利用します。ある状態の画像と変化したあとの画像をそれぞれ別のコンポーネントとして作成します。作成したコンポーネントはオリジナルとして取っておき、実際にフレーム上に配置するのはそのコピーにすることを忘れないでください。

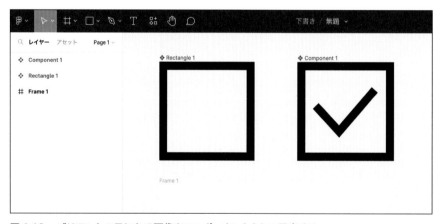

図6-18　バリアントの元になる画像をコンポーネントとして用意する

　用意したコンポーネントをすべて選択して、右サイドメニューの「コンポーネント」にある「バリアントとして結合」をクリックします。

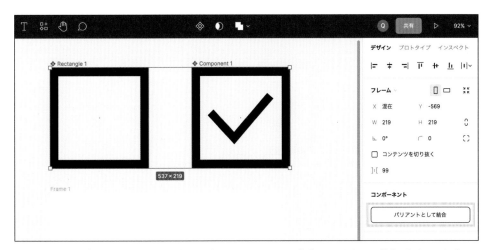

図6-19　コンポーネントをすべて選択して右サイドメニューの「バリアントとして結合」をクリックする

　初期状態で表示するほうのコンポーネントを選択し、右サイドメニューを「プロトタイプ」タブにします。すると、ページ遷移を設定したときと同様、コンポーネントの枠線に○が表示されるようになるので、各辺上の○をドラッグします。ドラッグ中はマウスポインターの位置に合わせて矢印が表示されるので、これを次に表示するコンポーネントに接続します。

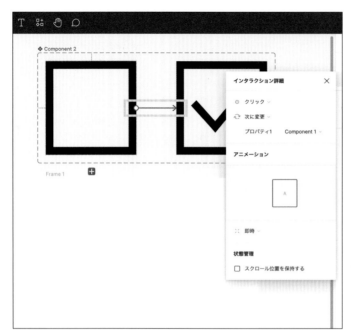

図6-20
最初に表示するコンポーネントの外枠、各辺の中央に表示される○をドラッグし、次のコンポーネントまで矢印を伸ばす

これでバリアントの設定も完了しました。結合したコンポーネントをコピーしてフレーム内に配置します。

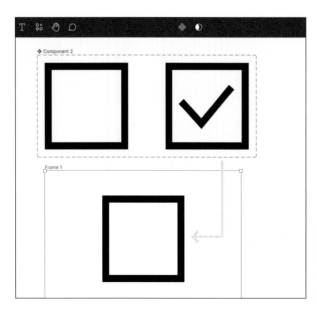

図6-21
完成したコンポーネント（この場合はチェックボックスのバリアント）をコピーしてフレーム内に配置する

　この状態でプレビュー画面を開き、クリックして表示が切り替わることを確認しておきましょう。

　ここでは一方向の変化しか設定しませんでしたが、右のコンポーネントから左のコンポーネントに変化する設定も追加すれば、クリックするたびに画像が切り替わるバリアントにすることができます。

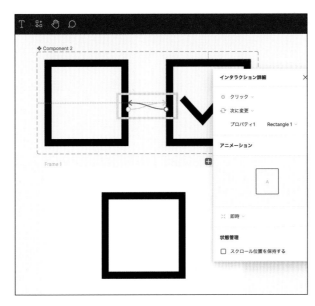

図6-22
右のコンポーネントから左のコンポーネントに向けて接続するような設定も追加すれば、クリックによって表示が切り替わるバリアントにすることができる

モーダル画面を作る

　モーダル画面とは、デフォルトでは格納されているけれど、ホバーやクリックの操作をトリガーに出現する画面です。スマートフォン向けのメニューなどでよく使われます。モーダル画面も、Figmaで作成できます。またプレビュー画面ではホバーやクリックなどのアクションとともに再現することができます。

　モーダルを作成するには、サイトページとは別にモーダル画面用のフレームを用意してから作業します。

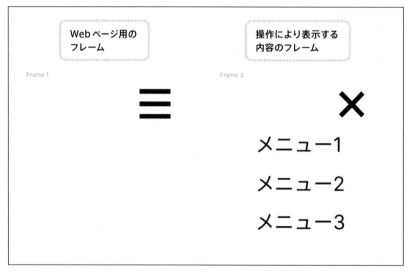

図6-23　**モーダル画面を作るには、Webページ用のフレームと、モーダルにより表示する内容を記述するフレームを用意する。ここでは、左の表示になっているときにメニューボタンを押すと、右のフレームのメニュー項目が表示されるように作りたい**

　左のフレームに配置したメニューボタンをクリックして、右サイドメニューのタブを「プロトタイプ」に変更します。次に、ページ遷移やバリアントと同様に、メニューボタンの枠線の○をドラッグして矢印を右のフレームに接続します。

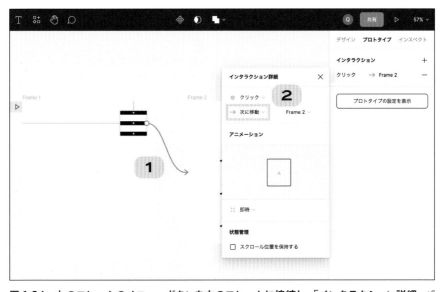

**図6-24　左のフレームのメニューボタンを右のフレームに接続し、「インタラクション詳細」パ
レットで「次に移動」をクリックする**

　接続すると、「インタラクション詳細」パレットが開きます。ここではモーダル画面を作りた
いので、「次に移動」を「オーバーレイを開く」に変更します。

**図6-25
選択できるアクションを選ぶメニュー
が開くので、「オーバーレイを開く」に
切り替える**

すると「インタラクション詳細」パレットに「オーバーレイ」という項目が現れます。ここで「中央」と書いてあるのが、オーバーレイが表示される位置です。メニューボタンはページ右上に配置しているので、オーバーレイで表示されるメニューもそれに合わせて表示されるように変更しようと思います。今回は、両フレームにあるボタンの位置が合うように調整したいので、開いたメニューで「手動」に切り替えます。それには「中央」をクリックします。

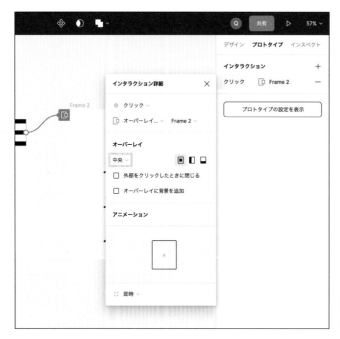

図6-26
表示位置を変更したいので、「オーバーレイ」にある「中央」をクリックする

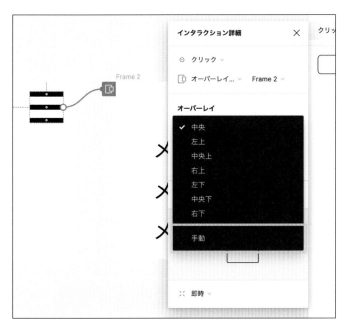

図6-27
開いたメニューで、表示位置を指定する。ここでは手動を選択した

　位置として「手動」を選ぶと、左のフレーム上に右のフレームの内容が、対角線も合わせて表示される四角形で表示されます。これをマウスのドラッグやカーソルキーを操作して、適切な位置に合わせます。

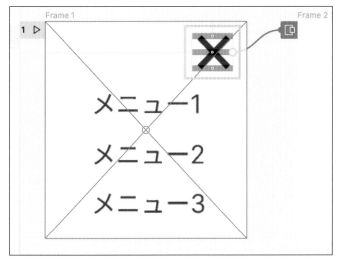

図6-28
表示位置を調整するために、左のフレーム上に右のフレームが表示される。この位置を動かして、表示位置を指定する

　「インタラクション詳細」パレットの「アニメーション」では、オーバーレイが表示されると

きの効果を指定することもできます。標準では「即時」なので特に効果はありません。アニメーション効果を付けるには、ここをクリックして「ディゾルブ」もしくは「ムーブイン」を選びます。

　ディゾルブはメニューが徐々に現れるように表示される効果です。ムーブインを選んだ場合は、画面外からメニューが入り込んでくるような視覚効果になります。この場合は、上下左右のどの方向から入ってくるかも指定します。ただし、ここではメニューを開くモーダルなので、「即時」のまま先に進めます。

　メニューを閉じるモーダルも設定しておきましょう。右のフレームに配置したクローズボタンを選択し、これまで同様に枠線上の○をドラッグします。このとき、フレームの右肩に「オーバーレイを閉じる」と「戻る」のアイコンが表示されるので、ここでは「オーバーレイを閉じる」に矢印を接続します。

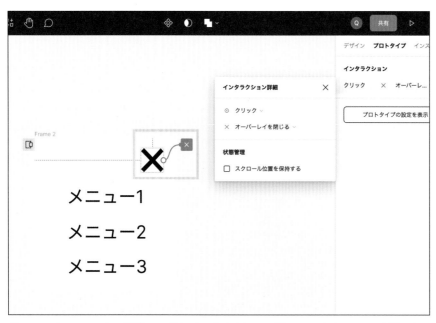

図6-29　右のフレームの「閉じる」ボタンは、矢印をドラッグしているときフレーム右肩に表示される「オーバーレイを閉じる」に接続する

　プレビューで適切に設定できるかどうか、試してみましょう。メニューボタンをクリックしたらメニューが表示され、そこで閉じるボタンを押すと元の表示（メニューボタンのみ）に戻れば成功です。

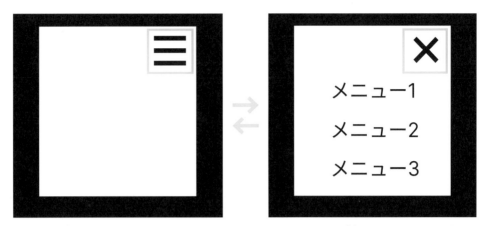

図6-30　プレビューで操作してみると、メニューボタンを押してメニューが表示され、メニューを閉じる
操作で元に戻ることが確認できた

ページ内でスクロール領域を作る

　サービスサイトの利用規約や、問い合わせページに掲載する個人情報利用に関する通知事項など、長い文章を別のページに飛ばさずに、でもページ上ではあまりスペースを取らずに表示したいことがあります。こういうときにスクロールバー付きのテキスト領域を配置しますが、これも Figma で作成可能です。

　スクロールには、縦に長くなるコンテンツを収める縦スクロールと、横に広がってしまうものを収める横スクロールがあります。まずは縦スクロールから見てみましょう。

長い文章を収める縦スクロール

　長い文章を縦にスクロールさせて読む領域を作ってみましょう。まず、テキストオブジェクトを作って、そこに全文を入力します。

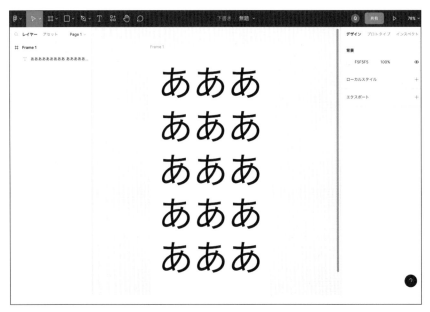

図6-31　テキストオブジェクトを作って、表示するテキストすべてを入力する

　このテキストオブジェクトを右クリックして、開いたメニューから「選択範囲のフレーム化」を選びます。

図6-32　テキストオブジェクトを右クリックして「選択範囲のフレーム化」を選ぶ

　一見するとあまり変わっていないように見えるかもしれませんが、テキストが入力されたボックスは、テキストオブジェクトからフレームになっています。画面左の「レイヤー」で確かめてみてください。

　このフレームを縦方向に縮小します。フレームの下のほうにテキストがあふれているような状態になります。

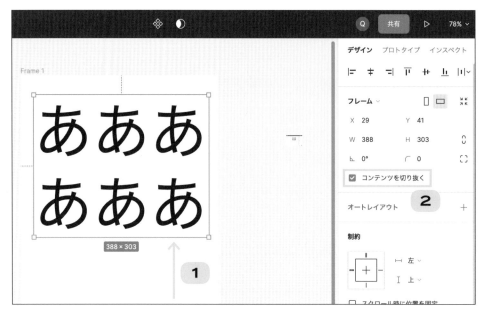

図6-33 フレームの高さを縮小して、右サイドメニューの「コンテンツを切り抜く」のチェックボックスをオンにする

　ここで、右サイドメニューの「フレーム」にある「コンテンツを切り抜く」にチェックを入れます。すると、フレームからあふれたテキストは表示されなくなります。

　続いて右サイドメニューを「プロトタイプ」タブに切り替えます。「オーバーフロースクロール」でスクロールの設定ができます。初期状態では「スクロールなし」になっているので、これをクリックして「縦スクロール」に変更します。

図 6-34　サイドバーを「プロトタイプ」タブに切り替えると、「オーバーフロースクロール」の項目で「縦スクロール」に切り替えられる

　これで縦スクロールの設定は完了です。プレビューして、テキストがスクロールする様子を確認してみましょう。

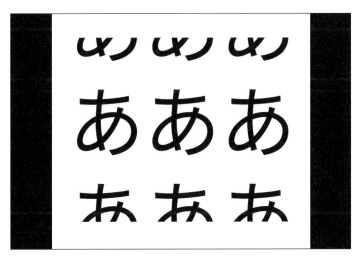

図 6-35
プレビューでテキスト表示とスクロールを確認する

幅広のメニューなどには横スクロール

　ここまで縦スクロールの場合を見てきましたが、横スクロールが求められることもあります。たとえば、項目数の多いメニューバーなどの場合、すべてを表示するようにすると上下にスペースを取ってしまい、本来のコンテンツを表示するスペースが少なくなってしまいます。画面の小さいデバイスでは、ユーザーにとっては読みたいところが読みにくいデザインになってしまいます。そこで、そうしたメニューは画面外の左右にも広げて横スクロールさせるといった実装をすることがあります。横スクロール表現も、ここでマスターしておきましょう。

　ここでは、複数の図形をメニューボタンに見立てて横方向に並べ、これをスクロールさせるようにしてみます。

　何らかの図形を横に並べ、すべて選択します。縦スクロールのときの要領で右クリックし、「選択範囲をフレーム化」を選びます。

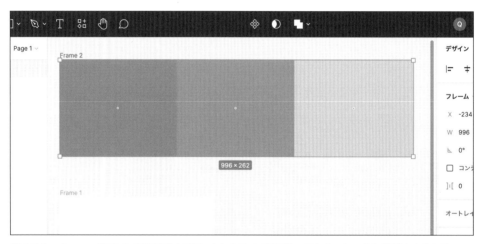

図6-36　メニューボタンとなる図形オブジェクトをすべて選択し、これをフレームに変換したところ

　このフレームの横幅を、画面サイズに合わせます。次に、サイドバーの「フレーム」にある「コンテンツを切り抜く」のチェックボックスをオンにします。こうした操作は、基本的に縦スクロールのときの操作と同じ要領です。

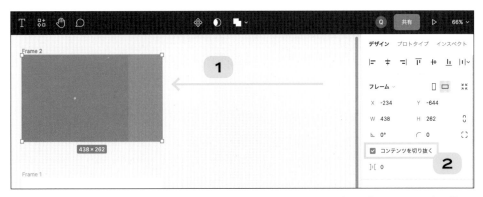

図6-37　フレームの横幅を画面サイズに合わせて縮小する。次にサイドバーの「コンテンツを切り抜く」のチェックボックスをオンにする

　続く操作も縦スクロールと要領は同じです。同じフレームを選択したまま、サイドバーを「プロトタイプ」に切り替え、「オーバーレイスクロール」の初期値である「スクロールなし」を「横スクロール」に変更します。

図6-38
サイドバーを「プロトタイプ」タブに切り替え、「オーバーレイスクロール」の設定を「横スクロール」に切り替える

　横スクロールを設定したフレームを、画面表示用のフレームの中に収めます。これで横スクロールの設定は完了です。プレビューで横スクロールの動作を確認しましょう。

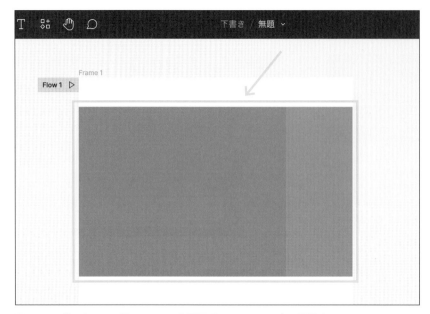

図6-39　横スクロール用のフレームを画面用のフレームの中に配置する

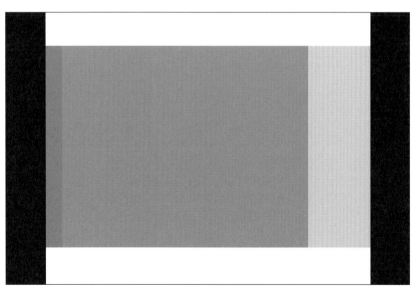

図6-40　　　　　このページをプレビューして、横スクロールの動作を確認する

CHAPTER 07

第 7 章

Web デザインで 使う
Illustrator

AdobeのIllustratorは、イラスト、サムネイル、ロゴ、ボタンなどを制作するのに使います。ベクターデータを編集しやすく、アートボードで複数のイラストを管理し、また一斉に書き出しができます。Figmaでも似たようなことは可能ですが、キーボードのカーソルキーで細かく位置調整ができるところと、パターン（テクスチャ）の生成できる機能はかなり重宝します。操作性の点から言っても、イラストやサムネイル制作でIllustratorはかなり秀逸なツールです。

　また企業サイトなどの案件では、ロゴやアイコンなどの画像が印刷用のデータを流用する形で提供されることがしばしばあります。その場合、Illustratorでないと扱えない形式であることがほとんどで、Figmaや一般的なグラフィックスソフトでは手を出せません。Webデザイナーから「扱えるツールがないので、そのデータでは困ります」とは言えない以上、どこかでIllustratorは必要になります。多くの場合、すぐの対応が求められます。

　いずれは必要になるのがIllustrator。月額料金が決まっているサブスクリプションで提供されている有料ツールですが、業界のスタンダードツールなので、Webデザイナーとして仕事をしていくのであれば早い段階で使って習熟を図るのは有効だと思います。この点は、次の章で取り上げるPhoshopも同様です。

　ここでは、読者の皆さんが「急にIllustratorを使うことになった」という場合に、できるだけ早く目的の画像を作成できるよう、基本的な機能を速習できるよう構成しました。ここで紹介した機能や操作がすべてではない点は、頭に入れておいてください。

Illustratorの基本操作

簡単なイラストを新規に作って、画像で出力するまでの流れを追うことで、Illustratorの基本操作を身に付けましょう。

Illustratorを起動したら、「新規ファイル」をクリックします。

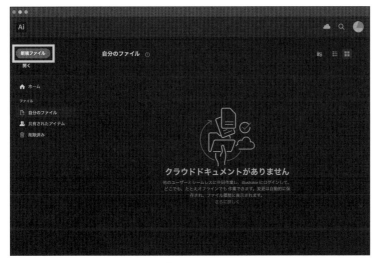

図7-1　Illustratorを起動したら、「新規ファイル」をクリックする

Illustratorでドキュメントを作る際、出力範囲のサイズを設定します。Illustratorではこの出力範囲のことをアートボードといいます。あらかじめ画像のサイズが決まっていれば、そのサイズを指定します。そうでない場合、今回のように基本操作を練習する段階であれば、適当でも大丈夫です。

ここでは幅1280×1024ピクセル (px)、高さ1024ピクセル (px) に設定して作成することにしました。

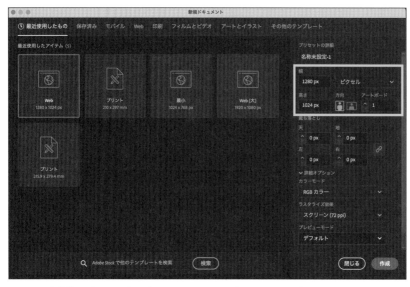

図7-2　出力範囲（アートボード）を1280×1024ピクセルにして、新規ドキュメントを作成

　ウィンドウ左に表示されているツールバーに「長方形ツール」があります。これを長押しすると、「楕円形ツール」に切り替えます。

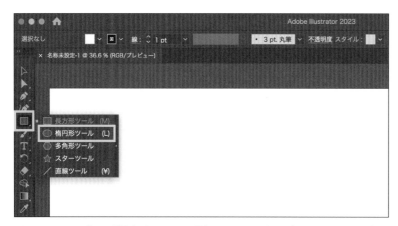

図7-3　ツールバーの「長方形ツール」を長押しして、図形を選択するパレットを表示する。その中から「楕円」を選ぶ

　アートボード上に円を描いてみましょう。斜めにドラッグすると、ドラッグ操作に応じた位置と大きさで楕円を作れます。Shiftキーを押しながらドラッグすると、正円を描けます。

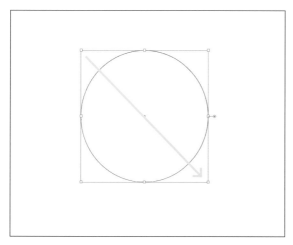

図7-4 Shiftキーを押した状態でマウスをドラッグすると、正円を作成できる

　図形の色はデフォルトで線が黒、塗りつぶしが白になっています。塗りつぶしを白から緑にしてみましょう。操作としては、オブジェクト（ここでは円）をクリックして指定し、右サイドバーの「アピアランス」にある「塗り」のところにあるカラーチップをクリックして変更します。なお、周囲の線が不要であれば「線」の前にあるカラーチップをクリックし、「／」選択すると色なし、すなわち線が描画されない設定になります。

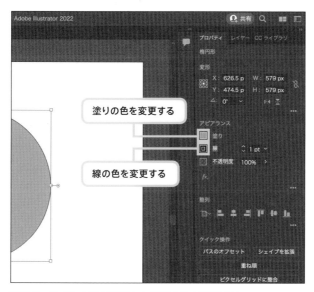

図7-5 作成した円の塗りおよび線の色を変更する

「ファイル」メニューから「書き出し」→「スクリーン用に書き出し」をクリックします。保存先やファイル形式などを設定できます。ファイル形式は、JPG、PNG、PDFのほかに、ベクター形式のSVGなども選択できます。「アートボードを書き出し」ボタンを押すと、設定したファイル形式で書き出されます。

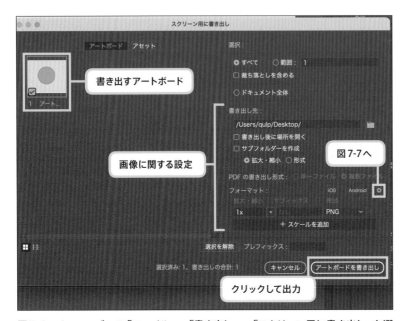

図7-6 　メニューバーの「ファイル」→「書き出し」→「スクリーン用に書き出し」を選び、「スクリーン用に書き出し」ダイアログボックスを表示する。ファイル形式などの設定をして、「アートボードを書き出し」ボタンを押す

　この画面で歯車マークを押すと、各画像形式に応じた設定画面が出てきます。PNG設定では、背景色を「透明」「ホワイト」「ブラック」の中から選択することができます。背景を透過させたロゴを出力する場合は、背景色の設定を「透明」に変更して、PNGで出力します。

図7-7 「スクリーン用に書き出し」ダイアログボックスで歯車アイコンを押すと、
ファイル形式ごとに詳細な設定ができる

仕事に役立つIllustratorの機能

大まかな流れをつかんだところで、Illustratorの基本操作について見ていきましょう。単なる基本や入門ではなく、WebデザイナーがIllustratorを使った仕事をするうえで早い段階で知っておきたい機能について取り上げます。

ドキュメントとアートボード

あらためてアートボードについて説明しておきましょう。アートボードはさまざまに描画して、それを出力する範囲です。このアートボードは1ファイル（ドキュメント）に複数作れます。複数のアートボードを並べたまま表示し、作業することができます。たとえば何らかの画像の案を作るとき、同じドキュメント上に各案をアートボードとして作成したり、複数ページのヘッダー画像を見比べながら作成したりといったことができます。

図7-8　複数のアートボードを並べたドキュメントの例

描画にかかわる基本機能

Illustratorで、さまざまな形状を描く基本的な方法を紹介します。

■ 四角形・丸・多角形

基本的な図形を作りたい場合は、ウィンドウ左に表示されているツールバーの「長方形ツール」を使います。最初は長方形ですが、このアイコンを長押しすると、長方形以外に丸、多角形などさまざまな図形を選ぶことができます。

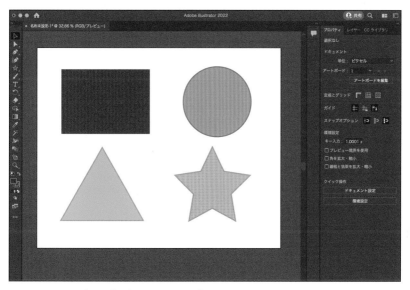

図7-9　ツールバーの「長方形」からさまざまな図形を選択して描画したところ

■ ペンツール（ベジェ曲線）

　「ペンツール」では、自由な形状の図形や線を描くことができます。アートボード上で1回ク
リックすると、そこが図形の開始点になります。別の場所を次々クリックすると、それぞれの
点をつなぎながら線を描き、最初の点でもう一度クリックすると線で囲んだ範囲が閉じて多
角形になります。

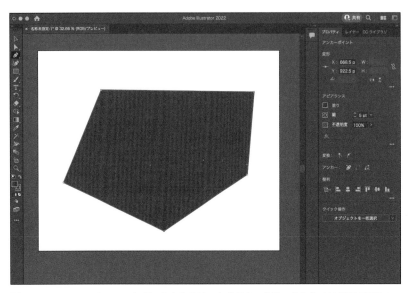

**図7-10　ペンツールでアートボード上をクリックすると、クリックした点の間を直線でつ
ながっていく。これにより自由に線もしくは図形を作成できる**

　ツールバーの「ペンツール」を長押しして、「アンカーポイントツール」に切り替えてみましょう。アートボードに描画するとき、ペンツールのときにクリックした代わりに、アンカーポイントツールでは長押しします。すると、前の頂点とつながる線が曲線になります。その次にクリックもしくはドラッグしたテントの間も曲線になります。ドラッグした点では、曲線の曲がり具合をコントロールする「ハンドル」が表示されます。このハンドルの長さや向きを変えることで、さまざまな曲線を描けます。これにより自由な形状の図形を作成することができます。

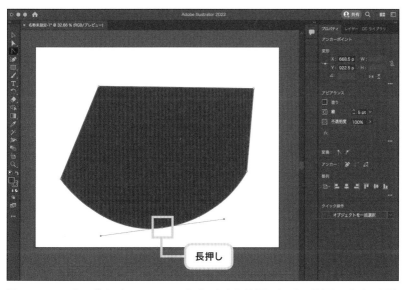

図7-11　アンカーポイントツールでアートボード上を長押しすると、長押しした点の両脇が曲線になる

■ 角丸

ツールバーで「ダイレクト選択ツール」を選んでから四角形をクリックすると、各頂点の内側に◎が現れます。これをドラッグすると、頂点を丸にすることができます。どの向きにどのくらいドラッグするかで、角の丸みを変えられます。

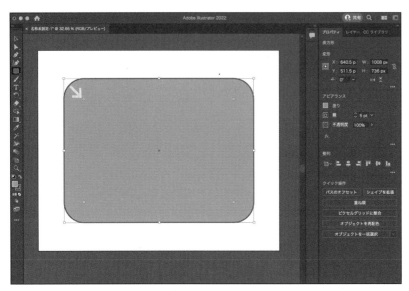

図7-12 「ダイレクト選択ツール」で四角形を選択すると、それぞれの角の内側に◎が表示される。これをドラッグすると、角が丸い形状に変えられる

オブジェクト管理

作成したオブジェクトは、デフォルトで「レイヤー」に格納されます。ここではレイヤーとそのグルーピングについて説明します。

■ レイヤー

グラフィックスソフトに慣れていないとレイヤーは新しい概念かもしれません。レイヤーとは透明なシートのようなもので、1ファイルに何枚も作ることができます。画像の大きさのレイヤーをピッタリ重ねることで、1枚の絵に見えるという仕組みです。いくつかのオブジェクトを重なるように組み合わせた画像を作りたいとき、それぞれのオブジェクトを別々のレイヤーに分けておくと、いずれかのオブジェクトだけ位置を変えたり、特定のオブジェクトだけ削除

したいといったときに、そのオブジェクトのレイヤーだけを操作すれば、他のオブジェクトに影響しません。作成する画像が複雑になるほど、レイヤーのありがたみが高くなります。レイヤーは作成、削除はもちろん、ロックをかけたり、表示／非表示を切り替えたりすることができます。レイヤーをうまく扱えるようになると、画像作成の効率が格段に上がります。

図7-13
画像作成に使ったレイヤーの例。デザインのバリエーションを考えるときに、共通で用いて変更しないオブジェクトは独立したレイヤーに分けて、なおかつロックをかけるといった使い方ができる

■ グルーピング

　複数のオブジェクトをまとめて選択して、ツールバーの「オブジェクト」から「グループ」を選ぶとグルーピングされます。いくつかのオブジェクトを組み合わせて作った画像の部品をコピーしたり、位置を変えたりといった操作をするときに、いちいちまとめて選択しなくて済み、オブジェクトの扱いが効率的になります。グルーピングを解除することもできるので、あとから一部を変更したいといった場合にも問題なく対応できます。

画像を切り抜くパスファインダー

パスファインダーを使うと、複数のオブジェクトを合体したり、切り抜いたりといったように、重なっている部分のみを抽出などができます。このため、オブジェクトは必ず重なっている必要があります。

次のような重なり合うオブジェクトがあったとき、その両方を選択します。右サイドバーの「プロパティ」に「パスファインダー」が表示されます。ここでどのような加工ができるか、見ていきましょう。

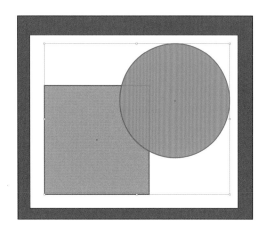

図7-14
このようにオブジェクトが重なり合っていれば、パスファインダーでさまざまに加工できる

■ 合体

対象のオブジェクトを合体させて、一つのオブジェクトにします。

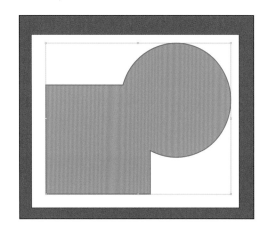

図7-15
二つのオブジェクトを合体させる

■ 前面オブジェクトで型抜き

　前面に配置されているオブジェクトの形で、背面に配置されているオブジェクトを型抜きします。つまり背面のオブジェクトで、前面のオブジェクトとは重なっていない部分だけが残ります。

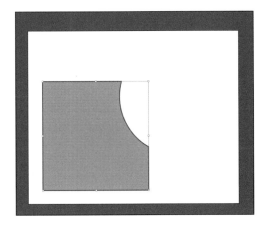

図7-16
型抜きを選ぶと、前面のオブ
ジェクトと重なっている部分が
削除される

■ 交差

　選択したオブジェクトの重なり合っていた部分のみを抽出します。それ以外の部分はなくなってしまいます。

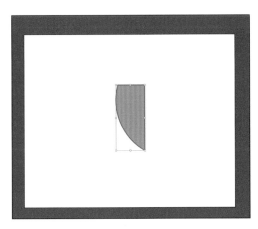

図7-17
交差を選ぶと重なっていた部分
だけが残される

■ 中マド

選択したオブジェクトを合体したうえで、重なり合っている部分は切り抜きます。

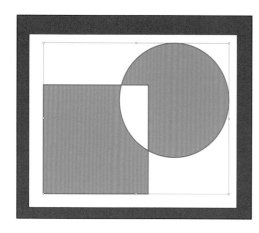

図7-18
選択したオブジェクトを合体さ
せるだけでなく、重なっていた部
分は削除される

塗りつぶし

　Illustratorの塗りつぶしはFigmaよりもたくさんの機能を持っています。色だけでなく、透明度やテクスチャなど、さまざまな設定ができます。クライアントを納得させる画像を作るには、ぜひ使いこなしたいところです。

■ カラーの選択

　オブジェクトを選択すると、「アピアランス」からカラーパレットを開いて色を変えることができます。

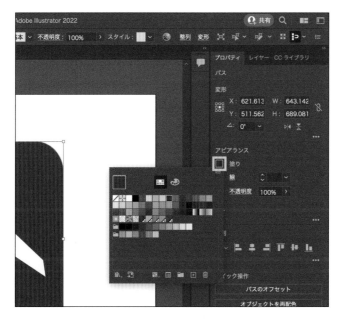

図7-19
オブジェクトを選択すると、右サイドバーの「アピアランス」に現在の塗りの色が表示される。これをクリックするとカラーパレットが開き、簡単に色を変更できる

　ツールバーの「ウィンドウ」→「カラー」から「カラーツール」を呼び出すと、前の図のカラーパレットとは別の画面でHSBやRGBで数値による厳密な色指定もできます。

■ グラデーション

　グラデーションを設定するにはまずウィンドウ上部のツールバーでいちばん左のアイコンをクリックし、塗りをグラデーションに切り替えます。次に「アピアランス」の「塗り」からカラーパレットを開いて設定します。

図7-20　オブジェクトにグラデーションを設定し、「塗り」のカラーパレットを開いたところ。グラデーションが設定されているオブジェクトでは「グラデーションツールオプション」が表示される

■ テクスチャ

　右サイドバーの「アピアランス」に「スウォッチライブラリメニュー」を押すと、さまざまな塗りつぶしのメニューが出てきます。この中で、「パターンのベーシック」「自然」「装飾」は、テクスチャのように使える塗りつぶしになります。たとえば、次の図のように、ここまでは色で塗りつぶしていたのに対し、模様で塗りつぶすこともできます。

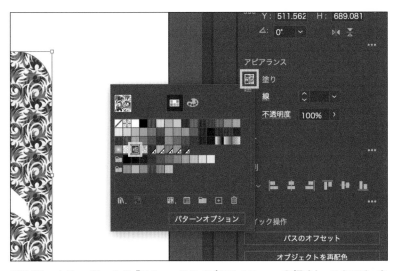

図7-21　カラーパレットの「スウォッチライブラリメニュー」を押すと、テクスチャを
　　　　使ったように見える塗りつぶしも選べるようになる

■ 半透明

　オブジェクトを選択して、「アピアランス」の「不透明度」を100％から変更するとすると、
塗りを半透明にすることができます。

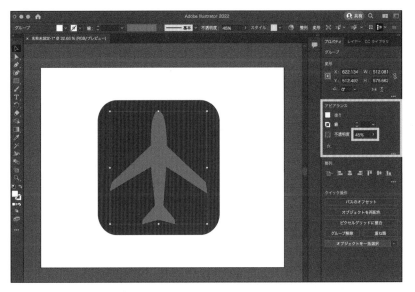

図7-22　背景の不透明度を100％から45％にしたところ

Webデザインで使うIllustrator

■ 描画モード

　次の図のように「アピアランス」の「不透明度」をクリックし、開いたメニューで「通常」を
クリックすると、描画モードを選択することができます。描画モードとは、異なる色が重なっ
たところの処理のことで、光のように混ぜると明るくなったり、絵の具のように暗くなったり
といったように、色の混ざり方を選択することができます。たとえば、「スクリーン」を選択す
ると次の図のようになります。

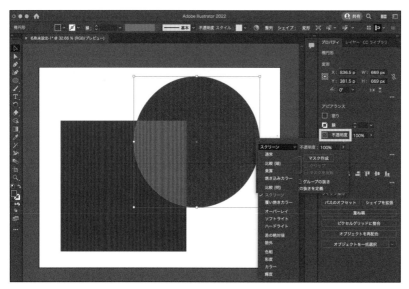

図7-23　描画モードを「スクリーン」にしたところ。二つのオブジェクトが重なったとこ
　　　　ろの色に注目

線のバリエーション

　塗りつぶしだけでなく、線もまた多様な表現ができます。

■ 太さ

　塗りつぶしのときと同様、線のオブジェクトを選択し、「アピアランス」の「線」から、太さを
設定できます。

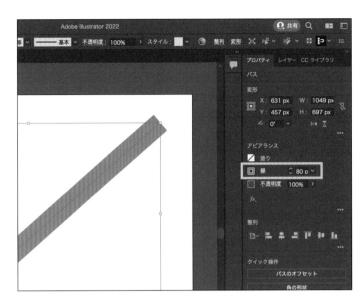

図7-24
関する設定も、右サイド
バーの「アピアランス」で
行う。太さは「線」の右側
にある数値ボックスに直
接入力するか、プルダウン
メニューもしくはスピンボ
タン（上下の矢印をクリッ
ク）で設定する

■ 破線

　「線」という文字をクリックすると、線の設定パレットが表示されます。ここで、「破線」に
チェックを入れて、線分や間隔を数値で指定すると、破線になります。

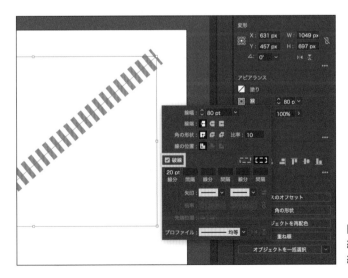

図7-25
線のツールパレットを開くと、
線種を破線に変更できる

破線の場合、線分や間隔を数値で設定できます。設定次第で、自由度の高い破線を作成できます。たとえば線分を0、間隔を線の太さ以上の値に設定し、線端の形状を丸にすると点線を表現できます。

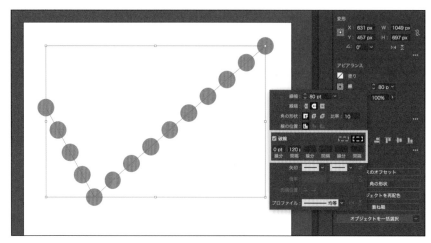

図7-26　線分や間隔の長さを任意に設定できる。設定の組み合わせにより、点線の表現も可能

■ 筆線

　ウィンドウのヘッダーに表示されている「基本」（不透明度の左側）はブラシの種類を示しています。これをクリックし、開いたパレットの下部に表示されているアイコンのうち、左端のアイコンをクリックすると、さまざまな種類のブラシを選択できます。ここでは「アート」に分類されている「アート インク」を選択すると、筆で描いたような線にできます。

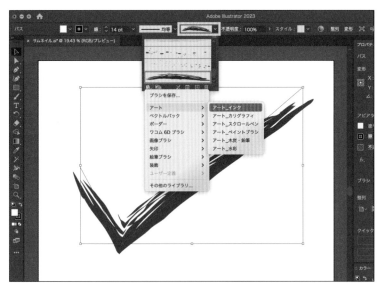

**図 7-27　ウィンドウ上部に表示されている「基本」(初期値)をクリック、開いた
ツールパレットからブラシの種類を変えられる。ここでは「アート_イン
ク」を選んだ**

　テクスチャを貼ったような線にするブラシもあります。ブラシの種類を「ボーダー」にある
「幾何学模様」を選択すると、次のような線が作れます。

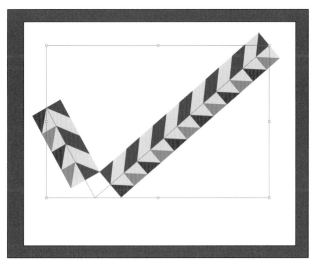

**図 7-28
ブラシの種類を「幾何学模様」に
したところ**

フォント

IllustratorやPhotoshopなどの場合、自分のパソコンにインストールされているフォントのほか、Adobe Fontsのフォントも使用できます[*1]。ユニークなフォントを取り揃えた状態で、さまざまなフォントの文字を使ったデザインにチャレンジしていきましょう。ここでは、フォントをさまざまに利用するための設定項目を紹介します。

■ フォントの選択とサイズ

まずアートボードにテキストを入力する方法を見ておきましょう。ウィンドウ左側のツールバーにある「T」のテキストボタンをクリックし、アートボード上で任意の点をクリックすると、そこにテキストを入力できます。そうして入力したテキストオブジェクトを選択すると、右サイドバーの「文字」でさまざまな設定ができます。現在設定されているフォント名をクリックすると、別のフォントに変えられます。また、大小のTが並んでいるアイコンがフォントサイズです。この数値を指定してフォントの大きさを設定します。

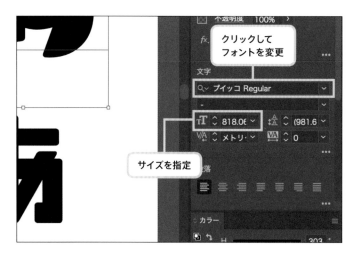

図7-29
入力したテキストを選択したら、右サイドバーの「プロパティ」にある「文字」でフォントに関連する設定が可能

■ エリア内文字

あらかじめ図形などでオブジェクトを作っておき、そのオブジェクトの大きさに合わせてテキストを収めるように配置することができます。それには「エリア内文字ツール」を使います。実際の使い方を見てください。

まずは、適当にオブジェクトを描きます。

---

*1　Adobe Fontsを利用するには、別途専用のWebサイトでフォントごとに有効化する必要があります。

図7-30
あらかじめテキストを配置するエリ
アに相当する図形を作成しておく

　ツールバーで文字ツールをクリックし、オブジェクトの左上にマウスポインターを載せると、マウスポインターの形が赤い小さい四角に変わる場所があります。ここでクリックすると、オブジェクトの背景色がなくなり、オブジェクトの範囲内で文字を入力できるようになります。

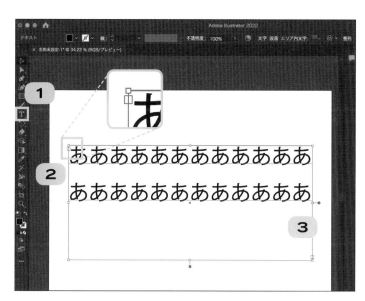

図7-31
テキストツールを選択し、
マウスポインターをオブ
ジェクトの左肩に持って
いくと、マウスポインター
の形が変わるところがあ
る。ここでクリックする
と、図形の範囲に収まる
ようなテキストの枠が現
れ、文字を入力できる

■ 文字の間隔

　右サイドバーの「文字」に「VA」と両向きの矢印を組み合わせたマークがあります。これが文字間隔です。この数値ボックスは標準では0なのに対し、値を大きくすると、文字間隔が広がっていきます。間隔によって読み手が受ける印象は大きく変わります。

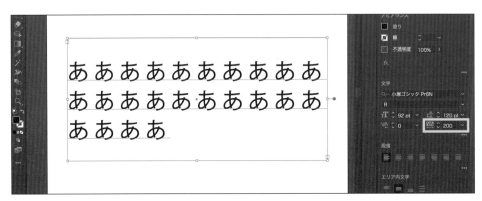

図7-32　文字間隔を200に設定したところ。図7-31と比べて印象が変わった

画像の切り抜きとトレース

　画像加工といえばPhotoshopですが、実はIllustratorでも切り抜きやトレースで表現の幅を広げることができます。

■ クリッピング

　画像加工をする場合には、あらかじめ対象の画像を読み込み、その上にオブジェクトを配置しておきます。クリッピングは、画像の上に置いたオブジェクトの部分にだけ、その下の画像を表示するという切り抜きです。切り抜く側のオブジェクトは図形である必要があるため、文字で切り抜く場合は、事前に文字を図形にする必要があります。それには「アウトライン化」を使います。それには文字のオブジェクトを選択して、「書式」メニューから「アウトライン」を実行します。

　クリッピングを実行するには、オブジェクトと画像を同時に選択して、「ウィンドウ」メニューの「透明」を実行すると、オブジェクトの透明度を設定するパレットが表示されます。ここで「マスクの作成」をクリックします。

図7-33 切り抜くオブジェクトと切り抜かれる画像の両方を選択したうえで、
「ウィンドウ」メニュー→「透明」で、透明度を設定するパレットを開き、
「マスクの作成」をクリックする

　すると、そのすぐ下の「クリップ」が有効になります。ここにチェックを入れると、画像が文字で切り抜かれます。

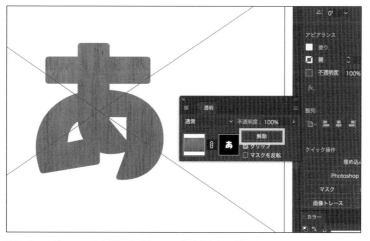

図7-34 グレーアウトだった「クリップ」が設定可能になるため、これにチェックを入れる。これにより、文字で画像を切り抜けた

■ 自動トレース

　画像をイラストっぽく見せたい処理というのはけっこうな頻度で求められます。
Photoshopでも可能ですが、Illustratorの自動トレース機能もこういう場合になかなか重
宝します。一度は試して、その操作と効果について確認しておくことをお薦めします。

　まず画像を読み込んで、ウィンドウ上部のツールバーにある「画像トレース」をクリックしま
す。プルダウンメニューが開いていろいろなトレース法が表示されるので、適切なものを選
択します。動作を試す段階なら、いろいろなものを選んで効果を確認してみましょう。

　ここでは「16色変換」を選んで、色数を落とすようにしてみました。

**図7-35　ウィンドウ上部のツールバーにある「画像トレース」をクリックしてメニューを開き、
　　　　いずれかのトレース方法を選ぶ**

　トレースが終わったら、「拡張」を押してオブジェクトとして編集できるようにします。

図7-36　次にウィンドウ上部のツールバーにある「拡張」をクリックして、トレース後の
画像をオブジェクトとして操作できるようにする

　写真よりも、色を鮮やかにしていくとイラストっぽい仕上げになります。そこで、トレース後の画像の色を調整しておきましょう。

　トレース後のオブジェクトを選択して、「オブジェクト」メニューの「カラーを編集」→「オブジェクトを再配色」を選びます。すると「オブジェクトを再配色」ウィンドウが開き、画像内の特定の色を別の色に変更することができます。地味な色を選んで、鮮やかな色に変えていく方向で調整していきます。

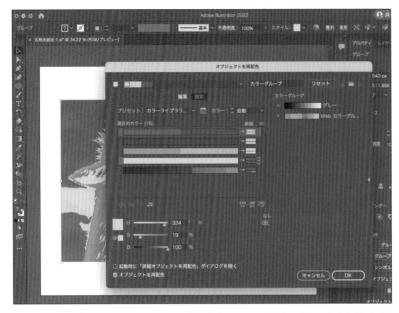

図7-37 「オブジェクト」メニューから「オブジェクトを再配色」ウィンドウを開き、画像内のいずれかの色を他の色に変更することで、色調を調整する

　こうして調整した画像の作例を見てください。すっかり元の画像の印象派なくなり、イメージがガラリと変わった感じがしませんか?

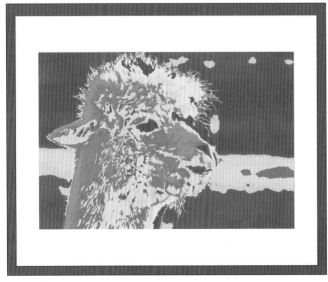

図7-38 この作例では、できるだけビビッドな色を使って大きく印象を変えるように仕上げた

Illustratorを学ぶ、次の一歩にはぴったりです。まずはここから読み込んでみることをお薦めします。

参考までに、Illustratorで作ってみた年賀状を見てください。これは風景写真を取り込み、自動トレースした画像をベースに、文字をデザイン・レイアウトして作成しました。

図 7-39　この作例は、年賀状として作ったもの。Illustrator に取り込んだ写真を自動トレース
して作成したw

公式ガイドをスキルアップに活用しよう

ここで紹介した以外にも、Illustrator には作画に役立つツールが無数にあります。Illustrator は解説書も多く、Web 上にもたくさんの解説記事が公開されています。そのどれを読めばいいのか、迷ってしまう人も多いでしょう。

そういうときはまず公式サイトのユーザーガイドを見てみましょう。

Illustrator ユーザーガイドへようこそ
https://helpx.adobe.com/jp/illustrator/user-guide.html

CHAPTER 08

Web デザインで使う
Photoshop

ご存じの読者も多いとは思いますが、Photoshopは画像加工できるツールです。写真のためのツールと思っている人もいるかもしれませんが、Webデザイナーにとっても画像を扱う以上、「Photoshopでなければできないこと」に行き当たる場面が確実にあります。経験上、画像の明るさ調整、画像のリサイズ、画像の切り抜きで使うことが多いです。サイトや使う場所に応じて、画像を最適なサイズ、容量、形式に変更できます。

　それならPhotoshop以外のアプリでもできるのでは……と思う人もいるでしょう。でも、たとえ同じ機能を利用する場合でも大量の画像を効率よく処理していくときにPhotoshopは力を発揮します。また、プロがさまざまなTipsをWebなどで公開していることもあり、こういうことがしたいなと調べたときに、最も効率的に必要な情報を得ることができます。本気でWebデザイナー目指すのであれば、Illustrator同様、使えるようになっておくことはプラスに働くはずです。

　本章では、写真の扱いやグラフィックスソフトの操作にある程度は慣れている人向けに、Photoshopならではの機能や操作について、特にWebデザインでよく利用するものを取り上げて説明します。

画像の取り込みから加工後の保存まで

　Webデザイナーの作業という観点から、まずは素材となる画像をPhotoshopに取り込んで、色調を補正し、調整後の画像を別途保存するまでのプロセスをざっと見ておきましょう。

■ 画像を読み込む

　Photoshopを起動したら、ウィンドウ内に補正する画像をドラッグ操作で読み込みます。

図8-1　ファイルをドラッグ・アンド・ドロップでPhotoshopに読み込む

■ 色調を補正する

　画像を読み込むと、右サイドバーには標準で「プロパティ」タブが表示されますが、これを「色調補正」タブに切り替えます。色調補整用の機能がボタン形式で一覧表示されます。ここでは明るさを調整したいので、左上の「明るさ・コントラスト」ボタンを押します。

図8-2 右サイドバーを「色調補正」タブに切り替える。明るさを調整したいので、「明るさ・コントラスト」ボタンを押す

　すると、「レイヤー」タブに「明るさ・コントラスト1」というレイヤーが追加され、その上のタブが「プロパティ」に切り替わり、「明るさ」および「コントラスト」のスライダーが表示されます。「明るさ」のスライダーを動かして調整します。スライダーを右に動かせば明るさが増し、左に動かせば暗くなります。

図8-3 「明るさ・コントラスト1」レイヤーが追加されると同時に、「明るさ」および 「コントラスト」のスライダーが表示され、補正できるようになる

■ ファイルを保存する

　一般に画像データはWebサイトのファイル容量のかなりの割合を占めます。このため、各画像のファイルサイズに無頓着だと後々のトラブルにつながりかねません。かといって画質を落とすと見栄えが悪くなり、Webサイトの印象を悪くする懸念もあります。このためできるだけファイル容量を少なく、画質は高くを両立させるバランスを探る必要があります。

　ファイルを書き出す際は、「ファイル」メニューの「書き出し」→「書き出し形式」を選びます。「書き出し形式」ウィンドウが開くので、ここで画像形式や画質を指定します。

　画像形式はPNGやJPGなどを選択できますが、写真の場合はJPGが最も画質とファイルサイズのバランス取りやすい点で有利です。「画質」をスライダーで調整すると、見た目とファイル容量のバランスを調整することができます。

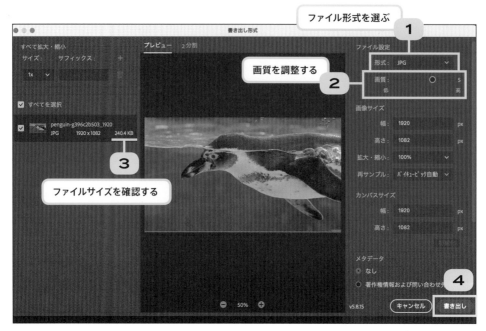

図8-4　ファイルを書き出す際は「書き出し形式」ウィンドウで、ファイル形式を指定し、画質を調整する

■ カンバスサイズを選択

　あらかじめ画像の最終的なサイズが決まっている場合、先に「カンバス」を作ってしまうの
もありです。カンバスというのは画像の出力領域のことで、Illustratorのアートボードと同じ
ものと考えてください。

　先にカンバスを設定する場合は、「ファイル」メニューから「新規ファイル作成」を選びます。
すると、「新規ドキュメント」ウィンドウが開くので、ここでカンバスサイズを幅と高さで指定し
ます。デフォルトでは大きさの単位は「ミリメートル」です。Webの場合はここを「ピクセル」
に変更して数値で指定します。

　また、カンバスカラーも選択できます。カンバスカラーは、出力領域の背景の色です。白、
黒、透明の3種類から選択できます。作業しやすい背景を選べばいいのですが、背景が透明
の透過PNGを出力したい場合は、必ず透明に設定します。最後に「作成」ボタンを押すと、
白紙の描画画面が開きます。

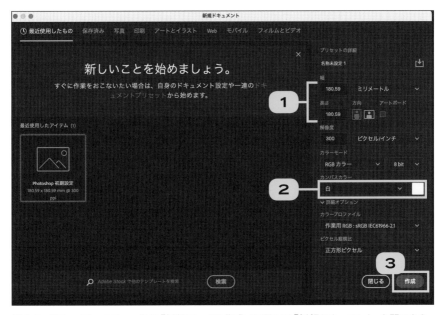

図8-5 「ファイル」メニューから「新規ファイル作成」を選んで「新規ドキュメント」を開いたら、カンバスサイズとカンバスカラーを指定する

コラージュ画像を作成する

　コラージュ画像を作るプロセスを通じて、Photoshop の Photoshop らしい使い方を見ていきましょう。実は Web デザイナーにとって、コラージュのように画像を合成する作業というのはあまりないかもしれません。でも、このコラージュ作成では Photoshop の一連の基本操作をひと通り経験できるので、手っ取り早く Photoshop になれるためにはちょうどいい "課題" です。Photoshop をこれから学ぶというときには、ぜひチャレンジしてみてください。

　ここでは、人物写真から背景を切り抜いて、別の画像を差し込むコラージュ画像を作ることにします。

画像を開いて背景を切り抜く

　まず、図8-1と同じ要領で、題材となる人物写真を Photoshop に読み込みます。ただし、この時点ではロックされているため編集できません。そこで、右サイドバー下部の「レイヤー」に表示された、読み込んだ画像のレイヤーの右端に表示されている錠のアイコンをクリックします。これにより画像にかけられたロックが解除されます。

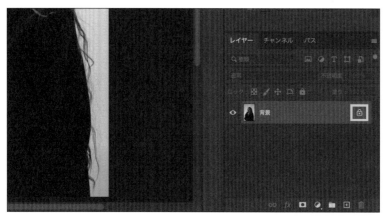

図8-6　画像を Photoshop で開いたら、右サイドバーに表示された読み込み画像のレイヤーの右端にある錠のアイコンをクリックし、ロックを解除する

■ 背景を選択して削除

「選択範囲」メニューから「色域指定」を選ぶと、「色域指定」ウィンドウが現れます。マウスポインターがスポイトの形になるので、ウィンドウに表示されたプレビュー上で切り抜きたい背景のどこかをクリックすると、範囲を選択できます。この画像の場合は比較的均一の背景なので、明るめのグレーのところをクリックすることで背景全体を指定できます。

図8-7
「色域指定」ウィンドウを表示し、マウスポインターがスポイト型になったら、プレビューの背景のどこかをクリックする。これにより、背景を範囲選択できる

背景が選択できたら、選択を維持したままでキーボードのDeleteキーを押します。これで背景が削除されます。削除したら、ここで一度ファイルを保存しておくといいでしょう。どんな作業でもそうですが、とりわけPhotoshopはこまめに保存することをお勧めします。

図8-8 背景が選択された状態でDeleteキーを押すと削除され、人物だけを切り抜ける

背景画像を追加

　ここで新たに背景にする画像を読み込みます。最初に画像を読み込んだときと同様、ファイルをカンバス内にドラッグします。

**図8-9　背景に使う画像を読み込む。あとから追加した画像は、元の画像よりも手前の
レイヤーに読み込まれる。この段階で大きさを合わせる**

　あとから読み込んだ背景画像のレイヤーが人物より手前になるよう作成されます。この状態のうちに、カンバスと人物との間でのバランスを考えながら、画像の大きさを調整します。調整できたら、レイヤーの順序を入れ替えます。レイヤーはマウスのドラッグ操作で上下の並びを変えられます。

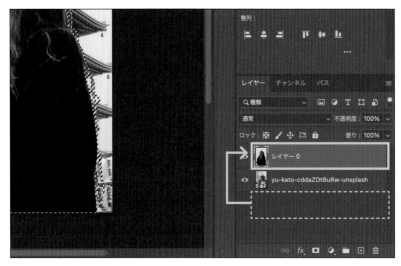

図8-10　背景が人物の背後に表示されるように、レイヤーの順番を入れ替える

■ 人物画像の色調補正

　背景画像は入れ替えられましたが、それぞれ画像は明るさなどに違いがあるので、1枚の画像として見たときには違和感があります。ここでは、人物画像の色調を変えていくことにしました。背景とのバランスを考慮し、人物の画像を明るく見えるように調整しようと思います。まず、人物画像のレイヤーを選択し、「選択範囲」メニューから「選択範囲を読み込む」を実行します。「選択範囲を読み込む」ウィンドウが表示されるのでOKボタンを押すと、人物画像の範囲を選択した状態になります。

図 8-11
「選択範囲」メニューから
「選択範囲を読み込む」を
実行し、人物の部分を選択
する

右サイドバーの「色調補正」タブにある「トーンカーブ」のマーク（グラフの絵柄）をクリックします。

図 8-12　右サイドバーの「色調補正」タブからトーンカーブを呼び出す

　トーンカーブが表示されます。このグラフの線を操作すると、画像のトーンを変えられます。このグラフは、横軸が明るさ、縦軸がその明るさに相当する画素がどのくらいあるかを示しています。グラフよりも左側が暗く見えている領域で、右側が明るく見えている領域と考えてください。

　この線のある点を上に引っ張ると元の明るさよりも明るくなり、下に引っ張ると暗くなりま

す。ドラッグ操作にしたがって周辺も変化してカーブが変わります。今回は人物を明るく見せたいので、グラフを左上に膨らんだカーブになるよう、グラフ上の何カ所かをドラッグして調整します。

図8-13　トーンカーブを左上に膨らませるように調整して、画像を明るく補正する

　調整が終わったら、図8-4と同じ要領でファイルを保存すれば作業は完了です。

知っておきたい Photoshop の基本機能

　どのような作業で画像を加工していくか、プロセスを見てきました。

　Webデザイナーでも、いつ、どのような画像の加工が求められるかはわかりません。さまざまな案件を通じてWebデザイナーとして知っておくべきと考えるようになったPhotoshopの機能について、まとめておきます。

画像の大きさとファイルサイズ

　Webページで利用する画像には、見た目はきれいに、ファイルサイズは小さくという矛盾する条件が求められます。できるだけ見た目を損なわず、容量を少なくするためにはいくつかの方法があります。

■ 画像サイズ

　「イメージ」メニューから「画像解像度」をクリックし、「画像解像度」ウィンドウを開きます。ここで「幅」と「高さ」の数値を、ページ上に表示するサイズに合わせて変更します。どちらかの値を変更すると、元の画像の縦横比に合わせてもう一方の値も自動的に変更されます[*1]。

　特に写真画像の場合、必要以上に大きくなっていることがあるので、適切なサイズに合わせます。

＊1　「幅」と「高さ」が連動するのは、その左脇にある鎖のマークがつながっている表示になっている場合です。別々に設定したい場合は鎖のマークをクリックして、鎖が切れている表示に切り替えます。

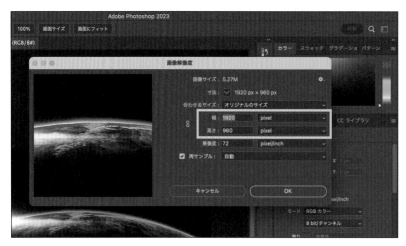
図8-14 「画像解像度」ウィンドウで、画像の「幅」と「高さ」をWebページ上で表示す
る大きさに変更する

■ カンバスサイズの変更

　画像から不要な部分を取り除くように変更します。必要な部分だけにすることで、画質を
変えずにファイルサイズを削減できます。いわゆるトリミングです。「イメージ」メニューから
「カンバスサイズの変更」を選ぶと、画像の上に残す範囲を示す枠線が表示されます。四隅や
各辺の中央の太くなっているところをドラッグして、残す範囲を指定します。

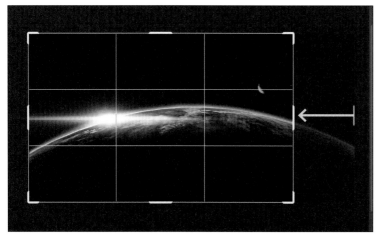
図8-15 「イメージ」メニューから「カンバスサイズの変更」を選び、画像として残
す部分を指定する

色調補正

　Webデザイナーの仕事で画像を扱う機会はたくさんあります。クライアントから提供された、あるいは素材提供サイトから入手してきた画像を、そのまま使用できるケースばかりではありません。サイト全体のデザインに合わせて色調補正するとWebページの見た目が大きく向上することがあります。ここでは、そういうときに役立つ色調補正を紹介します。

　補正前の元画像には、次の画像を使いました。

図8-16　色調補正前の元画像

　色調補正の各機能は、基本的には図8-2と同様に、画像を選択した状態で右サイドバーの「色調補正」タブを開いたときに表示されるマークから選びます。各マークにマウスポインターを載せると、それぞれの機能名が表示されます。それを目安に機能を選択してください。

■ 明るさ・コントラスト

文字通り、明るさ・コントラストを調整します。

図 8-17
明るさ、コントラストともに
初期値が 50 だったのに対
し、スライダーを操作して
明るさを 72 に、コントラス
トを 100 に変更したところ

■ トーンカーブ

　明るさの分布をグラフにした線を操作することにより、コントラストや明るさを変更します。グラフの左側の領域が画像の暗い部分、右側の領域が明るい部分を示しています。グラフの任意の場所をドラッグすることで画像を調整します。グラフは最初は直線ですが、いずれかの場所をドラッグすると、それに合わせてなだらかな曲線になるよう、自動的に線の形が変わります。たとえば、グラフの左下のほうを下のほうに動かすと、暗い部分がより暗くなります。逆に、グラフの右上のほうをさらに挙げるような形にすると、明るい部分がより明るくなります。

図8-18
最初は左下から右上に伸び
る直線のグラフが表示され
る。任意の点をドラッグす
ると動かし方に応じた曲線
に変化する。ここでは、右
下に膨らんだカーブになる
よう調整した

■ 色相・彩度

　色相で、色の系統を変更できます。特定の色を強調するようなときに変更します。彩度で
画像の色を全体に強調して、鮮やかを調整します。

図8-19
色相で色の系統を変更する
と、特定の色が強調された
ような変化になる。彩度を
上げると色合いが鮮やかに
なり、下げると全体にくすん
だ色調になる。この画像は
色相を標準のまま、サイド
だけ最大限に上げたところ

■ カラーバランス

　色のバランスを調整します。補色関係にある2色の組み合わせがそれぞれスライダーで調整できるようになっており、標準のバランスから各組み合わせごとにバランスを変えられます。

　シアンとレッド、マゼンタとグリーン、イエローとブルーがそれぞれ補色関係にあります。補色とは何かについては本書では踏み込みませんが、色相や彩度、明度など、色調補正に必要な色の基礎知識については、今後のスキルアップとして何らかの形で学んでおくといいでしょう。色調補正が効率的にできるようになるはずです。

図8-20
補色関係にある2色のバランスをスライダーで調整することで、カラーバランスを変更する。ここではマゼンタとグリーンのバランスを最大限マゼンタに傾けたところ

■ 白黒

　カラーの画像をモノクロにします。色の明るさを基準にしているので、彩度をゼロにするのとは異なります。モノトーンを基調とするページに使う画像は、モノクロにするケースが多々あります。

　ただし、実際には単なるグレースケールにしたわけではなく、モノクロに見えるように自動で色の調整した状態です。ここから色調を微妙に変えることができます。レッド、グリーン、ブルー、シアン、マゼンタ、イエローの各色それぞれにスライダーが用意されています。

図8-21
「白黒」を選んだ時点で、カラー画像がモノクロになる。そのうえで色調は6色それぞれのスライダーで調整できる。ここでは各色とも少しずつバランスを変えて、モノトーンであることは残しつつ、微妙に色調を変えている

■ 階調の反転

　色を反転します。アナログ写真のカラーネガのような見た目になります。実行後に調整するオプションはなく、Webデザイナーの判断としては反転を実行するか、しないかになります。

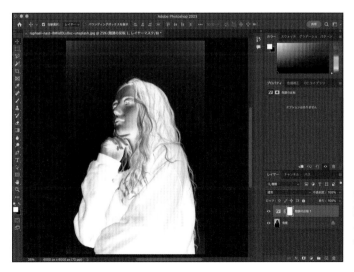

図8-22
階調の反転を実行したところ。この補正については、何らかの調整をするオプションはない

■ ポスタリゼーション

　色が変化する階調を極端に下げて、イラスト調の画像にします。何段階で変化させるかを
設定できます。

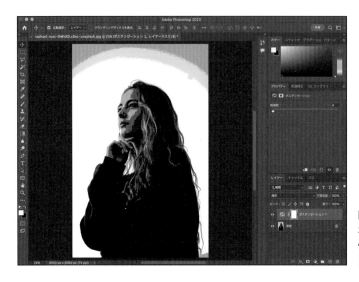

図8-23
**ポスタリゼーションの実行
例。ここでは階調を4段階
にした**

■ 2階調化

　白黒の2色画像にします。グレーも使わないので、極端にハイコントラストな画像になりま
す。どこで白と黒を分けるかのしきい値を設定できます。

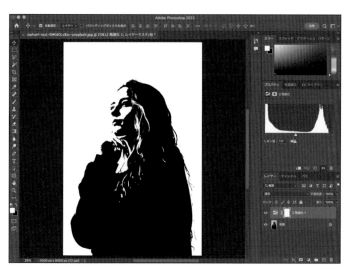

図8-24
2階調化の実行例

■ グラデーションマップ

　画像の明るさに応じて、グラデーションをかけることができます。次の作例では、暗くなる
ほど濃いめの青、明るくなるほど薄い青になるよう、画像全体にグラデーションを設定しまし
た。グラデーションの開始色、終了色を任意に設定できるので、暗いところを赤、明るいとこ
ろを青にするといった設定もできます。

図8-25
2画像の明るさに応じて濃
い青から薄い青になるよう
なグラデーションマップの
例

選択と切り抜き

　すでに一例として切り抜く操作については説明しましたが、ロゴやボタン、アイコンの作成
など、画像を切り抜く作業はWebデザインでは頻繁に必要になります。選択範囲を指定して
切り抜いたうえで、背景を透過したり、別画像を差し込んだりと画像のアレンジ幅が格段に
広がります。どのような画像もきれいに切り抜くために、ここでは覚えておくと便利な切り抜
き操作を紹介します。

　ここでは自動車の写真から背景を切り抜き自動車だけの画像にします。それを元に背景を
さまざまな色で塗りつぶすという操作をしていきます。

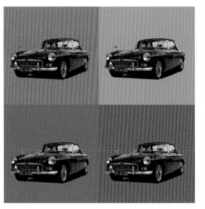

図8-26　左の元画像から自動車だけを取り出して、背景をさまざまに変えてみよう

■ 選択と切り抜きの準備

　新規のドキュメントに画像を読み込んだときと、何らかの画像を作成中のドキュメントにあ
とから画像を読み込んだときとで最初の操作は変わります。

　まず新規に画像を開いたとき、最初に読み込んだ画像は必ず「背景」レイヤーに追加され
ます。このレイヤーはロックされているため、図8-16と同様に錠アイコンをクリックしてロッ
クを解除します。

　画像をあとから取り込んだときは、「スマートオブジェクト」として扱われます。このときも
この状態では切り抜きができないので、「レイヤー」メニューから「ラスタライズ」→「レイヤー」
を選んで、レイヤーを切り抜きが可能なモードに変更します。先に背景画像を用意するよう

な順序で作業しているときは、この手順になります。

図8-27　画像をあとから取り込んだ場合は、「レイヤー」メニューから「ラスタライズ」→「レイヤー」を選んで、切り抜き作業ができるモードに切り替える

■ 選択

　切り抜く範囲を選択する方法を見ていきましょう。いったん範囲を選択できれば、あとの手順は共通で、キーボードのDeleteキーで削除するだけ。このため重要なのは、削除したい範囲を適切に選択するために、どの選択方法を選ぶかです。そこで、使うことの多い選択方法を紹介します。適宜使い分けましょう。また、ここで取り上げた以外にも高度な選択方法があります。複雑な切り抜きには、そういう機能の使いこなしが求められることも頭に入れておいてください。

■ 図形で選択範囲を指定

　ウィンドウ左のツールバーで「長方形選択ツール」で、切り抜きたい範囲の形に合わせて図形を選択します。「長方形選択ツール」をクリックすれば、四角形。「長方形ツール」を長押しサブメニューを開き、「楕円選択ツール」に切り替えれば、円形の切り抜きも可能です。

図8-28
長方形選択ツールで範囲
選択をしたところ

ツールバーで「多角形選択ツール」を選べば、自由な形状で選択できます。

図8-29　多角形選択ツールで自由に頂点を設定した図形を作って範囲を指定することも
　　　　できる

■ 自動選択

　複雑な形の範囲を選択したい場合は、図形では対応できません。そういうときは「自動選択ツール」を使いましょう。選択したい範囲内をクリックすると、クリックした位置に近い色になっているところを、Photoshopが自動的に選択します。選択したい範囲をできるだけ広くカバーできるようなところをクリックするのがコツです。

　自動選択ツールは、左ツールバーの「クイック選択ツール」を長押しすると切り替えられます。

図8-30
自動選択ツールを使って、背景として選択したいところをクリックしたところ。自動的に似たようなところを選んで範囲を生成してくれる

■ 色域指定

　自動選択ツールでは、クリックしたところに似た色で、その位置からつながっている範囲を選択します。異なる色で途切れている場合は、近い色でも選択範囲にはできません。「色域指定」ならば、画面全体を対象に似た色の部分を選択することができます。「選択範囲」メニューから「色域指定」を選ぶと、マウスポインターがスポイト型になります。「色域指定」パネルで「カラークラスタ指定」のチェックを外してから、画面内の削除したいところをクリックすると、画面全体を対象に指定した色に似た色の領域を自動で選択できます。

図8-31 「色域指定」ウィンドウを呼び出すと、色を基準に選択範囲を作成することが
できる

　比較的に均一な色の背景のときは、「許容量」をうまく調整すると色域指定だけでかなり
正確に背景を選択することができます。プレビューを見ながらいろいろ試してみましょう。

■ 選択範囲の反転

　ここまでは切り抜く部分を選択する方法を見てきましたが、画像によっては残すほうを選
択するほうが手っ取り早いことがあります。そういうときは、選択範囲を反転すると、削除す
る領域を簡単に指定できます。

　ここまでの選択方法を応用して、残す部分を選択します。その次に、「選択範囲」メニュー
から「選択範囲を反転」を選ぶことで、残さない部分を一括して選択することができます。

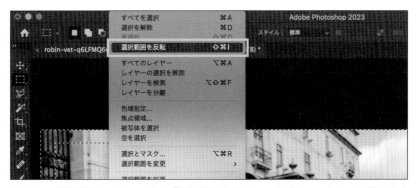

図8-32 「選択範囲」メニューから「選択範囲を反転」で、選択していなかった範囲をすべて選択範囲にできる。ここでDeleteキーを押せば、複雑な形や色合いの背景も簡単に切り抜ける

■ 消しゴムツール

画像の切り抜きは左メニューの「消しゴム」で行うこともできます。自動選択ツールなどでは、どうしても境界線の部分を正確には選択できないことがあります。できるだけ正確に切り抜きたいときには、残ってしまった部分を消しゴムをかけるようにして削除します。消しゴムを使うときのように画像をクリックもしくはドラッグします。そのときに削除する範囲（消しゴムの大きさ）、消す強さなどを調整しながら、消し込んでいきましょう。

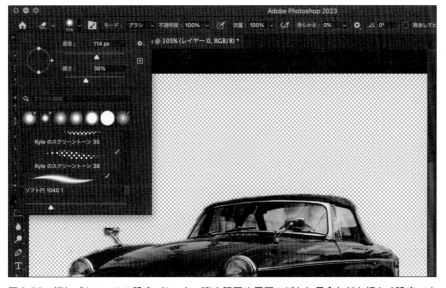

図8-33 消しゴムツールの設定パレット。消す範囲や周囲のぼかし具合などを細かく設定できる

Photoshopをより使いこなすには

　Photoshopにはほかにも、イラストを描く、テクスチャや陰影を付ける、形状を変更するなど、画像を加工するための機能が無数といってもいいぐらいたくさん用意されてます。そうした解説書や解説ページもたくさん公開されています。それもPhotoshopを使う利点です。目的にマッチした情報は必ず得られるはずです。本書で紹介した以上に使い方を学んでみたいけれどもどこから手を付けていいかわからない場合は、公式サイトのサポートおよびヘルプを見てみるといいでしょう。

　　Photoshop ユーザーガイド
　　https://helpx.adobe.com/jp/photoshop/user-guide.html

第4部　Webサイトの基本

第9章

サーバーの基礎知識

新規にWebサイトを構築する際、HTML／CSSを用意する以外に、サーバーの用意が必要
です。サーバーがない場合は

・サーバー契約（既存のサーバーを利用しない場合）
・ドメイン設定
・メールアドレス設定（サイトにメールフォームを設置する場合）
・Webサイトのアップロード

の4工程が基本となります。

　Webデザイナーがいきなりそのすべてができるようになる必要はありません。ただ、案件
によってはそこまで手がけなければならないケースが現実にはあります。具体的にどうする
かは案件によって大きく変わるため、本書ではそこまで踏み込みません。ここでは、そういう
イザというときに「何もわからないので不安」にならないよう、基本用語の理解を深め、その
ときには何が要求されるのかについて紹介します。

　実際には、Webサイトの環境がどこまで用意されているか、どんなサービスを利用するか
によって構築方法が変わってきます。本章で取り上げるのは、「そのときに集めなければなら
ない必要な情報が何か」をリストアップするための基礎知識です。

　また、クライアントやソフトウェアエンジニアとさまざまな話をする中で、サーバー環境の
ことが話題になることもあるでしょう。実は「サーバー」と言っても、文脈の中で意味が変わ
ることがあります。お互いにサーバーの話をしているのに、実はそれぞれが異なる意味合い
で受け取っていたということも考えられます。そういう場合、往々にして最終段階に近いと
ころでそういった誤解が原因のトラブルが起きることになりがちです。そのときどきで、何の
サーバーの話をしているのか、そこに誤解を生まないためにもできるだけ正しい理解を心が
けましょう。

サーバーの基礎

　Webサイトを公開する際、必ずサーバーが必要になります。また、WordPressを動かすに
もサーバーが必要です。

　サーバー＝Serverとは、英語で書くと文字通り「サービスする」役割を持つコンピューター
です。Webサイトのデータを要求されたのを受けて、求められたデータを提供する。メール
を送信／受信を要求されて、データを要求に基づき受け渡しする。データベースに対する読

み書きのリクエストに対して要求通りの処理をする。このように、さまざまな役割を持つサーバーがあります。

　Webサイトを構築するにあたっては

・Webブラウザーからの要求を受け付けるWebサーバー
・メールを送受信するためのメールサーバー
・大量のデータを蓄積するためのデータベースサーバー

などが必要になります。

　Webデザイナーは、ハードウエアを調達するところから始めるようなサーバー構築ができるまでになる必要はありません。Webデザイナーが扱わなければならないサーバーは、コンピューターそのものではなく、上記のような機能を持つサーバーアプリケーションです。多くの場合、「共用」するレンタルサーバー上で、必要な機能を持つサーバーアプリケーションが動作するよう環境構築できればいいのです。

　それでは、上記の各サーバーについて、もう少し具体的に見ていきましょう。

Webサーバー

　Webサーバーは、パソコンやスマートフォンからの要求に応じて、対象のWebページを表示するのに必要なファイルを返します。それにより、ユーザー側のデバイスでWebページが表示できるようになります。作成したHTML／CSSをサーバーにアップロードするということは、デバイスからの要求に対して返すデータをサーバーに用意するということになります。

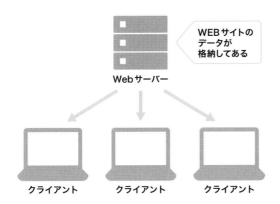

図9-1
クライアント端末から送られるWebページのデータの要求に対して、それに応じたデータを返す

Webサーバーの基本的な機能は、ユーザー側からの要求を受け付けて、それに応じたデータを返すだけです。HTML／CSSだけで構成されたWebサイトであれば、Webサーバーだけでサイトを公開できます。ただ、今はそうした静的なHTMLだけでWebサイトを作ることは珍しくなっています。このため、Webサーバーの背後に、動的にHTMLデータを生成する別のサーバーアプリケーションが必要になります。場合によっては、そのさらに背後に大量のデータを取り扱うデータベースも必要です。

とはいえ、何種類もサーバーアプリケーションを用意しなければならないというわけでもありません。本書ではWebサイトを構築するサーバーアプリケーションとしてWordPressを取り上げますが、WordPressはWebサーバーの機能も持つCMS（コンテンツマネジメントシステム）です。WordPressを使えば、別途Webサーバーを立ち上げる必要はありません。WordPress自体がWebサーバーの顔も持っています。クライアント端末から見れば、サイトのURLにアクセスしたところにWebサーバーがいて、自分たちに対してサービスを提供してくれているということになるわけです。

自社サーバーと外部サーバー

Webサーバーは、正確にはコンピューター上で動作するサーバーアプリケーション、つまりソフトウェアだということを前項で説明しました。

一方、ハードウェアとしてのサーバーもあります。この例で言えば、Webサーバーが動作しているコンピューターがハードウェアとしてのサーバーです。Webサイトを構築するには、何らかの形でハードウェアを用意しなければなりません。それには、自社（この場合はクライアント）で用意するか、外部の事業者が提供しているサーバーの利用サービスを使うか、どちらかになります。

自社サーバーの場合は、Webデザイナーがサーバーにかかわる場面はあまりありません。ハードウェアの調達・管理はクライアントが行います。Webデザイナーは、サーバー上で必要なアプリケーションを動かしてもらい、データをアップロードしたり、動作をテストしたりするための設定や環境を整えてもらうといった関わり方になります。

外部サーバーの場合は、いくつか種類があります。大きくはレンタルサーバーか、クラウドサーバーです。レンタルサーバーには、低価格で使える代わりに他のユーザーと共用してリソースを分け合うようにサーバーを使うサービスもあれば、事業者側のコンピューターを借り切って、管理は外部に任せつつ、高性能なコンピューターを利用するといったサービスもあります。多くは複数ユーザーで単一のハードウェアを共用することが多く、限られたサーバー

リソースを分け合うことになるため、他のユーザーが負荷の高い処理をしていると動作の影響を受けることもあり得ます。

　このところ利用が増えているのがクラウドサーバーです。これは、AmazonやGoogle、Microsoftなど、すでに大規模なデータセンターを運用している事業者が、大量のコンピューターを1台のサーバーであるかのように仮想化し、それをまた細かいサーバーであるかのように見せかけて貸し出すサーバーです。ユーザーが利用するのは仮想化されたサーバーのため、仮想サーバーということもあります。

　クラウドサーバーのメリットは、性能や容量などを柔軟に変えられることです。たとえば最初は低スペックの仮想サーバーで契約しておき、アクセスが増えてきたら高スペックになるよう増強してもらうといったことが柔軟にできるのがメリットです。

　どういうサービスを使ってサーバーを調達するかは、案件ごとに目的に応じて使い分けることになります。今の段階では、こういうサービスがあることを頭に入れておくだけでいいでしょう。

　ただ、Webデザイナーを目指すならば、ぜひ低価格もしくは無料で利用できるレンタルサーバーを自分で契約し、一度は試しに自分でWebサイトを構築してみてはいかがでしょうか。自分で勉強するための環境にもなります。ただし、設定項目の意味は知っておく必要があるので、後述のFTP、ドメイン、メールについての知識は入れておきましょう。

　サーバー構築についてくわしくない場合、初心者でも簡単に構築できるレンタルサーバーを利用することをお薦めします。レンタルサーバーといってもさまざまなサービスがあります。OSをインストールするところから自分でやる必要があるような形態もありますが、Webデザイナーにとってはあまり意味はありません。しかも、そうしたサービスは利用料金も高額です。コスト的にも使いやすいサービスから使ってみましょう。

　代表的なサービスには

・ConoHa WING　　　https://www.conoha.jp/wing/
・エックスサーバー　　　https://www.xserver.ne.jp/
・mixhost　　　　　　https://mixhost.jp/

といったサービスがあります。

　代表的なクラウドサービスがAmazon Web Services（AWS）です。Webサイト構築にはオーバースペックかもしれませんが、すでにクライアントがクラウドサービス上でサイトを運用しており、それに機能追加するといった案件も増えています。いずれはクラウドサービスの案件を引き受けることもあるでしょう。あわてなくていいとは思いますが、機会を作ってクラ

ウドサービスについても調べていくことをお薦めします。

サーバーのスペック

　サーバーを選定する場合には、サーバーにかかる負荷で考える必要があります。小規模なサイトならサーバーの負荷を考慮することはないと思いますが、ある程度規模の大きいサイトでは、負荷に耐えるスペックを考慮してサーバーを選定します。基本的に考慮しなければならないのは、容量とトラフィックです。

　容量は、サーバーに保存できるデータ量で、上限まで使い切ってしまうと何らかのトラブルが生じることになります。たとえば大容量の動画データを大量にサーバーに置いておくといった使い方をするときは、サーバーの空き容量を気にする必要があります。

　トラフィックとはサーバーとデータをやり取りする時の通信量です。これはWebサイトの管理者やユーザーがアクセスすることに伴うデータ転送量です。このためアクセスが増えたり、1回のアクセスにおけるデータ転送量が増えたりすると、必然的にトラフィックも増えます。1カ月あたりのトラフィックに制限がある場合に上限に達してしまったり、瞬間的でも負荷が急増するとサーバーの処理が追いつかなくなったりする場合もあります。そうなると一時的に読み込みが遅くなったり、サイトが開かなくなったりする可能性があります。

　なかなかWebデザイナーが責任を持って決断するのは難しい領域ですが、クライアントと密にコミュニケーションを取って、できればサーバーにくわしいエンジニアに間に入ってもらい、適切な判断ができるようにすることを心がけましょう。

サーバーへのデータ転送はFTPで

　サーバーにデータを入れる方法をご存じでしょうか。WebサーバーにアクセスしてWebページを表示するときはWebブラウザーですよね。

　レンタルサーバーによっては、サーバーの管理画面にファイル転送機能が用意されており、そこからデータをアップロードできるケースもありますが、一般的にはFTP (File Transfer Protocol) というプロトコル（通信手段）を使います。これにはFTPに対応した専用クライアントソフトが必要です。

　FTP対応のクライアントには、

・FFFTP（Windowsのみ）　　https://ja.osdn.net/projects/ffftp/
・FileZilla　　　　　　　　　https://filezilla.softonic.jp/

などがあります。この2本はもちろん、他にも無料で使えるソフトがたくさんあります。

　FTPクライアントソフトでサーバーに接続するには、

　・FTPホスト
　・FTPユーザー
　・FTPパスワード

の情報がそれぞれ必要となります。レンタルサーバーを契約した場合、必ずサービスページに案内がありますので、それを参考にFTPクライアントを設定してください。

CHAPTER 10

URL とドメイン

特定のWebサイトを表示させるとき、たとえば

```
https://future-tech-association.org/abstract/
```

のようなURLをブラウザに入れると、そのページが表示されます。この文字列が何を意味しているかを、先頭から順々に見ていきましょう。

HTTPとHTTPS

　URLの最初に付いている文字列は、必ずと言っていいほど「http」もしくは「https」です。これは、Webサーバーにアクセスするための手段（スキーム）を示します。言ってみれば上記のURLならば、「future-tec-association.orgにアクセスするのならhttpsでお願いね」という意味です。このメッセージをURLという形で受け取るので、ユーザーは「httpsという手段で、future-tech.association.orgにアクセスしてね」と手元のWebブラウザーにお願い（入力）するわけです。

　手段というのは、「どういうプロトコルを使って通信するか」です。「httpsという手段で」というのは「HTTPSというプロトコルで」という意味です。「プロトコル」というのは、ここではルールあるいは約束事と考えてください。たとえ家族であっても個人の居室に入るときにはいきなりドアを開けるのはNG。ノックをしてから「入っていい?」と尋ねるという手順を踏みますよね。通信も同様です。部屋に入るときよりも厳格な、誰もが必ず守る約束事として決められています。この約束事から外れた手順では、通信できません。

　Webの場合にはhttpというスキームでHTTPというプロトコルを使う、あるいはhttpsというスキームでHTTPSというプロトコルを使うかのどちらかになります。

　HTTPは、HyperText Tranfer Protocolの略で、主としてWebで用いられるプロトコルです。HTTPSは、HTTPをベースにWebブラウザーとWebサーバーの間で安全に通信できるようセキュリティを強化したプロトコルです。通信中のデータを拾って盗聴したり、通信中のデータを途中で書き換える改ざんなどを防ぐことができます。セキュリティ侵害が増えるに従ってHTTPSを採用したWebサーバーが増え、今やHTTPSでの通信が当たり前になっています。

　もちろん今でも「http://」で始まるURLはありますが、Webブラウザーによっては「http://」だと、アクセス先が安全かどうかを確認するように求める警告が表示されることがあります。これからWebサイトを構築するような場合は、HTTPSを使うことが必須です。

「https://」にするには、SSL（Secure Socket Layer）の導入が必要です。多くのレンタルサーバーはSSLに対応しており、「https://」でのURLが可能です。ただしサービスによっては、SSLの利用が別料金の場合もあります。

ドメイン

スキームの次に来るのがドメインです。

```
https://future-tech-association.org/abstract/
```

では

```
future-tech-association.org
```

の部分がドメインです。ドメインはサイト全体を指す文字列と考えていいでしょう。

　Webサイトを初めて作る企業には、「ドメイン」の取得をしてもらいましょう。そのWebサイトに固有のドメインを取得することで、ユーザーはどのWebサイトを見ているのかがわかりやすく、サイトの信頼性が高まります。取得した文字列は、URLの文字列にも反映されるほか、メールアドレスにも使うことができます。そのため、多くのサイトではサイトの内容に合ったドメイン取得が行われています。

　ドメインは、基本的にドメイン取得の代行業者に依頼する形で取得します。代表的なサービスとしては、

・**お名前.com**　　https://www.onamae.com/
・**ムームードメイン**　　https://muumuu-domain.com

などがあります。なお、レンタルサーバーのサービスでは、サーバー契約に伴ってドメインが無料で取得できるものもあります。

　ドメインを取得したら、サーバーでドメインの設定を行います。レンタルサーバーの場合は、サービスごとに設定方法が異なります。各サービスのマニュアルなどで具体的な手順を確認してください。

サブドメイン、ディレクトリ

　ドメインを取得してサイト構築したあとで、同じドメインを使ってサービスやオウンドメディアなど関連サイトを設けるとき、「サブドメイン」あるいは「ディレクトリ」を作ってサイトを構成することがあります。

　たとえばexample.co.jpというコーポレートサイトを作っていたとします。それに対してサブドメインを設定したり、ディレクトリを作成したりすると、ドメインに対してそれぞれ

・サブドメイン　　……service.example.co.jp
・サブディレクトリ　……example.co.jp/service/

のような表記になります[*1]。

　サブドメインはドメインの前に設定し、「.」で区切ります。

```
sinlab.future-tech-association.org
```

というのは、sinlab.future-tech-association.orgにsinlabというサブドメインを作ったということです。オリジナルドメインとは別サイトとして構築したいが、関連したサイトであることも見せたい場合、あるいはわざわざ別のドメインを取得してサイトを構築するほどではないというときに、サブドメインを使います。サブドメインを作れば、あらためて新規ドメインを取得する必要はありません。サブドメインは基本的には自由に設定できますが、使用するサーバーによっては命名や数などに制限があるかもしれません。

　サブディレクトリは、パソコンのストレージに作るフォルダーと同じです。ドメインとサブディレクトリの間にある「/」が、区切りを示します。正確には、区切りではなく「その直前に記述した文字列の名前のディレクトリ」であることを示します。だから

```
https://future-tech-association.org/abstract/
```

だったら、「future-tech-association.orgというドメインのabstractというサブディレクトリ」を示すのです。これが

＊1　自社サーバーはもちろん、どちらもレンタルサーバーでも作成できます。

```
https://future-tech-association.org/
```

だったら、「/」の左側はドメインです。そのときは、このドメインの最上位のディレクトリであることを表します。正確に言うと

```
https://future-tech-association.org/abstract/
```

は、「future-tech-association.orgというドメインの最上位のディレクトリに作られたabstractというサブディレクトリ」ということになります。もしこれが

```
https://future-tech-association.org/abstract
```

だったら、最後に「/」が付いていませんから、サブディレクトリを指定したことにはなりません。この場合は「future-tech-association.orgというドメインの最上位のディレクトリに作られたabstractというファイル」ということになります。

　ユーザーからしてみれば最後に「/」が付いているかどうかはわずかな違いですが、Webブラウザーから見ればディレクトリなのか、ファイルなのかは大きな違いです。でも、本当はディレクトリなのにユーザーが入力し忘れただけということもあり得ます。そこでWebブラウザーは末尾の「/」がない場合は、まずそういう名前のファイル（この場合はabstract）をサーバーに要求します。もしサーバー側にそのようなファイルはないということがわかれば、Webブラウザーはabstractという"ディレクトリ"なのではないかと考え、自動的に「/」を付けてもう一度サーバーにアクセスします。「/」を省略しても付けたときと同じページを開けるのは、そのようにWebブラウザーがフォローしてくれるからなのです。

Webサイトが表示される仕組み

　WebブラウザーにURLを入力してからWebサイトが表示されるまでの流れを見ていきましょう。この知識がWebデザインに直接的に生かされることはありませんが、インターネットおよびWebで通信が成立する仕組みを理解することにつながります。これがWebサイトを構築する仕事の下支えになればと思っています。

　https://example.com/のようなURLをWebブラウザーに入力すると、Webブラウザー

はOSを通じてDNSサーバーにIPアドレスを問い合わせます。DNSサーバーは、受け取ったドメイン名「example.com」にひも付けて登録されているIPアドレスを返します。

　実はインターネット上ではIPアドレスでサーバーを特定します。URLを見るのは人間だけ。コンピューター同士は必ずIPアドレスで通信します。このため、URLとIPアドレスを変換する手順が必要なのです。

　Webブラウザーは取得したIPアドレスを使って、サーバーにHTMLデータを要求します。

　サーバーは、送られてきたURL（のディレクトリおよびファイルの情報）を見て、要求に合わせたHTMLデータを返します。

　Webブラウザーは受け取ったHTMLデータを見て、そのほかに必要なCSSファイルや画像ファイルなどを、HTMLデータと同じ手段でサーバーから取得し、Webページを表示します。

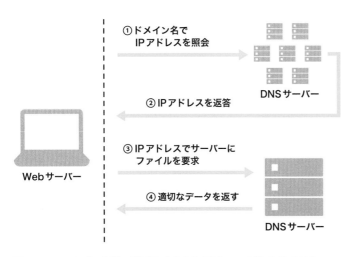

図10-1　WebブラウザーがURLをもとにWebページを表示するまで

　Webブラウザーが要求するのはあくまでファイルです。でも、ここまで見た例では、URLの最後はディレクトリで、ファイルは指定していません。そういう要求が来たとき、サーバーはデフォルトのファイルを返します。デフォルトのファイルとしてよく使われる例が、index.htmlです。このデフォルト設定があるため、URLに

```
https://future-tech-association.org/abstract/
```

を入力したときも

```
https://future-tech-association.org/abstract/index.html
```

を入力したときも、同じWebページ（index.html）を開けるのです。なお、Webサーバーによってデフォルトのファイル名は異なります。Webデザイナーが作成するHTMLデータにも影響するので、サイトに使われるWebサーバーの設定がどうなっているかは、必ず確認しておきましょう。

CHAPTER 11

メールフォームとWebメール

Webデザイナーがメールのことを知らなければならないのか——。そう思う人もいるかも
しれません。でも、多くのWebサイトには、会社や商品、サービスについて問い合わせるメー
ルフォームを設けたページがあります。新規顧客との接点という意味で、サイトの中で最も重
要なページに位置付けられている案件もあります。Webサイト構築の案件を請け負った場合
も、多くのケースでそうしたページを構築することになります。メールフォームからメールを
送信するために、問い合わせメール専用のメールアドレスが必要になります。

とはいえメールの環境は案件によってさまざまです。クライアント側でアカウントを用意し
ているか、あるいは作ってもらえるのかなど、条件はさまざまでしょう。そこで、本章ではクラ
イアント側にまったく問い合わせ用のメールアドレスの用意がない状況を想定し、とりあえず
Webメールでアカウントを用意し、問い合わせを受けるアドレスとして設定を整える方法を
紹介します。メールフォームでの実装については、第13章のWordPressによるWebサイト
構築の中でくわしく説明しています。

入力フォームとメールアドレス

問い合わせフォームで利用するメールアドレスは、クライアントのメールアドレスであること
が原則です。会社で発行されるメールアドレスは、ほとんどの場合

```
kuro@example.co.jp
kuro@example.com
```

のような、会社名のドメインが入ったアカウントになっていることがほとんどでしょう。

Webサイトにはメールフォームにもメールアカウントが必要です。メールフォームの入力内
容は問い合わせ対応の担当者にメールとして送られます。

それと同時に、問い合わせユーザーにも内容確認および問い合わせを受け付けたことを通
知するメールが送られます。通常、フォームに入力したユーザーにも確認メールが送られるよ
うに実装するのが一般的なためです。その送信元のメールアドレスがサイトのドメインが異
なると、確認メールが迷惑メールに入りやすくなると言われています。これはユーザーにして
みれば、Webサイトならびにその会社に対して悪い印象につながってしまうかもしれません。
できればクライアントに自社のドメインでメールフォーム用のアカウントを用意してもらいた
いところです。

たとえば、Webサイトが

```
https://example.co.jp
```

の場合、確認メールのアドレスは

```
info@example.co.jp
noreply@example.co.jp
```

であることが好ましいのです。Webサイト用にレンタルサーバーの有料プランを利用する場合には、同じドメインを使ったメールアドレスを作成する機能が、多くのプランで提供されています。一方、それ以外の環境の場合は、クライアントにメールフォーム用のアドレスを用意してもらえないか、まずは確認・要請してみましょう。

　構築するWebサイトでも同じドメインのメールアドレスが用意できれば、それをメールフォームからの送信先に設定します（WordPressでの設定については第13章で説明しています）。

　ただ、実際の案件では、メールアドレスが用意されておらず、メールにかかわる一連の作業もすべてWebデザイナーに任されてしまうケースも多いのです。このため、メールの扱いについては頭に入れておくことをお薦めします。

問い合わせメールの設定

　ここではWebデザイナーがメールアドレスを用意しなければならないケースを想定し、Webメールのアカウントを作成し、メールフォーム用に設定する手順を紹介します。

　Webメールについては皆さんもすでにご存じで、実際に利用している人も多いでしょう。簡単にまとめておくと、GmailやOutlook.comのように、メールアプリを使わなくてもWebブラウザー上でも読み書きできるメールのことです。レンタルサーバーでサイト構築する場合、Webメールのサービスが付いていることが多いので、案内に従えば簡単に取得できるようになっていることもあります。

転送設定とメーリングリスト

　問い合わせ対応用であることを考えると、このメールを複数の担当者で読めるような設定にする必要があります。問い合わせ対応の担当者が1名というケースはまれなためです。

　そのための手段としては、転送設定とメーリングリストがあり、いずれもWebメールあるいは多くのレンタルサーバーに設定画面があります。各メールサービスによって設定画面や設定項目の名称は異なりますが、基本的には以下のような項目をそれぞれ適切に設定します。

■ 転送設定

　転送先のアドレスを設定します。

■ メーリングリスト

　複数アドレスに転送される、メーリングリストを作成します。このアドレスは、受信専用となります。

メール環境も作らなければならないケース

　本来であれば、クライアントの問い合わせ対応用メールアドレスあてにフォームからメールを送信できれば、Webデザイナーの仕事は終わります。でも、クライアントの企業規模やメール環境、メールに対するリテラシーなどの条件によっては、もう少しWebデザイナーが踏み込んで問い合わせ対応用の環境を作ってあげる必要が出てきます。

　ここでは、以下のようなあるクライアントを想定して、どのようにメールの環境を作ればいいのかについて解説します。

　このクライアントは中小企業で、率直なところIT化やシステム導入、インターネットの活用について、あまりくわしいとは言えません。専任のシステム担当がいるわけではなく、問い合わせ対応用に自分たちでアカウントを作成したり、転送設定したりはできない状況です。

　一方、会社全体への問い合わせフォームのほか、営業部門へのコンタクト、エンドユーザー向けの取扱商品に関する問い合わせなど、複数のメールフォームを作ろうとしています。

　クライアントの問い合わせ担当者は主として対応する1名と、その人が対応し切れないときに支援できるよう、何人かがサブで対応する態勢になっています。エンドユーザーからの問い合わせを受ける関係で、個人情報を取り扱う社員は極力絞ることにしたとのこと。担当者があらゆるメールをチェックし、必要であれば社内と調整のうえ、問い合わせに対応します。このため、複数の担当者がどのメールをチェックしたか、返信したかを確認できるようにする必要があります。

　通常、メールフォームには別々のメールアドレスを割り当てるため、問い合わせメールはメールアドレスで見分けが付くようになっています。返信時には、各メールフォームに応じたメールアドレスから返信する必要があります。

　クライアントはメールも含め、Webシステムで社内をIT化しており、複数のアカウントのメールを同時に扱うのは難しい状況です。こうした条件に応じたメール環境を自社側のシステムで対応するのは難しいため、何とかうまく環境を作ってくれないかと依頼されたとします。

　実は、このような条件でWebデザイナーがメールの環境構築まで踏み込まなくてはならないケースはけっこうあります。特に皆さんがWebデザイナーの仕事を始めてしばらくは、大手企業あるいは技術レベルの高い企業の案件はなかなかやってきません。現実には、上記のような条件に合った環境を "作れない" 企業の案件が多くなります。メールフォームを作る以上、送られてくるメールに対応する運用ができるところまで用意してあげるのがWebデザイナーの務めと考えます。

メールフォームとWebメール

複数のメールフォームを共有する環境に

そういった場合にどういうメール環境を作ればならないか、整理しておきましょう。前提となるのは、複数のメールアドレスをメールフォームによって使い分けているため、返信が特に煩雑になることです。

自社ドメインのメールシステムで対応できないならば、メールフォームごとにGmailなどのWebメールに対応したメールアカウントを作ることになりますが、アカウントを切り替えるたびにログアウト／ログインの作業が発生し、迅速さが求められるメール対応には向きません。そこで

・一つのWebメールアカウントにメールフォームからの受信を集約する
・そのメールアドレスから、各メールフォームのメールアドレスで返信する

ことができれば、Webメールのアカウントを切り替えることなく、複数のアドレスで受信したメールをひとまとめに管理して、複数のメールアドレスを使い分けて送信することができます。そして、そのWebメールアカウントを担当者が共有すれば解決します。

ここではGmailを使って、上記の環境を作る方法を紹介します。実際に問い合わせに対応するのはクライアントですが、ここまでWebデザイナーがコミットすることができる事例として読んでください。実際の案件では、ここまで踏み込むことが少なからずあるのです。

Gmailに問い合わせメールを集約する

これを実現するには、Gmailに問い合わせ業務を集約するのが有力な提案です。誰でも使えて、上記の条件をクリアできます。では、具体的な設定方法を見ていきましょう。

Gmailアカウントに、メールアドレスを追加します。普通のメールであればメールソフトでそれぞれのメールアドレスのメールサーバーにアクセスし、メールを読み書きするところですが、メールソフトの代わりにGmailが各メールサーバーとの間でメールを送受信してくれるようになります。Gmailがメールソフト代わりになるという使い方です。

そこで、Gmailにレンタルサーバーで作成したメールアドレスを追加し、レンタルサーバーのメールボックスにアクセスできるようにします。

このときGmailに設定する項目として、以下の情報が必要となります。すべてレンタルサーバーに設定情報があるので、各サイトで確認してください。

・メールアドレス

・メールパスワード

・SMTP サーバー

・SMTP ポート

・POP サーバー

・POP ポート

　SMTPは送信、POPは受信に関する設定になります。設定情報を控えたら、Gmailにメールアドレスを追加します。Gmailを開き、右上にある歯車の形をした「設定」ボタンをクリックします。すると右メニューが表示されるので「すべての設定を表示」をクリックします。

図11-1　Gmailの「設定」ボタンで「すべての設定を表示」を選ぶ

　設定画面に切り替わったら、「アカウントとインポート」タブを開いて、「他のアカウントのメールを確認」欄の「メールアカウントを追加する」をクリックします。

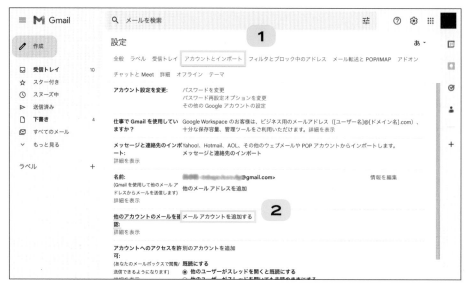

図11-2 「アカウントとインポート」タブで「メールアカウントを追加する」をクリック

　すると、「メールアカウントの追加」画面が表示されます。「メールアドレス」のテキストボックスに、追加するメールアドレスを入力し、「次へ」ボタンを押します。

図11-3
追加するメールアドレスを入力
して、次に進む

　次の画面で受信について設定します。メールサービスのユーザー名、パスワード、POPサーバー、POPサーバーが使用するポートについて入力します。「メールの取得にセキュリティで保護された接続（SSL）を使用する」については、SSLが必要かどうかはメールサービスの側で指定されています。それに従って、オンもしくはオフを選びます。

　「取得したメッセージのコピーをサーバーに残す」は、受信したメールについてメースサービス側のメールボックスに残すかどうかの設定です。残さない場合は、受信すると同時にメールボックスからは削除します。どちらにするかはクライアントに確認して、要望に合わせます。特に要望はない、あるいはどうしていいかわからないということであれば、メールはGmail

で読めるようになっているので、元のメールボックスからは削除する設定にした旨をクライアントに伝えて、このチェックボックスをオフにするといいでしょう。

　ラベルおよびアーカイブについての項目は、Gmail 上でのメールの取り扱いについての設定です。クライアントから特に要望がなければ、初期設定のまま（チェックはオフ）でいいでしょう。

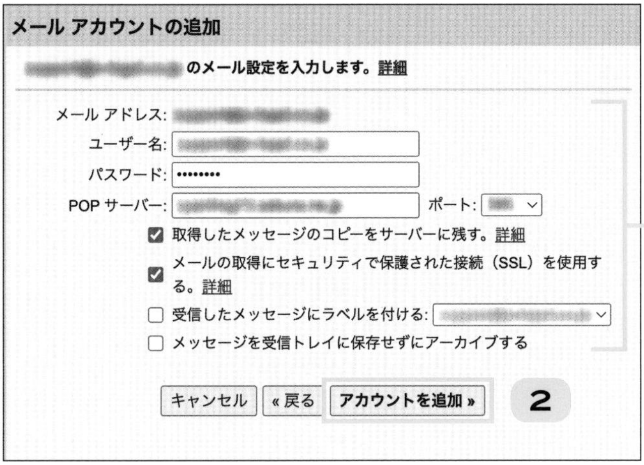

図 11-4
メール受信の設定項目を入力し、「アカウントを追加」ボタンを押す

　次の画面から、送信の設定が始まります。まず送信元に使われる名前の設定です。基本的にはクライアントの要望通りに設定します。どうすればいいか相談されたら、コーポレートサイトなら社名および部署名、あるいは「●●社お問い合わせ窓口」のような名前を提案してみるのはどうでしょうか。相手先のメール一覧に表示されたときにわかりやすい名前を考えてあげましょう。SPAM メールやセキュリティ上あやしまれてしまいそうな名前は避けるようにします。

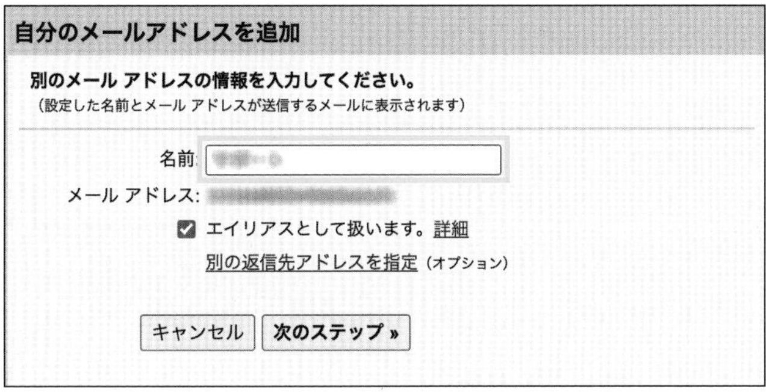

図 11-5
送信メールに使われる送信元の名前を入力する

メール送信もできるようにするか尋ねられる画面で「はい」を選んで、メール送信を利用できるようにします。

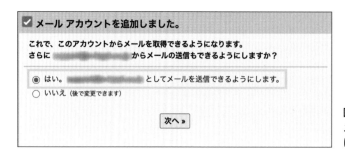

図11-6
メール送信が可能になる設定
にして次に進む

続く画面でメール送信の設定をします。メールサービスのマニュアルに従って

・SMTPサーバーおよびポート
・ユーザー名
・パスワード

を入力します。TLSもしくはSSLでの通信については、この画面ではTLSが推奨となっています。基本的にはメールサービスのほとんどがTLSを要求している状況ですが、いずれにしてもメールサービスのマニュアルを確認し、その内容に従っていずれかを選びます。

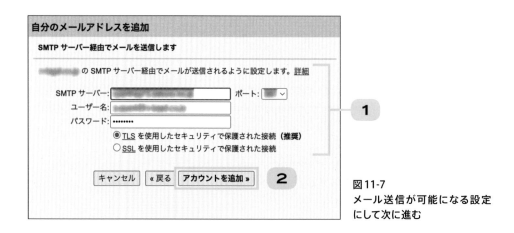

図11-7
メール送信が可能になる設定
にして次に進む

送信時にメールアドレスを切り替える運用に

　最後に追加したメールアドレスあてに、Gmailから確認のメールが送られてきます。メール本文の指示に従って設定を確認すれば、作業は完了です。メールフォームが複数あれば、その数だけGmailにアカウントを追加します。

　あとはGmailの環境をクライアントに引き渡して運用を任せればいいのですが、その際に必ず伝えなければならないことがあります。簡単なドキュメントでも、マニュアルにまとめることをお勧めします。

　メール受信については特に問題はありません。メールフォーム側、Gmail側がトラブルなく動作していれば、メールは自動的に受信できます。

　重要なのは送信時です。複数のメールアカウントを設定しているとき、メールを作成する画面で送信元のメールアドレスを選べます。これを忘れずに、正しく設定しないと、最悪の場合、メールの内容とは関係のないアドレスからメールが送られることになってしまいます。企業が運営するサイトに問い合わせたら、見覚えのないアドレスから返事が来た。問い合わせたユーザーがどう感じるかを考えると、ここの運用に間違いは許されません。

　基本的にGmailを使った問い合わせメールの集約はコストもかけない簡易的な対応です。そのため運用のところで人為的なミスが起きやすい仕組みになっています。その点は、Webデザイナーが運用に直接かかわることはないだけに、クライアントが問題なく運用できるよう、正しい手順を伝えてあげる必要があります。

CHAPTER 12

第12章

HTMLとCSSの基本

Webサイト構築のプロセスとしては、要件定義からプロトタイピングを終え、画像などのパーツをそろえるところまできました。本書としては、サイト構築の事前知識としてネットワークやサーバー、Web、メールなどについて解説してきました。ここからは、いよいよサイトを構築するための作業を進めていきましょう。

　ここからのステップは大きく2段階に分けることができます。プロトタイプをもとにWebページのデータをHTMLおよびCSSで作成するプロセスと、WebページのデータがそろったところでそれをWebサイトに反映させるプロセスです。

　もう少し具体的に言うと、Figmaで作成したプロトタイプを、サイトに実装するには、まずはHTML、CSSのスキルが必要になります。しかし、フルスクラッチのままでは、マークアップ言語を扱えないクライアントはサイトを更新できず、運用が困難になります。そこで、WordPressでサイトを構築することで、使いやすい管理画面からブログのようにサイトを更新する機能を提供できるほか、問い合わせフォームなどの機能を追加したり、ニュース、ブログなどの記事一覧を実装したWebサイトを構築することができます。ここからは、こうしたプロセスのために必要な知識や手順、操作について説明します。

　従来のWebサイトでは、一般に

① HTML・CSSコーディング、素材画像を準備する
② 本番環境（サーバー・ドメインなど）を用意
③ FTPでサーバーにアップする

という流れで作業を進めていました。あくまでモデル例で、環境や状況により順番や工程は変わりますが、大まかにはこの流れと考えていいでしょう。

　一方、現在のWebサイト構築にはコンテンツを管理するWordPressを利用するのが一般的です。その場合のプロセスは

① HTML／CSSのコーディングおよび素材画像の準備
② WordPressのテスト環境を用意
③ テスト環境に全データをWordPressに反映
④ 本番環境（サーバー、ドメインなど）を用意
⑤ WordPressを本番環境に移行（マイグレーション）

となります。本章では①にかかわるHTML／CSSについて解説します。②以降については、WordPress入門として次の第15章で解説します。

Webサイトに使用する言語

　多くのWebサイトは、構造を作るマークアップ言語であるHTMLと、HTMLの要素に対して見た目の指定を行うスタイルシートであるCSSによって、デザインが表現されています。

　HTMLでは、文章、リンク、画像・動画・音声などのファイル埋め込み、デザイン指定するための階層構造の構築などを行います。CSSでは、文字サイズ、色、レイアウト、レスポンシブデザインなどを表現できます。基本的なWebページの表現は、開いたときの表示から見た目が変わりません。こうしたページを「静的ページ」と呼びます。とはいえ、マウスを近づけたときに見た目が変わる「ホバー」や、簡単なアニメーション表現「キーフレーム」など、動的な表現も限定的に可能です。

　HTML、CSSはChromeやSafari、EdgeなどのWebブラウザーで開くことにより閲覧することができます。前述の通りHTMLファイルは構造を記述していますが、デザイン設定を記述したCSSとのリンクも記述HTMLファイル上に記述することにより、WebブラウザーでHTMLを開くことで、自動的にデザイン設定も読み込まれます。

　また、PHPやJavaScriptなど、Webサイトの実装でよく使われる言語の多くはHTML、CSSとと組み合わせることを前提にしています。より高度なWeb表現のためにはこうしたプログラミング言語も必要になってきますが、まずはHTMLとCSSはしっかり習得するのが第一歩。どのようなデザインが要件になったとしても、少なくとも静的な見た目は要件に対して完璧に、かつできるだけ時間をかけずに再現できるようなスキルを身に付けるのが、結局はあとあとのスキルアップに有利だと思います。本書ではデザインだけがWebデザイナーの仕事ではない、Webデザイナーが身に付けなければならないのはHTML／CSSだけではない書いてきましたが、とはいえ最も重要なスキルのひとつであることは確かです。本章で案内するのは、HTML／CSSの基本というよりも入り口まで。それ以上のことは踏み込んでいませんが、今後さらにHTML／CSSへの理解を深めるために学習していくのに役立つよう、その下地となる知識についてまとめています。そのあとではぜひ、PHPやJavaScript、jQueryにも挑戦していきましょう。

　ここまでにもう、HTML、CSS、PHP、JavaScript、jQueryと、開発にかかわる言語の名前が出てきました。具体的なHTML／CSSの解説に入る前に、Webサイト構築にかかわる言語とその役割について整理しておきまます。

■ HTMLとCSS

　HTMLは<div></div>のようなタグでテキストや画像など囲んで表現するマークアップ言語です。HTMLの「タグ」に対してCSSにより表示にかかわる指定をすること、柔軟なデザイ

ンを実現できるようになります。Webサイトの見た目は、HTMLとCSSでほぼすべてを表現できます。たとえばスマートフォンからパソコンまで、Webサイトのユーザーはさまざまなデバイスを使います。あるデバイスできれいに表示されるように整えたら、別のデザインでは見にくくなってしまったというWebページは、特定のデバイスだけを対象にしているという特殊なサイト出ない限り歓迎されません。そういったときにそれぞれのデバイスごとにデザインを崩さず表示できるようにする「レスポンシブデザイン」も、HTMLとCSSで表現できます。

サイトのデザインやレイアウトが複雑になるほどHTMLの記述も複雑になり、CSSのデザイン指定との組み合わせが重要になります。HTMLとCSSはまさに一心同体の関係にあります。

■ PHP

PHPは、特にサーバー側で動的なWebページを生成する実装が容易にできることで人気のプログラミング言語です。データベースとの連携に強みがあり、WordPressとの連携ではデータベースから特定のデータを取り出すところ場面で使われることが多い言語です。WordPressベースのWebサイトでは、ニュース一覧やブログ記事一覧を生成する際、いつのどの記事をいくつ取り出すか、それをどのような順で、どのような情報を並べて表示するか（サムネイル、記事タイトル、記事投稿日、執筆者など）などの表示設定をPHPで記述すると、動的にHTMLが生成されます。

ちなみに、PHP自体はWebページを開いたときに動作するので、PHPで何らかのデータを自動で呼び出すような実装をしていても、再読み込み（リロード）しない限りページ内容が更新されることはありません。

■ JavaScriptとjQuery

JavaScriptはPHP同様、Webで使われることの多いプログラミング言語です。マウス操作や入力、ページを開いてからの時間経過などを発火条件（トリガー）[*1]として設定し、Webページの表示を変化させることができます。たとえば、ボタンを押すと画像が切り替わる「カルーセル」や、同じ位置に複数の画像を自動で切り替えて表示させたりといったような動的な表現を行うことができます。また、HTMLやCSSにも干渉して、自動で書き換えたり入れ替えたりすることができます。

汎用性の高いプログラミング言語なので、「何ができるのか」という点ではあまりにも多く

---

*1 ある条件を満たしたときに、何らかのアクションを起こすことをよく「発火する」といいます。このため、その条件を「発火条件」といいます。

のことができてしまいますが、要点はシンプルで、発火条件とそれに伴う動作を記述することにより、Webページ上でさまざまなことができるようになるというわけです。

　たとえば、

発火条件 … クリック

　→ 動作 … 表示位置を変えずに画像を切り替える

発火条件 …（ページを開いてからの）時間が3秒経過

　→ 動作 … CSSを書き換えて特定の文字や図形の色を変える

などです。

　jQueryは、Web上の動的表現に特化して、簡易にコーディングできるように強化したJavaScriptのライブラリです。他の言語などでプログラミングになじみのある人がこれからJavaScriptを学習するという場合は、jQueryを入り口にしてみるのもいいのではないかと思います。

　本章ではこのうちHTMLとCSSについて集中的に解説します。PHPとJavaScriptおよびjQueryについては、第13章のWordPressのところで触れています。そちらもご覧ください。

Visual Studio Codeの導入と基本操作

　本章から「コーディング」が始まります。HTML、CSSはどちらもテキストファイルです。このためWindowsのメモ帳、Macのテキストエディットでも編集は可能ですが、マークアップ言語として決められた文法から外れ、記述を間違えると表示がおかしくなったり、表示できなくなったりします。このためコーディングに向いた、いわゆるコードエディタを使うのが一般的です。コードエディタにはいろいろありますが、本書ではVisual Studio Code（以下VS Code）をお薦めします。本章のコーディングを実践するために、まずはVS Codeをインストールし、HTMLとCSSのコーディングができるように環境を整えましょう。

VS Code を準備する

　VS Codeをインストールするには、公式サイト（https://code.visualstudio.com/）からインストーラーをダウンロードして、これを実行してインストールします。ここまではWebページおよびインストーラーの指示に従って進めれば、問題なく導入できるはずです。

　インストールしただけでは、メモ帳やテキストエディットと大して変わりません。HTML／CSSデータ作成に便利なよう、VS Codeをカスタマイズしていきましょう。

　最初に、エクスプローヤーやファインダーでHTML／CSSデータを保存するフォルダーを作っておきます。VS Codeを起動した画面にある「フォルダーを開く」をクリックします。

図12-1　あらかじめHTML／CSSデータを保存するフォルダーを作っておいて、VS Code でこのフォルダーを開く操作をする

　この画面のようにならないときは、メニューバーの「ファイル」を開いて「フォルダーを開く」を選びます。この「フォルダーを開く」操作はVS Codeを使ううえで必須の"お約束"と考えてください。特にHTML／CSSのようにファイル間での連携が重要な場合、「フォルダーを開く」操作をしないとリンクが再現できないことがあります。逆にこの操作をしておくと、ここで開いたフォルダーが階層の基準となるため、たくさんの相互にリンクされているファイルを扱うのが楽になります。

　場合によっては次のような警告が出ることもありますが、自分で作成したフォルダーであれば心配いりません。気にせず作成者を信頼する設定でフォルダーを開きます。

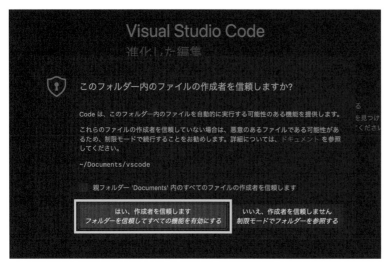

図12-2　場合によっては開くフォルダーの信頼性を確認する画面が表示される。
　　　　ローカルの自分で作成したフォルダーを開くところなので、フォルダーの
　　　　作成者を信頼するほうを選んで先に進める

　作業に必須のプラグインをインストールしましょう。VS Codeを日本語化するプラグイン
と作業中のHTMLとCSSの見た目を手早く確認するためのプラグインを導入します。画面左
のツールバーからプラグイン（上から5番目）のアイコンを押します。プラグインの追加、削
除ができる管理画面が開くので、「japanese」で検索してJapanese Language Pack for VS
Code」を、「live preview」で検索してLive Previewを、それぞれインストールします。これ
で準備は完了です。

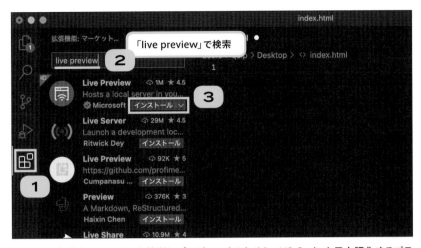

図12-3　作業中のファイルを簡単にプレビューするために、VS Codeを日本語化するプラ
グインと、HTML／CSSデータのプレビュー用にLive Previewをインストールす
る。画面はLive Previewの場合

index.htmlを作成する

　ここでHTMLファイルを作成してみましょう。「新しいファイルの作成」をクリックし、ファ
イル名を「index.html」とします。実はこの「index.html」というファイル名にすることには
意味があります。たとえば、Webブラウザーで「https://future-tech-association.org/」の
ようにファイル名を指定せず、ドメインもしくはディレクトリを開くように要求したとします。
そういう要求の場合、ファイル名が省略されたときにデフォルトで返すファイルがサーバーご
とに決まっています。そのときによく使われる名前がindex.htmlです。

図12-4　新規のHTMLファイルを「index.html」というファイル名で作成する

　環境によっては、ここでファイルを作成するダイアログボックスが表示されるかもしれません。そのときはその画面であらためてファイル名をindex.htmlとしてファイルを作成してください。

　index.htmlが何も入力されていない状態で開きます。ここで、1行目の最初に「！」と入力してEnterキーもしくはReturnキーを押すと、HTMLのテンプレートコードの候補が現れます。ここでは「！」をクリックします。

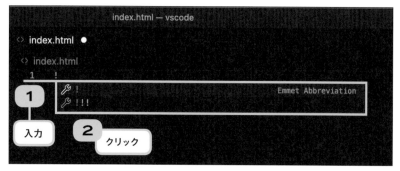

図12-5　1行目の最初に「！」を入力するとHTMLのテンプレートとして用意されているコードが入力の候補として表示される。その中の「！」をクリックする

　次にデザインについて記述するstyle.cssを作成します。ウィンドウ左側のファイルブラウザ（開いているファイルやフォルダーを表示する領域のこと）の、図12-1で開いたフォルダーの脇に付いているファイル作成のアイコンをクリックします。その下に表示されたテキストボッ

クスにファイル名を入力すると作成できます。

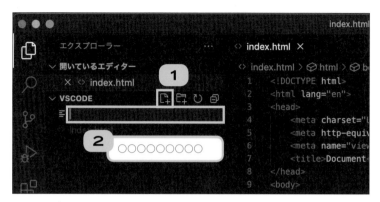

図12-6 新しいファイルを作るには、ウィンドウ左側のファイルブラウザの「新しいファイル」アイコンをクリックし、その下に表示されるテキストボックスにファイル名を入力する

　同様の手順でフォルダを新たに作成し、その中に新しいファイルを格納することもできます。次の図では、「css」フォルダを作ったうえでその中にstyle.cssを保存したところです。

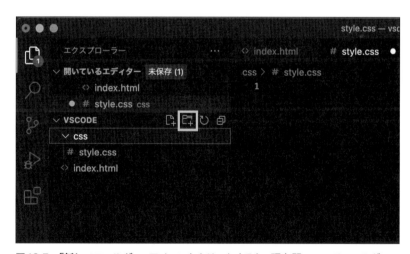

図12-7 「新しいフォルダー」アイコンをクリックすると、現在開いているフォルダーの中に別のフォルダーを作ることができる。ここではcssフォルダーを作り、そこにstyle.cssを作成した

　先ほどのindex.htmlに戻って、このstyle.cssへのリンクを追加します。追加するコードは

```
<link href="/css/style.css" rel="stylesheet"/>
```

です。この1行を7行目の

```
<title>Document</title>
```

の次に8行目として追加します。

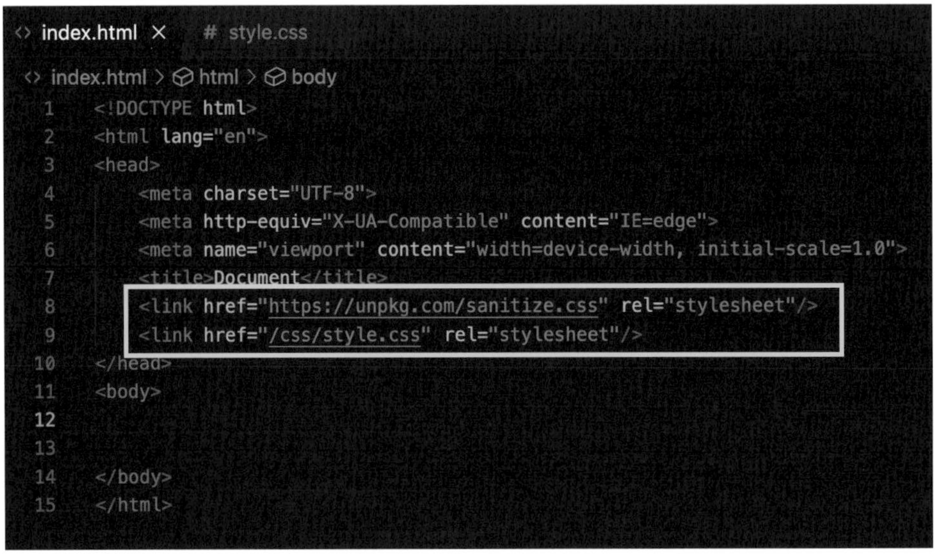

図12-8　CSSへのリンクを記述したところ

　続いて、「リセットCSS」の設定を行います。リセットCSSというのは、さまざまなブラウザ
で見え方が違うものを、一括で統一するためのCSSです。1個のHTMLファイルに、複数の
CSSファイルを読み込むことができるようになっており、リセットCSSを使うことデバイスご
とに異なるCSSを適用するという使い方ができます。リセットCSSにはこれと言って決まっ
た書き方や使い方があるわけではなく、Webブラウザーやデバイスによって、また使いどころ
によって、さまざまな種類があります。またリセットCSSの記述や使い方も日々進化している
ので、いろいろ調べてみてください。
　ここでは、「サニタイズCSS」を導入してみました。
　導入方法は、

・ファイル自体をダウンロードして埋め込む方法

・オンライン上にアップされているものを直接リンクさせる方法

などがあります。今回は、下記のコードで直接リンクさせることにしました。

```
<link href="https://unpkg.com/sanitize.css" rel="stylesheet"/>
```

このコードも

```
<title>Document</title>
```

の次あたりに追加します。厳密に位置を守らなければならないわけではありませんが、
\<head\>から\</head\>の間に記述するようにします。

ファイルをプレビューする

Live Previewを導入後は、コードエディタの「index.html」タブの右のほうに「プレビュー」
アイコンが表示されます。これをクリックすると画面右側がプレビューを表示する領域にな
ります。一度プレビューを表示しておくと、HTML、CSSファイルそれぞれで修正した内容は、
リアルタイムでプレビュー画面に反映されます。

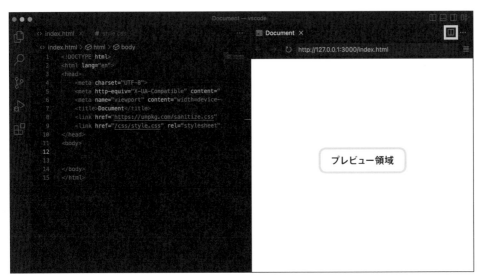

図12-9 「プレビュー」アイコンをクリックすると、ウィンドウの右側が分割されてプレビューが表示され
る（この図ではファイルブラウザを非表示にした）

HTML／CSSの第一歩

　文法や詳細はさておき、まずはHTML／CSSで記述したデータを一度作ってみましょう。

　HTMLは、<div>といった書式の「タグ」でテキストや画像などのオブジェクトを囲む記述で、Webコンテンツを作るマークアップ言語です。

```
<div>（ここにコンテンツを記述する）</div>
```

のように、< ＞および</ ＞で表現されたタグで囲まれたものが、コンテンツをしまう箱のようなものだと考えてください。箱の中にさらに箱を作る、つまりタグの中にタグを記述するような階層構造も可能です。たとえば次の図の左側のように<div>タグを同じ階層に並べるとHTMLデータ上では上下に箱を作ったことになります。一方、<div>～</div>の中にもう一つ<div>～</div>を入れる記述も可能です。この場合は、箱の中に箱を作ったことになります。

図12-10
二組の<div></div>タグを使った記述の例。左側の記述は、<div>タグによる箱が縦に並ぶような構造なのに対し、右側の記述は<div>タグによる箱の中にさらに箱を作った構造になる

　ほとんどの記述は<div>タグに対して、その終了を示す</div>のようなタグが必要です。コード量が増えてくると、同じ階層に並べた場合であれ、入れ子になった二重（もしくはもっと）の階層構造の記述であれ、終了タグの記述があっていなかったり、記述を忘れたりといったことが往々にして起こります。その点に注意して、実際にHTMLを書いていきましょう。

「Hello World !」を表示するindex.html

プレビューは先ほど見たとおりVS Codeでも可能ですが、保存したindex.htmlをダブルクリックすればWebブラウザーで表示することもできます。まず第一歩として、「Hello World !」をWebブラウザーで表示させてみましょう。

いったんindex.htmlの記述をすべて削除して、次のコードを入力します。

コード12-1 「Hello World!」を表示するindex.html

```html
<!doctype html>
<html>
    <body>
        <p>Hello World!</p>
    </body>
</html>
```

これをWebブラウザーで表示したのが次の図です。

Hello World!

図12-11 コード12-1のindex.htmlをWebブラウザーで表示したところ（WebブラウザーがChromeの場合）

文字の書式を設定するCSS

このindex.htmlで表示している「Hello World!」という文字列の表示を、いろいろ変化させてみましょう。すべてCSSで記述します。

ここからは、CSSファイルを作る作業です。HTML（index.html）と同じ階層にCSSファイルを作ります。ファイル名はstyle.cssとしておきましょう。このindex.htmlには何も変更を加えずに、CSSを変えるとどのように見え方が変わるのか、試してみようと思います。

そのためには、先ほど作成したindex.htmlにCSSを関連付けるコードを1行追加します。追加するのは、

```html
<head>

    <link href="style.css" rel="stylesheet">

</head>
```

です。これを追加することにより、index.htmlは次のようになります。

コード12-2　同じ階層に置いたCSSファイル（style.css）とのリンクを記述したindex.html

```html
01  <!doctype html>
02  <head>
03      <link href="style.css" rel="stylesheet">
04  </head>
05  <html>
06      <body>
07          <p>Hello World!</p>
08      </body>
09  </html>
```

■ 文字サイズを変更する

　文字の大きさを変える記述を通じて、CSSの設定が同じHTMLにどのように働くかを見てみましょう。本書ではCSSについて多くを解説することはできません。ここではCSSの役割についてしっかり理解することが大事と考えてください。

　ここからCSSで文字の書式について、さまざまな設定をして行きます。次ページのコード12-3を見てください。1行目はこのCSSファイルの文字コードを指定しています。

　その次が文字の大きさです。CSSではfont-sizeで文字の大きさを指定します。大きさは、pxなどの単位と、具体的な数値で指定します。

コード12-3　文字の大きさを100ピクセルに指定したstyle.css

```css
01   @charset "utf-8";
02
03   p{
04       font-size:100px;
05   }
```

　このように記述することにより、HTMLの中で<p>タグが付けられたテキストについて、文字サイズを100ピクセルで表示することができます。ここでコード12-1のindex.htmlをWebブラウザーで表示すると、「Hello World!」の表記がこのように変わりました。

Hello World!

図12-12　style.cssで文字サイズを100ピクセルに設定したのが反映されたindex. htmlの表示

■ 文字を太くする

　文字の太さはを設定するには、font-weightを記述します。設定値には、bold（太い）、normal（普通）のほか、100〜900の100ごとの数値で指定することもできます。

コード12-4　文字の太さにboldを設定する記述を追加したstyle.css

```css
01   @charset "utf-8";
02
03   p{
04       font-size:100px;
05       font-weight:bold;
06   }
```

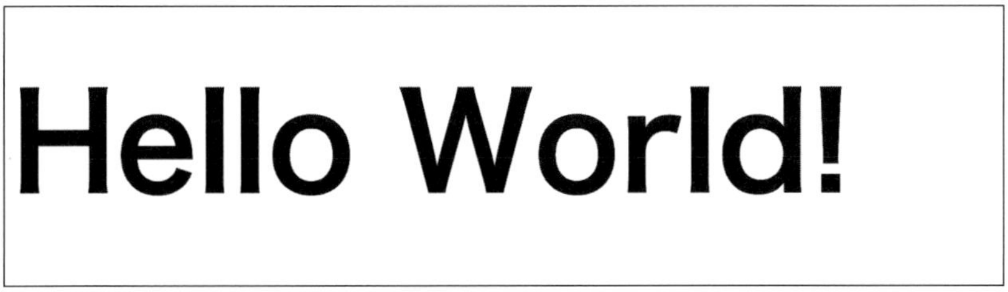

Hello World!

図12-13　文字の太さに bold を設定する記述を追加した style.css

■ 文字の色を変える

　フォントの色を設定するのは color です。red、blue といった文字で指定することも可能ですが、原色をそのまま指定して作るサイトはほぼ皆無です。通常は HTML カラーコードと呼ばれる文字列で指定します。これは、RGB の各色をそれぞれゼロから255までの256段階で示します。このとき値は2桁の16進数で示します。具体的には、ゼロはその色をまったく使わないという指定で00、最大の255は FF という記述になります。これを RGB の各色について記述するので、黒は000000、白は FFFFFF になります。HTML カラーコードを示すために先頭に # を付ける必要があり、白を示すには

```
#FFFFFF
```

と記述します。この記法により、どんな色でも表現することができます。RGB の値から16進数に変換するカラー選択ツールはさまざまなものが公開されています。使いやすいものを見つけてください。

　次のコードは、style.css に文字色を赤にして表示する記述を追加したものです。

コード12-5　文字を赤く表示する記述を追加した style.css

```css
@charset "utf-8";

p{
    font-size:100px;
    color:#ff0000;
}
```

Hello World!

図12-14　文字を赤く表示する記述が反映された表示

■ 背景色を変える

　文字の色設定は文字色だけではなく、背景色も設定できます。それにはbackground-colorでHTMLカラーコードを指定します。colorと同じように記述します。次のコードは、文字を赤くする記述の代わりに、背景を赤くするように記述したstyle.cssです。

コード12-6　背景を赤く表示する記述を追加したstyle.css

```css
01  @charset "utf-8";
02
03  p{
04      font-size:100px;
05      background-color:#ff0000;
06  }
```

Hello World!

図12-15　100ピクセルの文字を標準の黒のまま、背景を赤くする記述が反映された表示

■ 文字揃えを指定する

中央揃え、右揃えなどの文字揃えは、text-alignで指定します。そのときの値は、左に揃える場合はleft、右はright、中央はcenterです。left（左揃え）、right（右揃え）、center（中央揃え）、justify（両端揃え）がよく使用される値です。この記述を省略した場合は、HTMLのデフォルトである左揃えで表示されます。

コード12-7　100ピクセルの文字を中央揃えで表示するstyle.css

```css
01  p{
02      font-size:100px;
03      text-align:center;
04  }
```

Hello World!

図12-16　100ピクセルの文字を、中央揃えにする記述が反映された表示

CSSによるレイアウトの記述

Webデザインでは、プロトタイプとして作ったレイアウトをHTMLとCSSで再現することが重要になってきます。HTMLでテキストや画像などを入れる箱を用意しておき、この箱の位置や大きさ、並べ方をCSSで記述します。1ページに箱が1個だけというWebページは、ほぼ存在しません。複数の箱を縦に並べたり、横に並べたり、左右互い違いに配置したりすることで、いろいろなレイアウトを表現できます。

ここから、HTML、CSSともに記述が増えてきます。本書を読みながら実際に試している場合は、今まで作業しているファイルとは別のフォルダーを作り、新たにindex.htmlとstyle.cssを作るようにするといいでしょう。

まずCSSでレイアウトを指定する前提で、index.htmlを作ります。HTMLでは、レイアウト用の箱を、クラス (class="") に名前 (id="") を付けるという組み合わせの記述で指定します。classを記述することで箱を作ることを宣言し、それにidを付けるというイメージです。これが、HTML上で箱を作るという記述になります。

次のindex.htmlでは、mainという箱と、sideという箱を作っています。

コード12-8　index.htmlに箱を2個用意したところ

```HTML
01  <!doctype html>
02  <html>
03      <head>
04          <link href="style.css" rel="stylesheet">
05      </head>
06      <body>
07          <div class="main">MAIN</div>
08          <div class="side">SIDE</div>
09      </body>
10  </html>
```

CSSでは、これに応じたクラスとIDを指定することで、それぞれの箱に別々の設定をすることができます。ただし、HTMLとCSSではクラス名とID名の記述が異なります。これがHTMLとCSSのややこしいところです。最初は混乱するかもしれませんが、実際にそれぞれのファイルを作ってみることで慣れていきましょう!

■ クラスごとに異なる背景色を設定する

index.htmlで記述したクラスmainの背景に薄い色を、クラスsideに濃い色を指定するように記述したstyle.cssを見てください。

コード12-9　クラスごとに異なる背景色を設定したstyle.css

```css
@charset "utf-8";

.main{
    background-color:#999999;
}

.side{
    background-color:#333333;
}
```

mainが

```
.main{
```

sideが

```
.side{
```

となっているところに注目してください。先頭に「.」を付けてHTMLで記述したクラスのID
を記述するのが、CSSのクラスの表記です。

　文字の書式を変えるところで作成したstyle.cssでは

```
p{
```

という記述が出てきました。これは、HTMLの<p>タグについてのスタイルであることを示し
ています。クラスの場合はIDの前にピリオドを付けることで、クラスのスタイルについての記
述であることを示します。どのようなスタイルにするかの記述は、それぞれ｛　｝の間に記述
していきます。

　このstyle.cssによりどのような表示になるか、index.htmlをWebブラウザーで開いて確
かめましょう。

図12-17　それぞれ異なる背景色でmainとsideが表示された

mainの背景色がグレー、sideの背景色が黒で表示されました。

■ 2個のクラスを左右に並べる

今は縦に並んでいる.mainと.sideを左右に並べようと思います。そこで、bodyタグに横並びレイアウトの指定をして（display:flex;）、.mainと.sideをそれぞれ横幅がページ幅の半分になるよう指定します（width:50%;）。

コード12-10　index.htmlで記述したクラスを左右に並べるように記述を追加したstyle.css

```css
01    @charset "utf-8";
02
03    body{
04        display:flex;
05    }
06
07    .main{
08        background-color:#999999;
09        width:50%;
10    }
11
12    .side{
13        background-color:#333333;
14        width:50%;
15    }
```

index.htmlを読み込み直すと、このstyle.cssが適用されてmainとsideが左右に並びます。

図12-18　縦に並んでいたクラスが左右に並ぶようになった

■ 箱の高さを指定する

　各クラス表示するときのに高さをheightで指定します。先の作業で幅（width）を指定したときと記述の方法は同じです。

　ここでhtmlに新しいクラスwrapを追加してください。コード12-10のようにbodyに対して

```
display:flex;
```

を指定することもできます。でもその場合は、index.htmlで新しい要素を追加すると、その要素まで横並びになってしまいます。そこで、ここではクラスwrapに限定して横並びになるよう記述することにしました。

コード12-11　高さを設定するCSSを試すために、新しいクラスwrapをindex.htmlに追加する

```html
01  <!doctype html>
02  <html>
03      <head>
04          <link href="style.css" rel="stylesheet">
05      </head>
06      <body>
07          <div class="wrap">
08              <div class="main">MAIN</div>
09              <div class="side">SIDE</div>
10          </div>
11      </body>
12  </html>
```

こう記述することで、全体には影響を与えずにmainおよびsideに対して、まとめてwrapで設定するスタイルを適用することができます。

style.cssのほうではbodyに設定していたスタイルを、新しく作ったwrapに移し替えます。具体的には「body」と書いていた部分を「.wrap」に書き換えます。

コード12-12　bodyから新しいクラスwrapにスタイルの記述を変更したstyle.css

```css
01   @charset "utf-8";
02
03   body{
04       display:flex;
05   }
06
07   .main{
08       background-color:#999999;
09       width:50%;
10       height:200px;
11   }
12
13   .side{
14       background-color:#333333;
15       width:50%;
16       height:200px;
17   }
```

このとき、CSS上で

```
display:flex;
```

を記述する位置に気を付ける必要があります。このコードを記述するwrapは、mainとsideの親要素として記述する必要があります。このため、wrapについてのスタイルはmainとsideのすぐ上に配置します。

bodyからwrapにレイアウトの指定を書き換えましたが、mainとsideが左右に並ぶというWebブラウザー上の表示は変わりません。一方、mainとsideそれぞれに高さを指定す

る記述を追加しているので、それぞれ高さが変わりました。

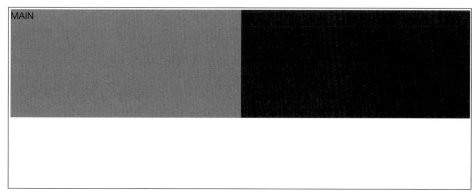

図12-19　mainとsideの高さが広がった

■ Webページの基本レイアウト例を作る

　ここでヘッダーとフッターを追加して、Webページで最も基本的と言われる「聖杯型」のレイアウトにしてみましょう。HTML側ではコンテンツの先頭にヘッダー用のクラス、コンテンツの最後にフッター用のクラスでコンテンツを記述します。

コード12-13　ヘッダーとフッターの記述を追加。これにより、それぞれstyle.cssを参照してクラス header、footerを適用する

```html
<!doctype html>
<html>
    <head>
        <link href="style.css" rel="stylesheet">
    </head>
    <body>
        <div class="header">HEADER</div>
        <div class="wrap">
            <div class="main">MAIN</div>
            <div class="side">SIDE</div>
        </div>
        <div class="footer">FOOTER</div>
```

```
13        </body>
14    </html>
```

　style.cssにも記述を追加します。このindex.htmlでは5種類のクラスを利用するように
なりました。このうちページ上に直接表示される箱をそれぞれ見分けられるようにするため
に、ヘッダーとフッターは同じ色（#666666）、同じ高さ（100px）にして、mainとsideについ
ては背景色を変えて区別するようにしてみましょう。

**コード12-14　現在のindex.htmlで利用されているクラスwrap、header、main、side、footerについ
てそれぞれスタイルを記述したstyle.css**

```
                                                                          CSS
01    @charset "utf-8";
02
03    .wrap{
04        display:flex;
05    }
06
07    .header{
08        background-color:#666666;
09        height:100px;
10    }
11
12    .main{
13        background-color:#999999;
14        width:50%;
15        height:200px;
16    }
17
18    .side{
19        background-color:#333333;
20        width:50%;
21        height:200px;
22    }
23
```

```
24    .footer{
25        background-color:#666666;
26        height:100px;
27    }
```

　ここでindex.htmlをWebブラウザーで開くと、ページが上からヘッダー、mainとside、その下にヘッダーというように4分割されます。これが一般に聖杯型と呼ばれるページの構成です。

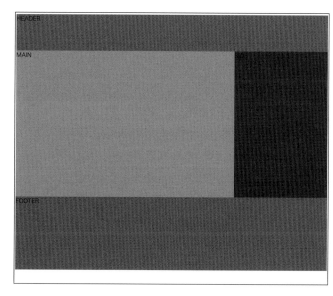

図12-20
一般に聖杯型と言われるページの構成をindex.htmlとstyle.cssで表現できた

HTML／CSSでレスポンシブ対応

「レスポンシブ対応」という言葉を聞き慣れていない人は多いかもしれません。簡単に言えば、デバイスごとに見やすい画面をHTMLとCSSで作ることです。現在のWebサイトは、パソコンからスマートフォンまで、ユーザーはさまざまなデバイスを使ってアクセスするようになっています。そこで、Webサイトの側では特定のどのデバイス向けに作るというのではなく、ユーザーが異なるデバイスを使っていても、それぞれに読みやすく表示できるようにする対応が必要です。これをレスポンシブ対応といいます。

メディアクエリで異なる画面サイズに対応

ここでは、主としてCSSで対応する方法を紹介します。メディアクエリと呼ばれるコードを使って、ユーザー側の画面サイズによりデザインを切り替えられるようにします。

具体的には「@media〜」で始まるコードを使います。たとえば、

```
@media(max-width: 600px)
```

のように記述します。この場合、最大（max）で600pxまでの画面幅（width）のデバイスには、この記述に続くスタイルを適用することができます。あとは、この記述とは別に、

```
@media(min-width: 600px)
```

という記述でスタイルを分ければ、最小（min）600px以上の画面幅（width）に対するスタイルを定義できます。こうした記述にすれば、600pxを基準として、それより大きい画面のデバイスと、それより小さい画面のデバイスで異なるデザインを切り替えられます。

これを実際にHTML／CSSデータを作って試してみましょう。

index.htmlはここまでに作成したデータを流用します。これに対して、style.cssについてはこれまでmainとsideを左右に並べていましたが、メディアクエリを使って最大600pxまでの画面サイズで表示する場合にはmainとsideを上下に並べるように改変します。

コード12-15 これまでstyle.cssで記述したスタイルは大きい画面サイズのときに適用することにして、画面サイズが600pxまでの場合にはmainとsideを上下に並べるように改変

```css
01   @charset "utf-8";
02
03   .wrap{
04       display:flex;
05   }
06
07   @media(max-width:600px){
08       .wrap{
09           display:block;
10       }
11   }
12
13   .header{
14       background-color:#666666;
15       height:100px;
16   }
17
18   .main{
19       background-color:#999999;
20       width:50%;
21       height:200px;
22   }
23
24   .side{
25       background-color:#333333;
26       width:50%;
27       height:200px;
28   }
29
30   .footer{
```

```
31          background-color:#666666;
32          height:100px;
33      }
```

　これをパソコン（Webブラウザーの表示幅は1200px）と、スマートフォン（同400px）と
で表示を見比べてみます。

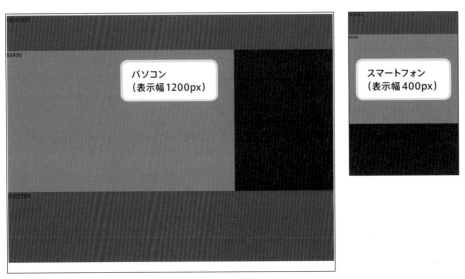

図12-21　メディアクエリを使って600pxを基準にスタイルを変えた場合の表示の違い

基本的なHTMLタグ

　HTML（HTML5）のタグの種類と特徴について、早い段階から理解しておくとよいもの、それはつまりよく使われるものに絞って解説いたします。HTMLのすべてを完全に網羅した内容ではないので、この解説を入り口に専門の解説書を参照したり、さまざまなサイトで実際に使われているコードを読んでみたりして、より深く調べてみることを強くお薦めします。と同時に、今後の新しい動向にも常にアンテナを張るようにしてください。

Webページの構造を作るタグ

　ページの基本構造は、divタグで作成することがほとんどです。divの中にさらにdivタグを作って、入れ子構造することもあります。この構造も、本章では出てきましたね。パラメーターにClassやIDを記述することで、同じdivタグでもCSSを適用させる対象をピンポイントで指定することができます。

　表示例は、本章でここまで見てきたindex.htmlのWebブラウザー表示を見てください。

テキストに使用するタグ

■ pとh1〜h6

　テキストブロックはpタグで記述します。いわば本文テキストを扱うときのタグです。それとは別に見出しを配置する場合には、その文字列にh1〜h6のタグを使います。末尾の数字は階層を示します。h1が最も大きい（上位の）見出しで数字が大きくなるほど表示上の大きさは小さく、見出しとしては下位の見出しになります。

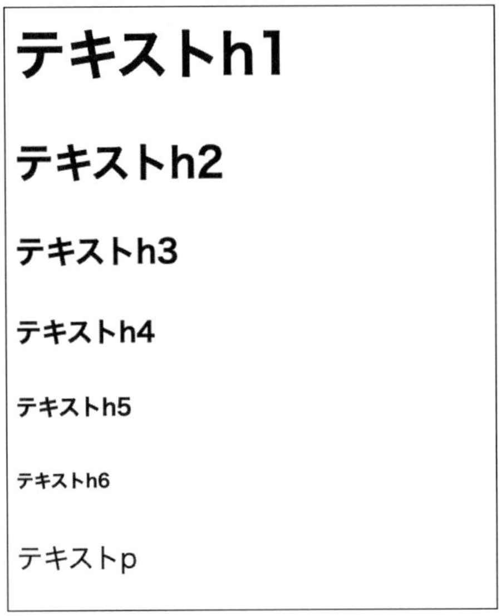

テキストh1

テキストh2

テキストh3

テキストh4

テキストh5

テキストh6

テキストp

図12-22
pおよびh1～h6のタグを使った
場合の表示の違い

　文字揃えをCSSで指定する方法はすでに取り上げましたが、HTMLのみで指定することも可能です。pタグのパラメーターとして

```
<p align="center">  ……  中揃え
<p align="right">  ……  右揃え
```

と記述することで、文字揃えを段落単位で変更できます。alignを省略すると左揃えになります。

■ span

　段落単位ではなく、文章の途中で見た目を変えたい場合、たとえば文章中の一部の文字だけ色を変えたいときなどにspanタグで囲って、その前後の文字とは異なる書式に変更することができます。

■ br

　文章中で強制的に改行するときに
を挿入します。たとえば次のコード

```
<p>おはようございます。<br>今日はとても良い天気ですね。</p>
```

をHTML中に記述すると、ウェブブラウザーでは次のようになります。

おはようございます。
今日はとても良い天気ですね。

図12-23　brを使って文章の途中で改行する

なお、このbrにもclassやID名を付与することができます。

```
<br class="xxx">
```

　前述のCSSのレスポンシブ設定と組み合わせることで、たとえば画面幅に合わせてテキストの改行あり／改行なしをといったことができます。

画像、動画、音声の埋め込みに使うタグ

　画像や動画、音声ファイルをページに埋め込む場合、それぞれに応じたタグを使い分けます。

```
<img src="〜.jpg"> …… 画像ファイル（jpg、png、svgなど）
<video src="〜.mp4"></video> …… 動画ファイル（mp4、mov、wmvなど）
<audio src="〜.mp3"></audio> …… 音声ファイル（mp3、mp4、waveなど）
```

　画像のみ、</img>という閉じタグは省略可能です。

■ ベクター画像（SVG形式）の埋め込み

　SVGファイルは、画像ファイルの中でもちょっと特殊な画像形式です。
　通常、画像ファイルは何という画像ファイルをWebページに読み込むのかという記述を、imgタグとファイル名とで指定します。こうした画像ファイルは、写真などピクセルの集合体で作られるラスター画像といいます。図形が大きく、複雑になるほど、ファイル容量も大きく

なり、読み込もうとするとWebブラウザーの動作が重くなります。

　これに対してSVGファイルは、どのように図形を描画するかをテキストで指定した画像ファイルです。このため、拡大しても線が粗くなったり、画像がぼけたようになったりといったことがありません。複雑な色合いやグラデーション、形状などを表現するのには向いていませんが、サイズが小さく取り扱いが楽なので、単純な図形かつ色数が少ない、アイコンなどでよく使われます。

　SVGファイルをVisual Studio Codeなどのテキストエディタで開くと、次のようなマークアップ言語になっているのがわかります。

```
<svg version="1.1" id="_x32_" xmlns="http://www.w3.org/2000/
svg" xmlns:xlink="http://www.w3.org/1999/xlink" x="0px" y="0px"
viewBox="0 0 512 512" style="width: 256px; height: 256px; opacity: 1;"
xml:space="preserve">
    <style type="text/css">
        .st0{fill:#4B4B4B;}
    </style>
    <g>
        <path class="st0" d="M510.698,196.593c-3.61-11.2-14.034-18.795-
25.794-18.795H329.21L281.791,30.155
                c-3.599-11.2-14.018-18.808-25.791-18.808c-11.772,0-
22.192,7.608-25.791,18.808l-47.418,147.642H27.097
                c-11.761,0-22.185,7.594-25.795,18.795c-
3.599,11.2,0.436,23.449,9.999,30.302l126.246,90.643l-48.598,147.54
                c-3.694,11.193,0.278,23.47,9.801,30.39
8c9.529,6.926,22.44,6.897,31.94-0.058L256,403.594l125.312,91.824
                c9.5,6.956,22.411,6.985,31.941,0.058c9.522-6.927,13.494-
19.205,9.811-30.398l-48.61-147.54L500.7,226.895
                C510.262,220.042,514.298,207.792,510.698,196.593z"
style="fill: rgb(75, 75, 75);">
        </path>
    </g>
</svg>
```

SVGファイルを指定するのではなく、このコードを直接HTMLに貼り付けて表示することもできます。

図12-24
このSVGコードを直接記述した
HTMLデータをWebブラウザー
で表示したところ

■ 画像と音声を制御する

　動画や音声は埋め込むだけでなく、自動で再生したり、音量や再生／停止などのコントローラーを表示したりなどの再生設定も合わせて記述することができます。これらの設定はCSSで指定することはできません。HTML側で記述します。

　たとえば、次のような制御が可能です。

```
<video src="〜.mp4" controls autoplay></video>
<audio src="〜.mp3" controls></audio>
```

　上のコードで動画を読み込みます。動画のほうに記述したautoplayは、ページを開いたときにファイルを読み込み、自動で再生を開始するというパラメーターです。音声でも記述可能です。

　ただし、スマートフォンを中心にデバイスもしくはWebブラウザー側で自動再生には一定の制限を設けている場合があります。自動再生を有効にする場合には、デバイスの自動再生制限のことも考慮する必要があります。

　再生の制御としてはloopもあります。これを記述しておくとループ再生が有効になり、再生が終了しても自動的に最初から再生が始まります。このコードを使う場合は、最後から最初に戻ったときに不自然な途切れがでないような動画や音声ファイルが適しています。

再生制御では muted をぜひ覚えておいてください。これにより音声をミュートします。iPhone をはじめミュート状態の時のみ自動再生（autoplay）を有効化してくれるデバイスが多いため、自動再生を優先したいサイトでよく使います。

上記のコードでどちらにも記述している controls は、Web ブラウザーが備える動画・音声の用のコントローラーを表示するパラメーターです。

表を作るタグ

HTMLで表を作るときには

```
<table>
<tbody>
<tr>
<td>
<th>
```

といったタグを適宜使います。具体的には、<table> タグが最も上位のタグです。<tabel> タグが出てきたら、ここからテーブルの記述が始まり、</tabel>で記述が終わるとWebブラウザーは判断します。

その下（内側）に<tbody>タグを書きます。<table>タグとは入れ子の関係になります。さらにその中に入れ子として行を示す<tr>を入れて、さらに行の中に<td>あるいは<th>（見出しなどを示すセルで強調するする場合に使う）でセルの一つひとつを設定できます。この、trとtdをいくつ記述するかで、縦横の行数／カラム数を自由に設定できます。

コード12-16　3行×2列のテーブルのコード例

```
01  <table>
02      <tbody>
03          <tr>
04              <td>1行・1列目</td>
05              <td>1行・2列目</td>
06          </tr>
07          <tr>
```

```
08          <td>2行・1列目</td>
09          <td>2行・2列目</td>
10        </tr>
11        <tr>
12          <td>3行・1列目</td>
13          <td>3行・2列目</td>
14        </tr>
15      </tbody>
16    </table>
```

図12-25
コード12-16のテーブルを
Webブラウザーで表示した
ところ

コード12-17　2行×3列のテーブルのコード例

```
                                                    HTML
01    <table>
02      <tbody>
03        <tr>
04          <td>1行・1列目</td>
05          <td>1行・2列目</td>
06          <td>1行・3列目</td>
07        </tr>
08        <tr>
09          <td>2行・1列目</td>
10          <td>2行・2列目</td>
```

```
11              <td>2行・3列目</td>
12          </tr>
13      </tbody>
14  </table>
```

1行・1列目 1行・2列目 1行・3列目
2行・1列目 2行・2列目 2行・3列目

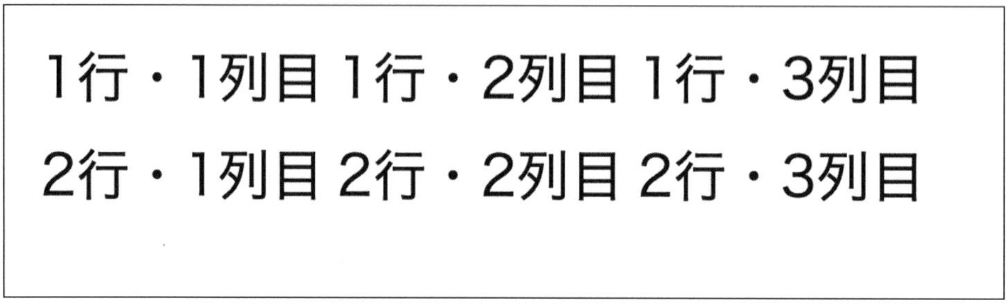

図 12-26　コード 12-17 のテーブルを Web ブラウザーで表示したところ

箇条書きのタグ

HTMLの箇条書きは、いくつか種類がありますが、まずは<ul>と<ol>を覚えましょう。

```
<ul><li>  ……「・」で始まる箇条書き
<ol><li>  ……「1,2,3…」で始まる箇条書き
```

箇条書きのブロックを<li>で作ります。その中に<ul>で入れ子にすると「・」が先頭に付く箇条書き（リスト）として表示されます。<ul>のところに<ol>を使うと1から順番に番号が振られたリストを作れます。

<ul>を使ったコード例を見てください。

コード12-18　「・」で始まる箇条書きのコード例

```html
01  <ul>
02      <li>りんご</li>
03      <li>みかん</li>
04      <li>かき</li>
05  </ul>
```

- りんご
- みかん
- かき

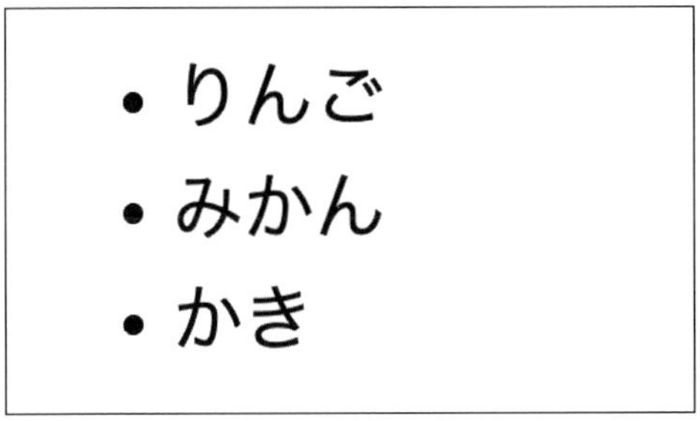

図12-27
コード12-18の箇条書きを
Webブラウザーで表示した
ところ

連番数字の箇条書きも見てみましょう。

コード12-19　連番数字で始まる箇条書きのコード例

```html
01  <ol>
02      <li>りんご</li>
03      <li>みかん</li>
04      <li>かき</li>
05  </ol>
```

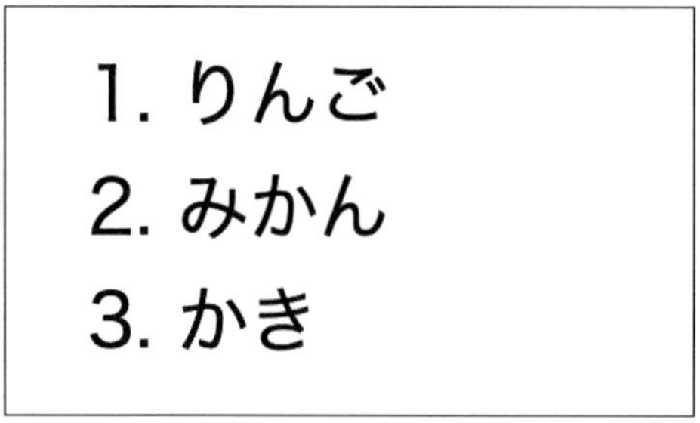

1. りんご
2. みかん
3. かき

図12-28
コード12-19の箇条書きを
Webブラウザーで表示した
ところ

リンクのタグ

　ページ遷移を行うリンクは、<a>タグで設けることができます。

```
<a href="〜">
```

　このhrefの"〜"にリンク先を記述します。

　デフォルトのリンクは同じタブのままでのページ遷移になりますが、強制的に別タブで遷移させる書き方もあります。現在のページはそのままユーザー側で表示させておきたい場合など、こちらもよく使われるコードです。

```
<a href="〜" target="_blank" rel="reoppener">
```

　リンクは、<a>タグで挟み込みことにより、文字、画像、他にもいろいろな要素を入れることができます。上記の例では</a>を省略していますが、HTML上に記述するときは必ず入れなければなりません。<a>タグを文法通りに記述すると

```
<a href="https://example.com">リンク</a>
```

のようになります。この場合、Webページに表示された「リンク」の文字にリンクが作成され、これをクリックすると、現在のページの代わりにhttps://example.comが開きます。

　テキストではなく、画像にリンクを付ける場合は

```
<a href="https://example.com"><img src="example.jpg"></a>
```

といったコードになります。<a>タグで囲む中の記述によっては、画像と文字の両方にリンクを作れます。

```
<a href="https://example.com"><img src="～.jpg"><p>リンク</p></a>
```

　この場合、画像が表示された下にテキストが表示され、そのどちらをクリックしても同じリンク先に遷移します。

　<div>タグで記述したブロック全体にリンクを作るようなことも可能です。

```
<a href="https://example.com"><div class="main">MAIN</div></a>
```

入力フォームを作るタグ

　入力フォームのためのタグが

```
<input type="">
```

　問い合わせフォームの入力欄のほか、CSSやJavaScriptと組み合わせて動的なページを実装するときにも使われます。inputにはさまざまな種類があり、チェックボックス、ラジオボタン、プルダウンメニューから、自由回答などがよく使われます。ここでは、頻出のコードをご紹介します。

■ ラジオボタン

複数の選択肢からいずれか一つのみを選択させる際に使います。

```
<input type="radio" name="xxx" value="yyy">ZZZ……
```

選択肢を記述するときはnameの値を共通にして同じフォームであることを明示します。

選択肢はvalueで指定し、タグの右にその選択肢に相当するテキストなど、ページ上に表示する要素を記載します。

■ チェックボックス

複数の回答を選択させる際に使うほか、同意画面の承諾を示すチェックボックスなどでも使われます。複数の項目を列挙するときは、nameの値を共通にして、選択肢はvalueで指定し、タグの右にWebページに表示するテキストなどを記述します。

```
<input type="checkbox" name="xxx" value="yyy">ZZZ……
```

■ テキスト入力

文字列の入力欄を設けるときに使います。

```
<input type="text">
```

入力欄は1行分で、複数行の入力はできません。氏名や住所を入力するような欄といえば、イメージしやすいのではないでしょうか。

```
placeholder="(記入例)"
```

を記述することで、記入例をあらかじめ入力欄に表示することができます。

■ 長文テキスト入力

inputタグではありませんが、入力フォームを作るときに重要な役割を果たすのが<textarea>です。役割的には<input type="text">の長文（複数行）版のようなものになります。問い合わせフォームの問い合わせ内容の入力欄などで使われたりします。

こうしたタグを使った入力フォームの例を見てください。

コード12-20　入力フォームのコード例

```html
01  <div>
02      <input type="radio" name="radio1" value="a">A
03      <input type="radio" name="radio1" value="b">B
04      <input type="radio" name="radio1" value="c">C
05  </div>
06  <div>
07      <input type="checkbox" name="checkbox1" value="a">A
08      <input type="checkbox" name="checkbox1" value="b">B
09      <input type="checkbox" name="checkbox1" value="c">C
10  </div>
11  <div>
12      <input type="text" name="text1" placeholder="例：000000">
13  </div>
14  <div>
15      <textarea>
16      </textarea>
17  </div>
```

これをWebブラウザーで表示した場合はこうなります。

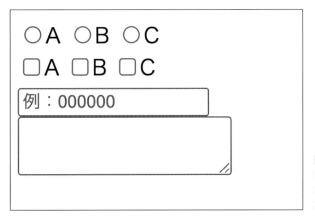

図12-29
コード12-20の入力フォーム
をWebブラウザーで表示し
たところ

■ ボタン

　問い合わせフォームに配置する「送信」や「確認」ボタンなど、データを送信する際に使うコードの記述例です。

```
<input type="button">
<input type="submit">
<button>
```

　HTMLとCSSのフルスクラッチで問い合わせフォームを作成する際には、データ送信に関する知識が必要となりますが、WordPressを利用するならフォーム送信のコード自体は書けなくても設置は可能です。とはいえ、HTMLでフォームを確認するとこれらのようなタグが書かれています。WordPressを使わない案件もあるかもしれません。こういったタグで記述することもある点は頭の片隅に置いておきましょう。

別ページを埋め込むタグ

　iframeは他ページを埋め込むことができるコードです。使われ方として特に多いのは、Googleマップの埋め込みです。

```
<iframe src="～">
```

　企業サイトにアクセス情報としてGoogleマップの地図を埋め込んでみましょう。実はGoogleマップ上で埋め込み用のHTMLコードを生成できるので、あとはこれを作成中のHTMLに貼り付けるだけと簡単です。
　まず、Googleマップ上で目的地を検索します。目的地のパレットを開いたら、「共有」アイコンを押します。

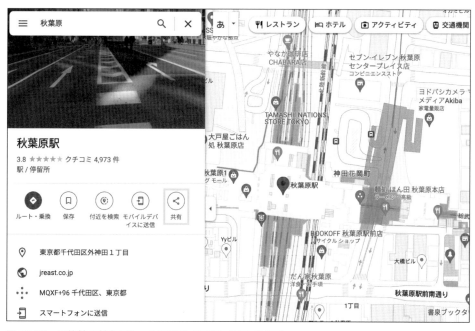

図12-30　目的地の情報パレットを開き、「共有」ボタンを押す

　　共有方法を選ぶ画面で、「地図を埋め込む」を押します。すると、iframeのコードが生成されるので、「HTMLをコピー」を押します。

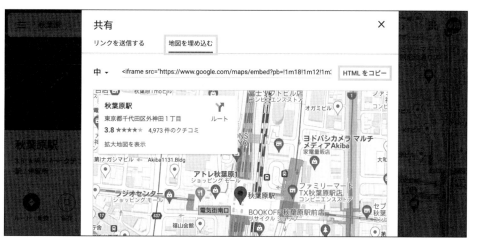

図12-31　「共有」画面で「地図を埋め込む」タブを選び、「HTMLをコピー」をクリックする

「秋葉原」を目的地としたときのHTMLコードは以下の通りです。Googleマップ自体への
リンクのほかに、WidthやHeightが書かれており、この値を変更することで表示エリアの大
きさを変えられます。また、Width、Heightの記述を削除し、別途CSSでiframeを指定して
地図の大きさなどの表示を指定することもできます。

```
<iframe src="https://www.google.com/maps/embed?pb=!1m18!1m12!1m3!1d1620.
068300658344!2d139.7731833128376!3d35.69825595448885!2m3!1f0!2f0!3f0!3m2
!1i1024!2i768!4f13.1!3m3!1m2!1s0x60188ea7e2f93329%3A0x158f36257ff597b1!2
z56eL6JGJ5Y6f6aeF!5e0!3m2!1sja!2sjp!4v1671873596596!5m2!1sja!2sjp"
width="600"
height="450"
style="border:0;"
allowfullscreen=""
loading="lazy"
referrerpolicy="no-referrer-when-downgrade">
</iframe>
```

　この<iframe>で記述したGoogleマップは、Webページ上では次のように表示されます。

図12-32　<iframe>を使ってWebページ上に表示された秋葉原のGoogleマップ

表示の基本的なCSS

　CSS (CSS3) のコードの種類と特徴について、よく使われるものに絞って解説します。完全に網羅した内容ではないので、より深く知りたい場合は専門などを参照してください。さまざまなサイトのコードも参考になります。本書では、そうしたコードを見てどういうことが書いてあるのかを大ざっぱでもつかむことができるところまで解説しようと思います。

解像度の基礎知識

　CSSのコードを書く前に、「解像度」について触れておきます。CSSで大きさやレスポンシブの指定と一緒に考慮すべきポイントに、画質があります。この場合の画質は画面解像度のことです。

　解像度の単位として、ppi (ピクセル・パー・インチ) というものがあります。1インチの長さの中にで、どれくらいのピクセル (色情報を持つ点) を持つのかというものです。

　例えば、以下のようには1インチに縦横4つずつの色 (ピクセル) が入っている場合、4ppiとなります。

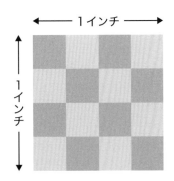

図12-33
4ppiの画像を構成するピクセル

　これが倍の解像度、つまり8ppiになると1インチ四方のピクセルは次のように並びます。

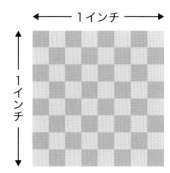

図12-34
8ppiの画像を構成するピクセル

では、4ppiのデバイスで全画面を塗りつぶし、同じものを8ppiのデバイスで表示させることを考えてみます。同じ位置に各ピクセルがあるとならば、4ppiのデバイスで作った画像は、8ppiのデバイスで表示すると全画面分をカバーできません。

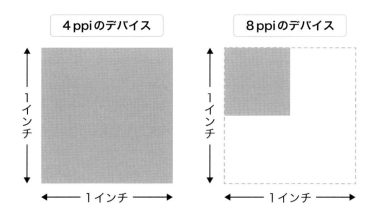

図12-35　4ppiのデバイスと8ppiのデバイスの表示の違い

4ppi、8ppiを取り上げたのは、わかりやすいよう極端な例で説明するためです。
同じことが低解像度のディスプレイと高解像度のディスプレイでの間でも起こります。同じ画像を表示しても見え方に大小の違いが出てしまいます。

解像度が高い
ディスプレイ

解像度が低い
ディスプレイ

図12-36
4ppiのデバイスと8ppi
のデバイスの表示の違い

　CSSでは直接ピクセル数を指定して大きさや位置などを決めていきます。このとき、ディスプレイによって見え方が変わってくることを、デザイナーとしてはいつも意識している必要があります。

　ただし、スマートフォンについてはあまり深刻に考える必要はありません。iPhoneに採用されているRetinaディスプレイが登場して以降、スマートフォンではパソコン以上に解像度が向上しています。そうすると、デバイスの大きさ自体がもともと小さいのに加えて、高解像度化が進むことによってどんどん目に見える文字や図形のサイズが縮小してしまうため、CSSの記述が難しくなります。

　これを回避するため、スマートフォンではwebブラウザーでCSSの「ピクセル数」を「CSSピクセル」という実際の画面幅を考慮したものに読み替えることとなりました。このため、画面幅（物理的な長さ）が変わらなければ、解像度によって表示は変わらず、おおむね同じ大きさを表示されるようになっています。

　しかしながら、レスポンシブ対応には高解像度のスマートフォンのみならず、低解像度かつ画面サイズの小さいパソコンをはじめ、高解像度かつ画面サイズの大きいパソコン、さらにはタブレットなども考慮する必要があります。、WebデザイナーとしてこれからさまざまなWebサイト構築に携わるのであれば、世の中にどれくらいの解像度のデバイスが使われているかは大まかにつかんでおきたいところです。「statcounter」（https://gs.statcounter.com/）というWebサイトで、どらくらいの解像度のデバイスが、どれくらい割合で使用されているかを調べることができます。解像度は新しいデバイスの誕生と共に変わっていくので、定期的にチェックしておきましょう。

配置系のCSS

本章の冒頭で試してみたとおり、CSSの大きな役割の一つが文字や画像などの配置です。まずは配置にかかわるコードについて見ていきましょう。

■ メディアクエリ

メディアクエリというのは前述のレスポンシブ対応、レスポンシブデザインにかかわるコードです。レスポンシブとは、ブラウザーのウィンドウ幅、高さなどの画面サイズに合わせて最適に見えるよう、表示を変えていく仕組みです。たとえば、パソコン画面で3カラムを横並びにした場合、そのままスマホサイズでも横並びにすると、そのままでは文字が画面内に入りきらずに見づらくなってしまうことがあります。このとき、スマホサイズのときのみ、カラムを縦並びにするといったような対応で、ユーザー側のデバイス合わせて表示を調整することができます。

すでに一度解説していますが、メディアクエリでは次のようなコードを使います。

```
@media screen and (min-width: 640 ) {……
@media screen and (max-width: 640 ) {……
```

このコードにより、画面幅に合わせて表示を切り替えることができます。min-widhtは「指定した幅以上」のときに参照するコードで、max-widthは「指定した幅以下のとき」に適用されます。

たとえば、横幅600px以上（パソコンでの閲覧などを想定）のときに文字色を赤に、横幅600px以下（スマートフォンを想定）のとき文字色を青にするようなレスポンシブを実装してみます。

まずHTML側で次のようなコードを記述します。

```
<div>画面幅のレスポンシブ</div>
```

このコードは<body>～</body>の間に記述する必要があります。

HTML側にこのコードがある前提で、CSSでは次のようにコーディングします。

コード12-21　CSSに記述するレスポンシブ対応のコード例

```css
01   div{
02       color:#f00;
03   }
04
05   @media screen and (max-width:600px) {
06       div{
07           color:#00f;
08       }
09   }
```

　このコードでは、画面幅が600px以下の場合と、それ以外について表示を分けるようにしました。3行目までの記述が基本の表示です。5～9行目のコードにより、「ただし画面幅が600pxの場合には文字を青で表示する」ようにできます。このようにCSSを作成することで、画面幅に合わせたデザイン設定が可能となります。ここでは色を変えるように設定しましたが、このあとに紹介する、大きさ、レイアウト、表示／非表示など、さまざまなコードと組み合わせることができます。

　また、画面の縦方向の長さでレスポンシブすることもできます。

```css
@media screen and (min-height: xxx ) {……
@media screen and (max-height: xxx ) {……
```

　こうしたコードを組み合わせることで、縦横の画面サイズに合わせて見た目を調整することが可能になります。

大きさ、幅、高さを設定するCSS

　幅と高さは、width、heightで指定しますが、指定の方法はいくつかあります。よく使う、かつ割と使いやすい指定方法を取り上げます。

■ px

　ピクセル単位で、固定的に大きさを指定します。画像の大きさを指定する場合、高解像度のディスプレイになるほど、ディスプレイ上では思っている以上に小さく見えることがある点に注意します。

■ %

　親要素で指定した幅に対する割合で指定します。100%にすると、親要素と同じ幅もしくは高さになります。

■ vwもしくはvh

　画面サイズに対する割合を示します。100vwはディスプレイの横幅いっぱい、100vhは縦幅いっぱいとなります。例えば、50vwなら画面幅の半分での表示になります。

■ calc

　上記のような値を組み合わせて、計算して指定することも可能です。例えば、

```
width : calc(100vw - 100px);
```

というコードなら、画面幅いっぱい（100vw）から100pxだけ少ない大きさで、幅を指定することになります。

最大と最小の大きさを決めるCSS

　幅と高さに、最大値と最小値を指定することができます。あくまで最大・最小値なので、width、heightと組み合わせて使用します。

```
max-width
min-width
max-height
min-height
```

メディアクエリ（@media〜）を使わなくても、簡易的なレスポンシブ設定として使用することもできます。

たとえば、

```
width:50vw;
max-width:500px;
```

とすることにより、画面幅の半分（50vw）でと指定しているのに加え、最大幅500px（max-width:500px）とする記述になります。このコードは「画面幅の半分で表示するが、それが500pxを超えるようなら500pxで表示する」ということを意味します。

要素の配置（レイアウト）のCSS

これがCSSで最もやっかいで難しく、慣れるのに時間がかかるところです。さまざまな組み合わせパターンがあるため、ここではよく使うという点で代表的なコードの紹介にとどめます。今の段階ではすべてを覚えたり理解する必要はなく、とにかく実際に試してみて、自分の書いたコードがどのような表示になるのか、思った通りの表示になっているのか、試行錯誤を繰り返しながらコーディングに慣れていきましょう。

■ display

本章冒頭でも取り上げましたが、もう一度整理しておきましょう。displayにより配置方法を決める設定ができます。以下のようなコードがよく使われます。

```
display : block;
display : inline-block;
display : flex;
display : grid;
```

ここでは、display : flex;の使い方を紹介しましょう。これを親要素に指定すると、子要素の並び順を簡単に指定することができます。たとえば、縦横に複数の要素を自由に配置することができます。

■ 要素を横に並べる

HTMLの<body>内に次のように記述します。

```html
HTML
<div class="wrap">
    <div class="main">MAIN</div>
    <div class="side">SIDE</div>
</div>
```

それを前提に、CSSを次のようにコーディングします。

```css
CSS
.wrap{
    display: flex;
}

.main{
    background-color:#666;
}

.side{
    background-color: #ccc;
}
```

これだけで、mainとsideが左右に並びます。

図12-37　mainとsideの各要素が左右に並んだ

画面幅に対して、mainとsideを半分ずつ表示するように分割してみます。HTMLは同じまま、CSSを書き換えてみます。

```css
.wrap{
    display: flex;
    width:100vw;
}

.main{
    background-color:#666;
    width:50%;
    height:200px;
}

.side{
    background-color: #ccc;
    width:50%;
    height:200px;
}
```

表示上わかりやすくなるよう、各要素の背景と高さも設定していますが、重要なのはwrap、main、sideの各クラスのwidthの記述です。これをWebブラウザーで見てみましょう。

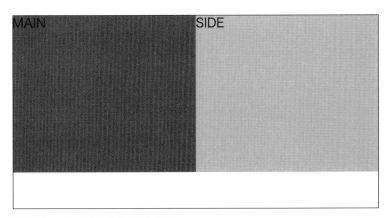

図12-38　画面幅を2分割した表示

■ レスポンシブに並びを変える

　これで横並び2カラムを実装できますが、スマートフォンのときは縦並びにするレスポンシブの実装も可能です。

```css
.wrap{
    display: flex;
    width:100vw;
}


@media screen and (max-width:600px){
    .wrap{
        display: block;
    }
}


.main{
    background-color:#666;
    width:50%;
    height:200px;
}
```

```
@media screen and (max-width:600px){

    .main{

        width:100%;

    }

}


.side{

    background-color: #ccc;

    width:50%;

    height:200px;

}


@media screen and (max-width:600px){

    .side{

        width:100%;

    }

}
```

　main、sideそれぞれで、ディスプレイの表示幅が最大で600までのときに適用するコード
を追加した形になります。

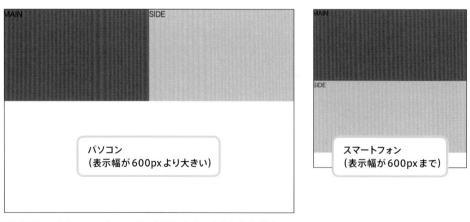

図12-39　さらにレスポンシブに表示を変えるようにした場合

位置を指定するCSS

　要素の位置を指定するCSSは、パラメーターがたくさんあります。がんばって付いてきてください。

■ position

　親要素に対して位置をどのように指定するかを決めます。

```
position : relative;  ……親要素に対する相対位置で指定する
position : absolute;  ……ブラウザ画面に対する絶対位置で指定する
position : fixed;      ……常に固定位置で表示する
```

■ top、left、bottom、right

　各要素のCSS内では、positionでどのように位置を指定するかを決めたうえで、top（上）、left（左）、bottom（下）、right（右）の位置を指定します。

■ transform

　transformは、要素をずらして表示するためのコードです。

```
transform: translate(x,y);
```

のように記述します。

位置を指定するCSSのコード例

ここまで紹介したコードを使って、実際に位置を指定してみます。よく使うコードの代表例として相対位置指定を表すpositionのrelativeを取り上げます。

これまで同様、HTMLには\<body\>内に以下の要素が記述されているという前提で、表示の違いを比較します。

```html
                                                                    HTML
<div class="main">MAIN</div>
<div class="side">SIDE</div>
```

その上で、以下のようなCSSで表示がどうなるかを見てみましょう。

コード12-22　relativeで相対位置を指定するCSS

```css
                                                                     CSS
01    .main{
02        background-color:#666;
03        width:50%;
04        height:100px;
05        position: relative;
06        top:50px;
07        left:50px;
08    }
08
10    .side{
11        background-color:#ccc;
12        width:50%;
13        height:100px;
14        position: relative;
15        top:100px;
16        left:50px;
17    }
```

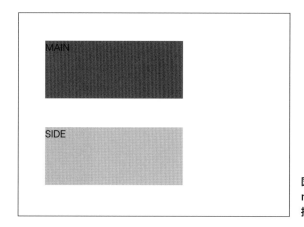

図12-40
relativeで相対位置を
指定した場合の表示

absoluteで位置をしてした場合も見ておきましょう。要素mainのpositionだけabsoluteに書き換えてみました。

コード12-23　absoluteで相対位置を指定するCSS

```css
.main{
    background-color:#666;
    width:50%;
    height:100px;
    position: absolute;
    top:50px;
    left:50px;
}

.side{
    background-color:#ccc;
    width:50%;
    height:100px;
    position: relative;
    top:100px;
    left:50px;
}
```

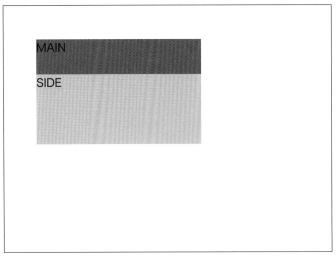

図12-41　mainの相対位置をabsoluteで指定した場合の表示

その他の表示にかかわるCSS

ほかにも使う場面の多いコードがあります。

■ margin

要素の外側に作る余白を設定します。上下左右にそれぞれ個別に余白を設定できます。

```
margin-top
margin-bottom
margin-right
margin-left
```

上下に要素を並べるようなCSSコードに、余白を設定するコードを追加してみます。具体的には上に配置される要素mainの下に50pxの余白を指定しています。

コード12-24　marginで余白を設定したCSS

```css
.main{
    background-color:#666;
    width:100%;
    height:100px;
    margin-bottom:50px;
}

.side{
    background-color:#ccc;
    width:100%;
    height:100px;
}}
```

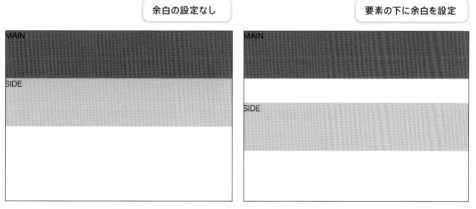

| 余白の設定なし | 要素の下に余白を設定 |

図12-42　余白がある場合とない場合の表示の違い

　値にautoを指定すると、display:block;と組み合わせて、要素を真ん中にするといった使い方ができます。要素mainに対して、以下のCSSを適用します。

```css
.main{

    background-color:#666;

    width:50%;

    height:100px;

    display:block;

    margin:auto;

}
```

その場合は、要素が左右方向で中央に配置されます。

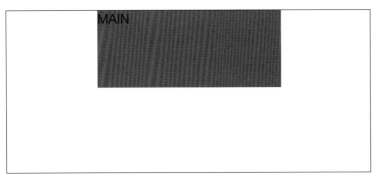

図12-43　marginをautoにした場合は中央に配置される

右揃えも、数値の代わりにautoを値に指定することにより可能です。

```css
.main{

    background-color:#666;

    width:50%;

    height:100px;

    margin-left:auto;

}
```

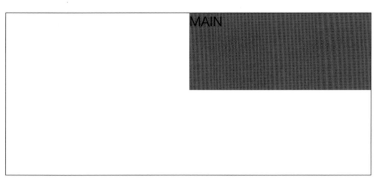

図12-44　margin-left を auto にした場合は右寄せで表示される

■ padding

余白（塗りつぶし）を指定します。

```
padding-top
padding-bottom
padding-left
padding-right
```

　paddingは、marginと同様に余白を設定するものですが、marginは空白を作るのに対し、paddingは「塗りつぶしの範囲」を増やします。実際の例をご覧ください。

　HTMLには要素としてmainとsideがあるとします。

```HTML
<div class="main">MAIN</div>
<div class="side">SIDE</div>
```

　mainの下に塗りつぶした余白を200px分確保するよう、CSSをコーディングしました。

```CSS
.main{
    background-color:#666;
    width:100%;
    height:100px;
    padding-bottom: 200px;
}
```

```
.side{
    background-color:#ccc;
    width:100%;
    height:100px;
}
```

図12-45　mainの下側に200pxの余白が表示された

非表示と透明度のCSS

　CSSで要素ごとに非表示や透明度の設定ができます。非表示は、レスポンシブと組み合わせることもあります。たとえば、改行 (<br>) に対してスマートフォンの表示幅のときのみ非表示にするといった使い方が代表例です。

　主な設定にはdisplay、visibility、opacityを使った3通りがありますが、それぞれふるまいが異なります。

■ display : none;

　要素自体を非表示にするコードです。表示するときと対比させると覚えやすいでしょう。

294

```
display : block; ……表示
display : none; ……非表示
```

displayでnoneを指定すると「その要素が存在しなかった」のと同じふるまいになります。

■ visibility : hidden

visibilityでの設定は、要素自体はデータとして残しますが、ユーザーからは見えないし、触れない状態にします。

```
visibility : visible; ……表示
visibility : hidden; ……非表示
```

■ opacity

これは透明度を設定するコードです。opacity:の値を0から1の間の小数で設定すると半透明になります。0を指定すると完全な透明になります。が、透明になることで「要素が見えないだけで、触れられる」状態になります。例えば、<a>タグなどで設置したボタンをopacityで透明にしても、リンクは有効です。

```
opacity : 1;……表示
opacity : 0.5;  ……半透明
opacity : 0;……非表示
```

表示順序を指定するCSS

<div>タグで記述した要素は、基本的にはHTMLに記述した順に表示されます。このため、重複する範囲がある要素同士の場合、あとから記述した要素が上に重なって表示されます。しかしながら、CSSの側で要素の順番を指定することもできます。

■ z-index

z-indexは要素の表示順をしていするためのコードです。z-indexの値が高い順に上から表示してくれます。z-indexがない要素が混在している場合、ある方を優先します。つまり、z-indexの値が高い→z-indexの値が低い→z-indexがない、という順で表示されることになります。

次のようなHTMLがあったとします。

```html
<div class="main">MAIN</div>
<div class="side">SIDE</div>
```

このHTMLに次のようなCSSを適用します。

```css
.main{
    background-color:#666;
    width:50%;
    height:100px;
    position: relative;
}

.side{
    background-color:#ccc;
    width:50%;
    height:100px;
    position: relative;
    margin-top: -50px;
}
```

このように特にz-indexを指定しなければ、mainが先に表示され、sideが次に、つまり上に表示されます。わざと重ねるような位置を指定している[*2]ため、mainの上にsideが重なっています。

[*2] .sideのmargin-topに-50pixを指定したことにより、mainの下に50px分浸食するように重なります。

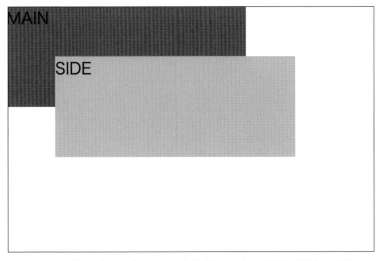

図12-46　いずれの要素にもz-indexを設定していないCSSを適用した表示

これに対してCSSでmainにz-indexを設定します。sideには設定しないので、mainが上に表示されるように順番を変えられます。

コード12-25　z-indexで重なり順を設定したCSS

```css
01  .main{
02      background-color:#666;
03      width:50%;
04      height:100px;
05      z-index:10;
06  }
07
08  .side{
09      background-color:#ccc;
10      width:50%;
11      height:100px;
12      margin-top: -50px;
13      margin-left:50px;
14  }
```

図12-47　mainに対してz-indexを設定したCSSの表示

文字とフォントの基本的なCSS

ここからは文字とフォントに関するCSSを見ていきますが、その前にフォントで準備が必要です。

デザインにおいてフォントは重要です。一方で、Webブラウザーやデバイスごとに、使えるフォントが変わってしまうとデザインの表現が十分にできないことがあります。さまざまなフォントを自由にサイトに取り込めると、表現がより充実します。そこで、Webデザインの観点からWebフォントを追加することを考えてみましょう。

Webフォントとは、Web上でページを閲覧する際に使えるフォントのことです。GoogleやAdobeがWebフォントを提供するサービスがあり、HTMLとCSSのそれぞれにコードを埋め込むだけで使うことができます。ここでは、無料で簡単に使えるGoogle Fontsの導入の仕方についてご紹介します。

といっても、フォント用のファイルをデザイナーもしくはユーザーがダウンロードする必要はありません。Webフォントを表示するためのHTMLおよびCSSのコードがWebフォントの提供サービスに用意されており、このコードをWebサイト側で適切に追記します。Webブラウザーはこのコードを参照して、Webフォントのサーバーからフォント本体をダウンロードし、Webページの表示に利用します。

Google Fontsを導入する

まずGoogle FontsのWebページ (https://googlefonts.github.io/japanese/) にアクセスし、導入したいフォントをクリックします。

図12-48 Google Fonts のページ (https://googlefonts.github.io/japanese/) で Web フォントを選ぶ

　各フォントのページが開くと、右サイドバーに Web フォントを利用するための HTML と CSS が表示されるので、これをそれぞれコピーします。

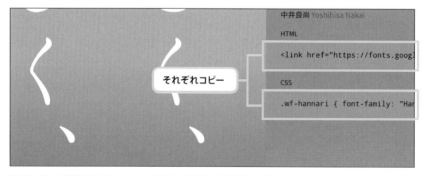

図12-49 選択した Web フォント用の HTML と CSS をコピーする

　HTML のコードは、CSS のリンクを指定するコードです。HTML データの <head> と </head> の間に <link〜> のコードを貼り付けます。

コード12-26　コピーしたHTML用のコードを、手元のHTMLの <header> 内に記述する

```css
01  <head>
02      <meta charset="UTF-8">
03      <meta http-equiv="X-UA-Compatible" content="IE=edge">
04      <meta name="viewport" content="width=device-width, initial-
                                                    scale=1.0">
05      <title>Document</title>
06      <link href="https://unpkg.com/sanitize.css" rel="stylesheet"/>
07      <link href="/css/style.css" rel="stylesheet"/>
08      <link href="https://fonts.googleapis.com/earlyaccess/hannari.
                                    css" rel="stylesheet">
09  </head>
```

　CSSのコードは、対象の要素に追加してWebフォントを適用させます。たとえば、<p>で記述した要素にWebフォントを使う場合は、

```css
p {
    font-family: "Hannari";
}
```

　といったコードを追加します。これにより、ユーザーの環境にないフォントもWebページで利用できるようになります。

あたらしいフォントを導入しました！

図12-50　Webフォントを読み込んだWebページの表示例

ただし、日本語フォントでも「かな」のみで漢字は用意されていないフォント、もしくは漢字は一部のみしかデータがないフォントもあります。Webフォントを利用する場合は、十分確認してください。

Google以外にも、有料ながらAdobe Fonts (https://fonts.adobe.com/) というAdobeのサービスでも同様のことができます。IllustratorやPhotoshopの利用で、Adobe Creative Cloudに加入していれば追加料金なしで利用できます。もしCreative Cloudのユーザーであれば、ぜひ試してみてください。

テキストのデザインに関するCSS

文字の見せ方は、デザインのかなりの割合を占めるためとても重要です。一方で、難しい話はないので、要点だけ一度頭に入れておいたら十分使いこなせると思います。これからサイト制作を始めるなら、以下のコードでいろいろ試してみてください。

■ color

文字色を設定するためのコードです。カラーコード (#FF0000など) や、色名 (redなど) で値を指定します。次のコードは、<p>タグの要素に含まれるテキストを赤で表示するCSSです。

```css
p {
    color: #FF0000;
}
```

サンプルテキスト

図12-51　color:#FF0000で指定したテキストの表示

■ font-size

　文字サイズを指定します。値はピクセル数で示すため、数値に単位としてpxを付けて記述します。

```css
p {
    font-size: 20px;
}
```

サンプルテキスト

図12-52　font-size: 20pxで指定したテキストの表示

■ font-weight

　文字の太さを指定します。シンプルな太字（bold）や、親要素に対する太さ（lighter、bolder）、あるいは100〜900までの数値（単位不要）などで設定できます。太さが3段階以上あるフォントでは、数値で設定したするのが確実です。

```css
p {
    font-weight: bold;
}
```

サンプルテキスト

図12-53　font-weight: boldで指定したテキストの表示

■ text-decoration

　テキストを装飾するときのコードです。下線を付けたり、取り消し線を付けたり、そのとき
の線の色を個別に設定したりといったことができます。ここでは、アンダーラインを付ける
underline の場合を見てください。

```css
p {
    text-decoration:underline;
}
```

サンプルテキスト

図12-54　text-decoration:underline で指定したテキストの表示

■ tline-height

　テキストを表示するときの行間を設定します。値はピクセル数で指定します。

```css
p{
    line-height:30px;
}
```

サンプルテキスト

サンプルテキスト

図12-55　行間を 30px に設定したテキストの表示

■ letter-spacing

文字の間隔を指定します。

```css
p{
    letter-spacing: 12px;
}
```

サ ン プ ル テ キ ス ト

図12-56　文字と文字の間を12px空けるように設定したテキストの表示

要素の背景と境界線のCSS

■ background-color

要素の背景色を設定するコードです。

```css
p{
    background-color: #ff0000;
}
```

図12-57　要素の背景を赤で塗りつぶすように設定した場合の表示

■ background-image

背景画像を設定するコードです。値として背景画像のURLを

```
url("https://〜〜〜.com/image/img.jpg")
```

という書式で指定します。CSSでは以下のようなコードになります。

```css
p{
    background-image:url("https://〜.com/image/img.jpg");
}
```

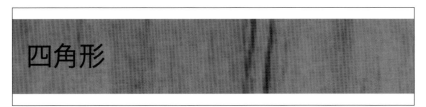

図12-58　背景に画像を設定した場合の表示

背景画像に設定を加えるCSS

■ background-size

　背景画像のサイズを指定します。値にはさまざまな指定方法があります。レスポンシブ対応で画像をデバイスに合わせて適切に拡大・縮小するといった場合に、background-sizeの設定は重要です。

　よく使う記述には以下のようなものがあります。

・%　　　……要素の大きさに対する比率で指定できます（例：100%）
・cover　　……要素の大きさに画像を合わせて背景いっぱいに表示します
・contain　……要素のサイズに合わせて画像を収めるように表示します

```css
p{
    background-image:url("https://〜.com/image/img.jpg");
    background-size:cover;
}
```

四角形

図12-59　背景に画像を設定した場合の表示

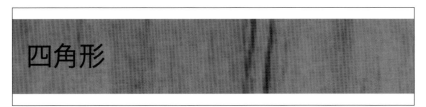

■ background-repeat

　背景に指定した画像を、背景が埋め尽くされるまで繰り返し並べて表示する設定のためのコードです。ただし、背景の画像サイズを指定する際、要素全体に表示するように記述（background-size:cover;）している場合は働きません。

　背景に対して小さい画像を背景に指定した場合、CSSで何も指定していなくてもデフォルトでは自動的に繰り返し並べて表示されます。

　画面サイズに合わせて要素の横幅や高さを変化させる場合、意図せず背景画像がタイル表示になってしまうことがあります。これを避けたいときには、値にno-repeatを設定します。

```css
p{
    background-image:url("https://～.com/image/img.jpg");
    background-size:contain;
    background-repeat:no-repeat;
}
```

図12-60　背景画像の繰り返しをしないように設定した場合の表示

■ background- position

　背景画像の位置を指定します。要素自体の表示位置には影響しません。要素の背景に対して、背景画像のみに位置が反映されます。

```css
                                                              CSS
p{
    background-image:url("https://～.com/image/img.jpg");
    background-size:contain;
    background-repeat:no-repeat;
    background-position:center;
}
```

図12-61　背景画像を要素に対して左右の中心に設定した場合の表示

境界線を設定するCSS

　要素全体を線で囲むことができます。横幅は、文字列の長さに関わりなく文字列が最大限並んだときの幅になります。

　borderだと上下左右に線を描き、border-top、border-leftなどで指定すれば、特定の一辺だけに設定することもできます。

　また、線の種類も指定できます。solidで普通の線、dottedで破線、doubleで二重線などに変えられます。

　次のコードは、<p>タグで表示されるテキストに対して、普通の線で、太さ1px、色はグレーの線で囲む記述の例です。

```css
                                                              CSS
p{
    border: solid 1px #666;
}
```

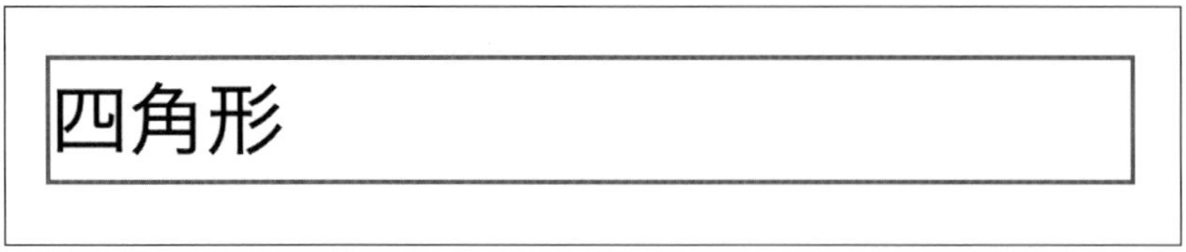

四角形

図12-62　border: solid 1px #666の表示

複数のパラメーターがある場合は、このようにスペースで区切って列挙します。
次に、実践で囲んでいるのを破線（点線）に変えてみましょう。

```css
p{
    border: dotted 1px #666;
}
```

四角形

図12-63　border: dotted 1px #666の表示

続いて、テキストの下側だけに線を引く場合のコードも見てください。

```css
p{
    border-bottom: solid 1px #666;
}
```

四角形

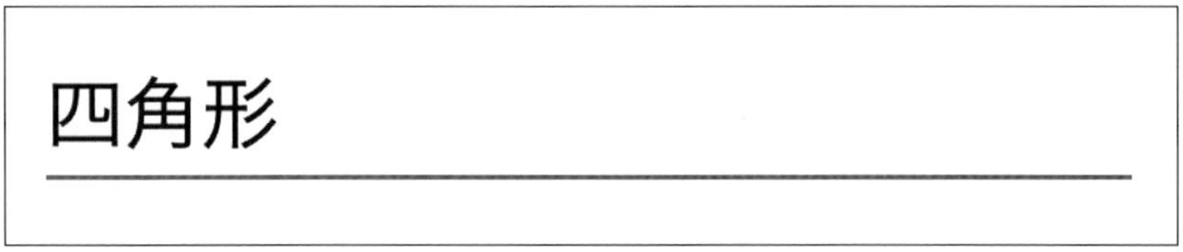

図12-64　border-bottom: solid 1px #666の表示

その他の便利なCSS

グラフィック効果を加えるCSS

■ filter

filterを使うと、画像を作らなくてもテキストなどにグラフィック効果を加えることができます。使い方は以下の通りです。

```
filter: drop-shadow(〜);   ……影を付ける
filter: blur(〜);          ……ぼかす
```

drop-shadowは、要素内のテキストなどにドロップシャドウを付けます。blurはテキスト自体をぼかせます。

まずドロップシャドウのコードに対して、どのように表示されるか確かめてみましょう。

```css
p{
    filter: drop-shadow(10px 5px 4px #666666);
}
```

ここでdrop-shadowの引数として記述している

```
10px 5px 4px #666666
```

は順に、水平方向のオフセット量（X座標）、垂直方向のオフセット量（Y座標）、ぼかしの大きさおよび色を示しています。

四角形

図12-65　ドロップシャドウを設定した場合の表示

　blurの引数に入力する数値は、ぼかしの半径です。px、%、vwなどなどの単位を付けて設定します。

```css
p{
    filter: blur(5px);
}
```

図12-66　ぼかしを設定した場合の表示

疑似要素を作るCSS

　HTMLでは何もコーディングしていなくとも、特定の要素に対してCSSのみで別の要素を追加することができます。HTMLでの記述ではないので正確には要素ではありません。ただし、CSS上では要素がHTMLに記述されているときと同じように扱えるため、擬似的に要素を追加したものとして扱えます。そのときに使うのが次のコードです。

```
:after{content:'AAAA';}      …要素の次に「AAAA」を表示する
:before{content:'AAAA';}     …要素の前に「AAAA」を表示する
```

　実際にどのようなコードになるのかを見ないとわかりにくいかもしれません。次のようなHTMLがあるとします。

```
<p>四角形</p>
```

CSSでは次のように記述してみました。そのときの表示も合わせて見てください。

```css
p:after{
    content:'新しい要素';
}
```

四角形新しい要素

図12-67　afterを使って擬似的にテキスト要素を追加した場合の表示

■ 図形を CSS で追加する

　追加するのはテキストばかりでなく図形も可能です。その場合は、contentを空白 ('') にし、縦横の長さを設定して、ブロック化 (display:block;) するコードも合わせて記述します。

```css
p:after{
    content:'';
    display: block;
    width:50px;
    height:50px;
    background-color:#666666;
}
```

図12-68　afterを使って図形要素を追加した場合の表示

　使い方の例としては、たとえば、記事タイトルや箇条書きなど、ポイントとなる文字に装飾をすることで、サイト全体のデザイン性を上げるといった使い方ができます。

```css
p:before{
    content:'';
    display: inline-block;
    width:0.8em;
    height:0.8em;
    margin-right:0.5em;
    background-color:#646262;
}
```

　このコードではdisplayの値をinline-blockにすることで、テキストと同じ行に表示するようにしました。これをWebブラウザーで表示すると、HTMLに記述したテキストの前に四角が表示されるようになります。画像を使わなくても、見出しらしく強調できました。

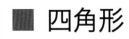

図12-69　inline-blockとして図形要素を追加した場合の表示

要素を変形させるCSS

特定の要素に対して縦横の長さを指定し、背景を設定すると四角形として表現されますが、それ以外の形も作り出すことができます。

■ border-radius

角丸を設定できます。角から丸める範囲を数値で設定するので、要素の縦横の長さを同じにして、border-radiusでその長さの半分を設定すると、正円を表現することができます。

```css
p{
    width:100px;
    height:100px;
    background-color: #eeeeee;
    line-height: 100px;
    text-align: center;
    border-radius: 50px;
}
```

図12-70　border-radiusで正円を表現したところ

■ clip-path

　自由な形状に、要素を切り抜くことができます。要素に画像を読み込めば、画像自体を編集しなくても任意の形に変えたような表示が可能です。「クリップパスメーカー」(https://bennettfeely.com/clippy/) のような Web サイトを使うと、たくさんの形状の中から簡単に切り抜き用のコードを生成することができます。

```css
p{
    width:100px;
    height:100px;
    background-color: #eeeeee;
    line-height: 100px;
    text-align:center;
    clip-path: polygon(50% 0%, 61% 35%, 98% 35%, 68% 57%, 79% 91%, 50% 70%, 21% 91%, 32% 57%, 2% 35%, 39% 35%);
}
```

図12-71　clip-pathで要素の背景を星形に切り抜いた

テキストスクロール用のCSS

JavaScriptなどのプログラムを作らなくても、CSSだけで動的な表現やアニメーションが可能です。ここではそうした表現に向くコードをいくつか紹介します。

まず、テキストが要素のサイズからあふれてしまう場合のコードから見てみましょう。

■ overflow: hidden;

要素からテキストがはみ出たときは、はみ出した分を非表示にしたり、画面内にスクロール領域を作って全文を読める用にする設定があります。

まず、はみ出し分を非表示にするコードが

```
overflow: hidden;
```

です。記事一覧のページなど、長いタイトルがあったときにはみ出し分を非表示にして見た目を整えるといった目的で使います。

例えば、HTMLでテキストを

```
<p>テキストテキストテキストテキスト</p>
```

と挿入したときに、次のようなCSSを適用すると、要素に収まる分だけしか表示されなくなります。

```
                                              CSS
p{
    margin:10px;
    width:100px;
    height:50px;
    background-color: #eeeeee;
    overflow: hidden;
}
```

図12-72　あふれる文字を非表示にした

　テキストを要素の横幅に合わせて強制的に1行にしてしまうコードもあります。この場合、表示される最後の文字は「…」に書き換えられ、その先があることを示すことができるようになっています。

```css
p{  margin:10px;
    width:100px;
    height:50px;
    background-color: #eeeeee;
    overflow: hidden;
    text-overflow: ellipsis;
    white-space: nowrap;
}
```

図12-73　強制的に1行で表示を打ち切ったところ

■ overflow-x: scroll／overflow-y: scroll

　問い合わせフォームの個人情報取扱についての告知などのように、ページ内に縦スクロールを設けて長文のテキストを読めるようにしたり、たくさんの画像を横に並べて横スクロールさせて見せたいときなどに使うコードです。縦のスクロール、横のスクロールをそれぞれ記述します。

```
overflow-x: scroll;　……横スクロール

overflow-y: scroll;　……縦スクロール
```

　実際にCSSに実装したコードを見てください。

```css
p{

    margin:10px;

    width:100px;

    height:50px;

    background-color: #eeeeee;

    overflow-y: scroll;

}
```

テキストテキ
ストテキスト　　縦スクロール

図12-74　テキストが要素のサイズからあふれた場合はスクロールできるようにしたときの表示

　同じHTML／CSSで、横スクロールを設定した場合のコードと表示も見てください。

```css
                                                                    CSS
p{
    margin:10px;

    width:100px;

    height:50px;

    background-color: #eeeeee;

    white-space: nowrap;

    overflow-x: scroll;

}
```

図 12-75　テキストを横スクロールで読めるようにしたときの表示

表示に動きを付ける CSS

　マウスポインターを動かしたり、クリックしたりといった操作に応じて表示を変える、あるいはアニメーション表示をするといったように、表示に動きを付けることができる CSS もあります。

■ hover

　ユーザーの操作に応じて表示を変化させる CSS という点では、最も使われているコードかもしれません。

　要素にマウスポインターを載せた状態のことを「ホバー」（hover）といいます。このときだけに適用するデザインを設定することができます。ホバーでボタンの色を変えたり、影が濃くして浮いたように見せるなど、インタラクティブな表現をすることができます。

　また、hover を記述する要素に transition を記述し、秒数をしていることで、変化の所要時間を設定できます。これにより、ふわっと変化する様子を表現できます。

```css
a{

    margin:10px;

    display: block;

    width:100px;

    line-height:50px;

    text-align: center;

    text-decoration: none;

    color:#ffffff;

    background-color: #000000;

    transition: 0.3s;

}


a:hover{

 color:#000000;

 background-color: #ffffff;

}
```

CSS

ホバーのときにどう変化させるのかは、要素に対するCSSとは別に

```css
a:hover{
```

で始まる記述で設定します。このCSSを表示してみましょう。

図12-76　マウスポインターの動きにより、通常の表示とホバーの表示が切り替わる

アニメーションのCSS

■ @keyframes

　CSSだけでも、一定の間隔で要素に変化を加えることで簡単にアニメーションを実現することができます。要素にアニメーション名（animation-name）と表示を切り替えるまでの時間（animation-duration）を、@keyframesでアニメーション名と、時間指定（0%、100%など）、その時点でのデザイン設定を記述します。

　たとえば、5秒間のアニメーションをする場合は

```css
p{
    animation-name: [アニメーション名];
    animation-duration:5s;
}


@keyframes [アニメーション名]{
    0%{
    /*変化前のデザイン*/
    }
    100%{
    /*変化後のデザイン*/
    }
}
```

のようになります。時間指定は、複数の値（0%、1%など）を自由に設定できます。この値に応じた透明度、色、位置などを指定することによって、フェードイン、色変化、位置変化などを簡単に実装することができます。

　具体例で見てみましょう。次のようなHTMLを用意します。

```
<p>アニメーション</p>
```

これに以下のCSSを関連付けます。

```css
p{
    animation-name: animation;
    animation-duration:5s;
}


@keyframes animation{
    0% {
        opacity: 0;
    }
    100% {
        opacity: 1;
    }
}
```

　これにより、ページを開くと「アニメーション」という文字がまったく表示されていない状態（透明度100％）からだんだん濃い色になってきて、5秒かけて通常の表示（透明度0％）になるようなアニメーションになります。

図12-77　文字がだんだん読めるように色が付いてくるようなアニメーション表現

要素を指定するCSS

　実際のWebサイト案件ではデザインするうえで、たくさんの要素を記述することになります。そのすべてにクラスやIDを付ける必要はないこともあります。とはいえ、命名の面倒は避けたいものの、特定の要素を指定して個別のCSSコードを適用したい場面も確実にあります。そこで、必ずしもクラス名、ID名を付けなくても、特定の要素を指定するコードを知っておくと便利です。

　要素が入れ子の構造になっているのか、同じ階層になっているのかで、指定の方法が変わってきます。まず、同じ階層の複数の要素から、特定の要素を指定する方法から見ていきましょう。

■ 何番目の要素かを示すCSS

```
:first-child      ……最初の要素
:last-child       ……最後の要素
:nth-child(数値) ……何番目かを数値で指定
```

　これは、同じ階層に並んだ要素のうち「何番目の要素」かを指定するコードです。たとえばHTMLでは

```
HTML
<p>要素1</p>
<p>要素2</p>
<p>要素3</p>
```

のようにコーディングしてあるとき、この中の2番目の要素だけを指定して適用したいCSSを記述するときは

```css
p{
    margin:10px;
    font-size:14px;
}


p:nth-child(2){
    font-size:24px;
}
```

といったように記述します。これをWebブラウザーで表示すると、2番目のテキストだけ文字サイズが変わっていることがわかります。

要素1

要素2

要素3

図12-78
2番目の要素だけCSSで文字
サイズを変えてある

■ 入れ子の子要素を指定するCSS

HTMLでは要素が多重の入れ子構造になっているような場合、ある要素の直下の要素を指定したいときに使います。たとえば、divの直下のp要素を指定する場合は

```
div>p
```

のようになります。必ずしも直下の要素しか指定できないわけではありません。

```
div>div>p
```

のように階層を順々に並べて記述することで、複数の階層をまたいで指定することも可能です。

以下のようなHTMLを考えてみましょう。

```css
<div class="elm">
    <p>要素1</p>
    <div>
        <p>要素2</p>
    </div>
</div>
```

ここでクラスelmの直下にある<p>で記述された要素をクラス名を使わずに指定し、文字サイズを24pxにしてみます。

```css
p{
    margin:10px;
}


.elm>p{
    font-size:24px;
}
```

要素1

要素2

図12-79　最初のテキスト要素だけ文字サイズが24pxになった

クラス名の付け方

　HTML、CSSをコーディングする際には、必ずと言っていいほどクラス名、ID名の指定が必要になります。その都度、新しいクラス名を考えるのは、正直なところ面倒で大変です。しかしながら、複数のメンバーで開発を進めていくプロジェクトでは、どのようなルールで命名するかには一定のルールが必要です。また、一人ですべて担当する場合でも、命名に神経を使わずに、ルールに従って機械的に作れれば楽になります。

　こうした命名には「BEM」「スネークケース」「パスカルケース」「キャメルケース」など、「覚えやすくて使いやすい」と定評がある命名設計法があります。ここでは詳細な手法については踏み込みませんが、困ったときにはどういった決まりにすればいいか、ヒントにしてみるといいでしょう。

HTML／CSSに役立つ必須ツール

　HTML／CSSの知識はあればあるだけ役に立ちますが、覚えなければならないことに追われると仕事をはじめるどころではありません。ここでは、そうした負担を軽減するのに役立つ、手軽で簡単に使える開発支援ツールをご紹介します。いずれも実装の心強い味方になってくれること間違いなしです。

プレビューの強力な味方！ ブラウザーの開発者向けツール

　通常、コーディングなどの開発作業はパソコンを使うことがほとんどでしょう。とはいえ、スマートフォンやタブレットなど、さまざまなデバイスでの見え方を確認したり、HTMLの入れ子構造を確認したりといった作業は頻繁に発生します。そのたびごとにそれぞれのデバイスで確認するのは面倒です。そこでWebブラウザーに備えられた開発者向け機能を使いましょう。HTMLやCSS自体を直接編集して、変更内容を検証できたりします[*3]。

　ここではChromeを例に、開発者向けツールの使い方を説明します。

　まずプレビューしたいHTMLデータを開きます。表示されたら、ページ内の要素がないところを右クリックします。開いたメニューから「検証」を選ぶと、ウィンドウ右側にさまざまな機能を持つ開発者向けのサイドバーが表示されます。

　＊3　Webブラウザーが読み込んでいるデータをブラウザー内で変更するだけで、元のHTML自体を編集するわけではありません。

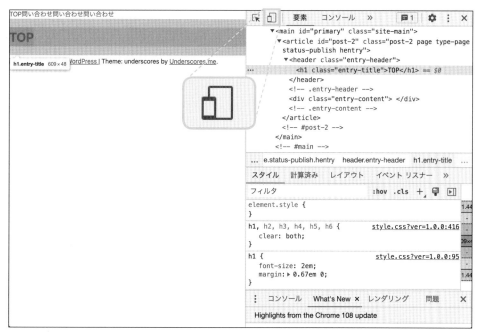

図12-80　Chromeでプレビューを表示したら、ページ内で右クリックして「検証」を選ぶ。するとウィンドウ右側に開発者向けツールが表示される

　ここで「Toggle Device Toolbar」ボタンをクリックすると、ウィンドウ左に表示されていたHTMLの表示が、他のデバイスで表示したときのプレビューに切り替わります。ボタンを押すごとにスマートフォンでのプレビュー、現在の環境でのプレビューに切り替わります。

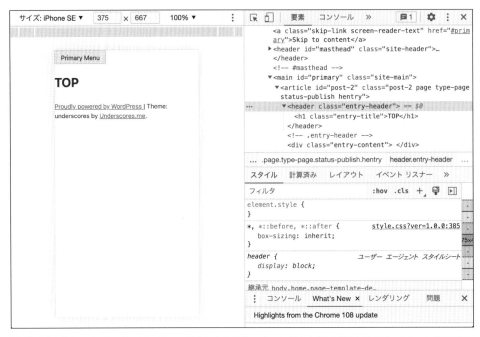

図12-81 「Toggle Device Toolbar」ボタンを押すと、ウィンドウ左側の表示がスマートフォンを想定した画面でのプレビューに切り替わる

フォルダ内の全ファイルの文字列を一発置換

　たとえばサイト移行などをするときに、全ファイルに記述されているサイト内リンクをすべて書き換えなくてはならないといったケースがあります。変更点が複数のページにまたがっているとき、1ファイルずつHTMLデータを編集するのは面倒ですし、ミスも起きやすくなります。ファイル数が多ければ、単純なテキスト書き換えだけで相当な時間を取られます。

　そういうときには、Grep置換に対応したエディタやマルチファイル置換ツールを活用しましょう。フォルダの中に入っている全ファイルの内容をチェックして、変更しなければならない文字列を発見、すべて自動で置き換えることができます。どのファイルに該当する文字列があるかわからないような場合、人の手でやるにはすべてのファイルを開いて確認する必要がありますが、ツールに頼れば変更が必要なファイルを見つけるところもツール任せにできます。

　こうした機能を持つエディタには、Windows用なら「さくらエディタ」（https://sakura-editor.github.io/）、macOS用なら「mi」（https://www.mimikaki.net/）などがお薦めです。

さくらエディタの場合は「検索」メニューを開いて「Grep置換」、miの場合は「検索」メニューを開いて「マルチファイル置換」を選ぶと、一括置換が可能です。

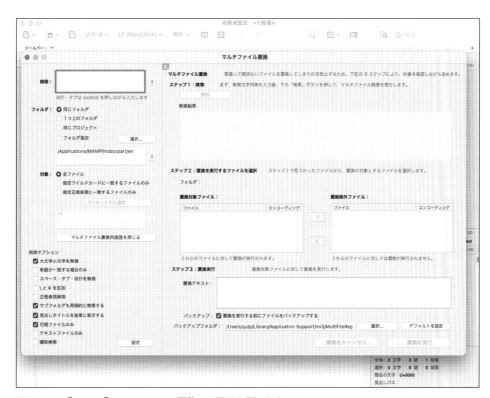

図12-82　「mi」で「マルチファイル置換」の画面を開いたところ

2ファイルの差分を手軽に抽出

たとえば新旧のファイルの内容の違いを確認したいといったときに便利なのが、テキストファイルの差分を抽出してくれる「diffff《デュフフ》」(以下 diffff) です。インストール不要で、Web上のサービスとして提供されているのですぐに利用できます。

diffffのウェブページ (https://difff.jp/) を開き、左右のテキストボックスに比較したいHTMLもしくはCSSのコードをそれぞれコピーします。それから「比較する」ボタンを押すと、一致しなかった部分が左右のテキストでそれぞれどこにあるのかをひと目でわかるように表示してくれます。

図12-83 「diffff」で2種類のテキストデータのどこに違いがあるかを手早く見つける

コーディングのスキルを身に付けるには

　コーディングの実力を付けるには、とにかくいろいろなレイアウトを作ってみることです。まずは、簡単でシンプルなものから慣れていき、徐々に複雑なものに挑戦していきましょう。ここでは、コーディングの練習素材を用意しました。これを足がかりに、スキルアップしていただければと思います。

　正しくコーディングできたかどうかは、思った通りのレイアウトになったかどうかが基準です。自分で確認して目的のレイアウトが実現できていれば、それが正解です。

■ 配置の基礎練習

　まず丸描いて、これを意図した場所に配置します。数を増やしていくと、CSSの位置指定のコーディングも変わってきます。配置できたら、Webブラウザーで表示をチェックし、さらにスマートフォンでもパソコンでも表示が崩れないよう、レスポンシブ対応にもチャレンジしましょう。

　コードをどう変えると、表示がどう変わるのか、実際にコーディング→プレビューを繰り返すことで、こういうときはこういうコードを書くというパターンがだんだんわかってきます。

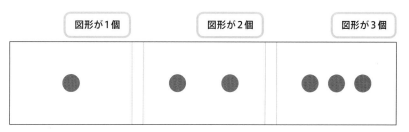

図12-84　丸い図形を中央に配置するようHTMLおよびCSSを作る練習。図形の数を増やしていくと、どうコードを変わるかを試してみよう

■ よく使われる配置を練習

　実際のWebページで使える配置をマスターしましょう。上下や左右にボックスを並べるレイアウトは、Webサイトの基本レイアウトです。それぞれのボックスの中に、さらに入れ子でさまざまな要素を配置していく形で、ほとんどのWeb

サイトのデザインを表現できます。

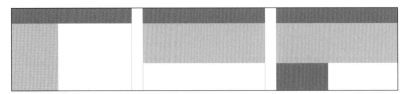

図12-85　上下にヘッダーもしくはフッター、ヘッダーの下にコンテンツ用のボックスを
　　　　　並べるといったように、実際のWebページで使われるような配置を自分で
　　　　　記述する練習をしてみよう

■ レスポンシブデザインの練習

　メディアクエリを使って、600pxを境にボックスの配置が変わるデザインを表
現してみましょう。たとえば、ヘッダーとその下に2種類のボックスを配置しま
す。スマートフォン向けには、ヘッダーも含めて3つのボックスを縦に並べ、パソ
コンなどのデバイスでは、ヘッダーの下に残る2つのボックスを左右に並べるよ
うに配置します。そのためには、どのようにHTMLとCSSを記述しますか？

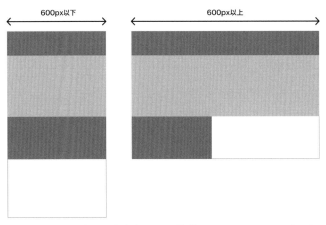

図12-86　レスポンシブデザインにも挑戦してみよう。たとえば、ディ
　　　　　スプレイ幅600pxを境に、小さい画面では縦にボックスが
　　　　　並ぶデザイン、大きい画面ではヘッダーと左右に並ぶボッ
　　　　　クスというレイアウトにと切り替えられるようHTMLおよ
　　　　　びCSSを作成する

(12)

■ 実際のコードを"読む""模写する"

　ここで示した例題では物足りなくなってきたら、さまざまなサイトではどのようにコーディングしているのか、HTMLソースを見てみるとか、それを模写したりとか、表示のほうを入り口にソースを確認するのもスキルアップに有効です。自分で先にデザインを考え、それをHTMLとCSSで再現できるようになれば、力が付いたと言えるでしょう。継続あるのみ。数をこなせばそれだけ実力は付いてきます。どんな案件にも対応できる実力を目指しましょう。

実際にWebページをコーディングするには

　練習であれ、案件であれ、ゼロからWebページをコーディングする際は、どのように手を付けたら迷うことが多々あるでしょう。まずは、細かいコードはあとから書き足すことにして、大まかにどのような要素をどのように並べるか、構成を考えながらHTMLの骨格を書き出してみると、自然と頭が整理されます。HTMLはさまざまなタグを入れ子で組み合わせた構造になります。大まかなところから徐々に細かく構成を書き出していくと、タグやクラス名、ID名をどこに付ければいいかが見えてきます。

　そこまで来れば、自然とコードが完成に近づいているはずです。クラス名は可能な限りBEMやFLOCSSなど、多くのサイトで取り入れられている命名規則を取り入れていきましょう。順番としては、このようにHTMLを先に作り上げ、最後にCSSでデザインを設定するという手順のほうがスムーズに進められるはずです。

　このようにコーディングを効率的に行うには、HTML、CSSを同時並行で書くのではなく、HTMLを書いてからCSSを書いたほうが早くゴールに到達できると考えています。どこから手を付けていいか迷うようなときは、HTMLから先に始めてみてください。

CHAPTER 13

WordPress の基本

Webサイトを構築するうえでWordPressは必須の基盤となっています。WordPressは、世界で最も多くのサイトで使われている、CMS (Contents Management System) です。記事や画像などのコンテンツを管理するためのソフトウェアです。ブログなどのサービスで使われているシステムとして聞いたことがある人もいるかもしれません。CMSあるいはWordPressについては、ざっくり「いくらでもカスタマイズできるブログ」くらいのイメージでOKです。

　たとえば、アメーバブログ (アメブロ) やnoteなどのサービスを使ったことがある人なら、記事閲覧ページとは別に、記事投稿の画面があることをご存じでしょう。ここで投稿する本文テキストは、完全なHTMLやCSSで記述するわけではありません。簡易的なタグを記述するくらいで、プレーンなテキストにかなり近い状態のデータを登録します。ところが、こうしたテキストは記事としてHTMLやCSSなどできちんとデザインされて表示されます。このようにコンテンツの登録と管理、そしてあらかじめ決められたデザインになるようなコードに変換して記事を提供するところまでをすべて引き受けてくれるのがCMSです。直接、HTML、CSS自体を書けなくても、記事を追加、編集できる仕組みを持っています。

　そして、ブログにもさまざまなテンプレートが用意されていて、記事に合った見た目を選択できると思います。WordPressに代表されるCMSは、このテンプレート自体、のみならず問い合わせフォームなどの機能も追加・編集できる万能ツールなのです。

　「WebデザイナーなのにWordPressを使えないといけないの?」と思う人もいるかもしれません。これまで何度かご説明してきましたが、WebデザイナーにWebサイトの相談をしてくるクライアントは、Webページのデザインだけを求めているとは限りません。すでにサーバー環境は用意されており、Webページを用意するだけという案件は実はそれほど多くはありません。そういう場合でもWordPressで環境がすでに作られているということも頻繁にあります。環境を作るところから必要な案件を引き受けざるを得ないことも多く、Webデザイナーとして仕事をしていくとすれば、WordPressとの付き合いは必然となります。ぜひ早い段階でWordPressに慣れ、使いこなせるまでを目指しましょう。

WordPressを使うメリット

WordPressは、オープンソースで開発されたCMSです。無料で利用することができ、無制限ですべての機能を使用できます[*1]。コーポレートサイトやLP、ブログなどさまざまなWebサイトで使用できる高い汎用性、多種多様な機能を提供する豊富なプラグインに加え、日本語での情報がネット上で公開されているので、CMSの中では初心者にとって最もハードルが低いといえます。

HTML、CSSで記述したデータのみでWebサイトを構築することを「フルスクラッチ」と言いますが、それと比較してWordPressを使った構築が異なるのは、大きく3点あると言えるでしょう。

❶ 必要な機能に応じて柔軟に対応できる

たとえば問い合わせフォームをフルスクラッチで実装するには、PHPやJavaScriptの知識が必要になってきます。ところが、WordPressの場合は問い合わせフォーム用のプラグインを導入することにより、ローコードで実装することができます。問い合わせフォームには問い合わせフォームの具体的な実装方法については、このあとで解説します。

❷ 記事一覧の機能が用意されている

たとえばコーポレートサイトであれば、お知らせ（ニュース）やニュースリリース、コラム（ブログ）、商品紹介、イベントなどの記事をたくさん公開することになるでしょう。分類ごとに公開記事の一覧ページ作るといったときも、簡単に実装できます。その場合、WordPressに用意されているPHPファイルをカスタマイズすることになるため、PHPやWP_Queryの知識が必要となりますが、それほど高度な知識が必要なわけではありません。必要な基本構文さえおさえておけば、比較的簡単に実装することができます。

❸ 誰でも編集できる環境を作れる

コーポレートサイトであっても、一般的なブログサービスのように登録した情報をあらじめ用意しておいたテンプレートをもとに編集できる環境を作れます。クライアントによってはコンテンツの追加や編集作業を、HTMLやCSSの扱いに慣れていない自社スタッフで

[*1] すべての機能を利用するには、WordPress以外のサーバー環境を整える必要があります。

も編集できるようにしたいという要望されることがよくあります。そういったオーダーにも WordPress の入力画面を流用することで対応できます。

　ただし、その場合は本書では扱わない WordPress テンプレートファイルの知識が必要になります。興味があれば、ぜひ調べてみてください。

　ある程度はコンテンツの量があり、一定の頻度で新しいコンテンツが投入されるような Web サイトを作るのならば、WordPress は Web デザイナーにとっても武器になり、クライアントに対しても強力な提案になります。逆に言えば、上記のメリットが有効に働かないような案件ならば、フルスクラッチの実装でも十分と言えるかもしれません。

他の Web 制作ツールとの違い

　コーポレートサイトなどの用途にも利用できる Web サイト構築ツールには WordPress 以外にも Wix[*2]、Canva[*3]、STUDIO[*4] などがあり、いずれも簡単にホームページを制作できることで定評があります。こうしたサービスと WordPress との違いですが、これは「カスタマイズ性」に尽きます。Web デザイナーとして幅広い要件に対応できるよう、たくさんの引き出しを持つ必要があります。その点で、WordPress には幅の広さがあります。WordPress をメインの武器とすることで、クライアントにとっては Web デザイナーに発注する価値が生じます。

　本書は、Web サイトを簡単に構築するではなく、Web デザイナーとして案件を獲得するために必要なスキルや知識などのバックボーンを身に付けることを目指しています。その点で「クライアントが自分でもできるほど簡単なツールで対応できるのであれば、そもそも Web デザイナーに発注しないだろう」と言えるのではないでしょうか。

　実際に受注を重ねていくと「自社サイトは競合他社に劣らずこだわったデザインにしたい」、「少しでも使い勝手がいいユーザーインタフェースにしたい」といったように高度な要望をするクライアントが増えてくるでしょう。そうした要望に応えるためには、HTML および CSS のデータを作成するのを前提として、さらに WordPress のスキルを持っておくと強力だと思います。

＊2　https://ja.wix.com/
＊3　https://www.canva.com/ja_jp/
＊4　https://studio.design/ja

WordPress の環境を作る

　WordPressを使える状態になるよう、環境を作りましょう。WordPressは基本的にサーバー上で動作するアプリケーションです。最終的にWebサイトを公開する本番環境では、

・**WordPressを動作させるサーバー**
・**PHP**
・**WordPress**

が必要です。何らかのサーバーを用意し、そのサーバーにPHPおよびWordPressをインストールし、実行できるようにします。PHPが必要なのは、WordPress自体がPHPで開発されていることから、PHPアプリケーションを実行する環境が必要なためです。サイトの要件によってはデータベース（標準ではMySQL）が必要になることもあります。

　Webページの制作は本番環境でするものではありません。特殊な事情がない限り、開発用の環境も必要です。開発用の環境は2種類あります。まず開発用のサーバーにPHPおよびWordPressをインストールした環境です。これは本番環境を模したもので、できるだけ本番環境に近い状態を再現することで、実際にWebサイトが設計した通りに動作するかどうかをテストすることもできるような環境にすることもあります。

　もう一つは、ローカル（パソコン）に用意するWordPressです。開発の初期から一定の段階までは、開発環境とはいえサーバーにいちいちデータをアップロードして表示や動作を確認するのは効率的ではありません。ローカルに用意できるWordPressでは本番環境同様の動作条件を整えることはできませんが、初めのうちはローカル環境でも開発できるようにしておくといいでしょう。サイトの要件によっては、ローカル環境だけで本番データを作ることもできます。

　案件が既存サイトのリニューアルなど、すでに本番環境が用意されている場合は、開発用の環境を作る場合に注意が必要です。注意が必要なのはPHPとWordPressのバージョンで、本番サーバーで動いているバージョンが最新版とは限らないためです。開発環境のほうが新しいバージョンだったりすると、コードの記述が変わってきたり、意識しないうちに旧バージョンではサポートしていない機能を使ってしまったりといったことがあり得ます。そうなると、いざ本番環境に実装してみると予期せぬエラーが頻発する可能性があります。

　要件によっては、現在の本番サーバーのバージョンでは実現できない場合もあります。そういうケースではサーバー側のバージョンを上げる必要も出てきます。サーバーを移行する場合には、移行先のサーバーではソフトウェアのバージョンが下がってしまうといったことも

あり得ます。本番環境と開発環境のバージョンについては、事前にしっかり確認しておきましょう。

ローカル環境にWordPressをインストール

前述の通り、WordPressはサーバー用のアプリケーションです。これに対して、WordPressのホスティングサービスを提供する米Flywheelが、WindowsおよびmacOS、Linux上で動作するローカル版のWordPress（名称はLocal）を提供しています。自分のパソコンにはこれをインストールしましょう。

まず、Webブラウザーでhttps://localwp.comにアクセスし、トップページ右上のDownloadをクリックします。

図13-1　ローカル版のWordPressであるLocalのWebサイトにアクセスし、トップページのDownloadをクリックする

すると、プラットフォームを聞いてくるので、自分のパソコンのOSを選びます。

**図13-2　Please choose your platform というメッセージが表示されるの
　　　　　で、これをクリックすると対応するOS が一覧表示される。その中か
　　　　　ら自分の環境を選択する**

　OSを選ぶと、氏名とメールアドレス、電話番号を入力する欄が表示されます。その状態は省略しますが、入力を終えるとGet It Now!ボタンが表示されます。これをクリックするとインストーラーのダウンロードが始まります。

　ダウンロードしたファイルを実行すると、インストールが始まります。インストールでは特に注意するところはありません。画面の指示に従ってインストールを進めてください。

　インストールが終わったら、Localを起動します。初回の起動時にはLocalを使う前にライセンスの承諾やアカウントの作成などが求められる場合があります。画面の指示に従って先に進めましょう。

　Localのメイン画面が開いても、最初は何もデータがありません。画面中央にCreate a New Siteと表示されているので、これをクリックします。

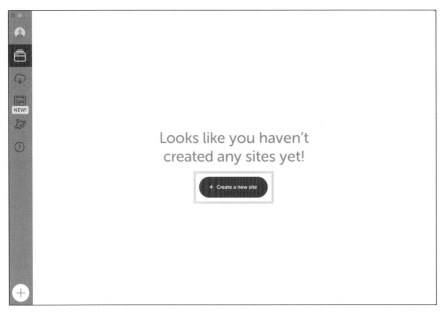

図13-3 Localを初めて起動したときは、画面中央に表示されるCreate a New Siteをクリックする

　テキストボックスが表示されるので、そこにサイト名を入力します。ここではtestというサイトにしました。次に画面右下のContinueをクリックします。

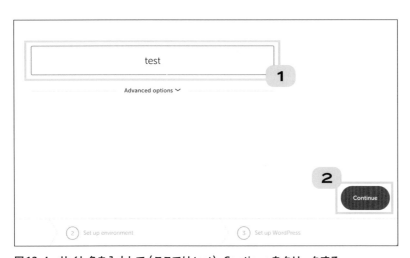

図13-4 サイト名を入力して（ここではtest）、Continueをクリックする

　次のChoose your environmentでは、サイトの環境設定を変更できます。特に必要が

なければPreferredを選びましょう。

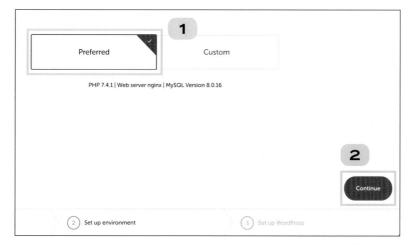

図13-5　Choose your environment画面では、Preferredを選んで先に進める

　続くSet up WordPressでは、Local上で動作するWordPressのユーザー名、パスワード、メールアドレスを設定します。

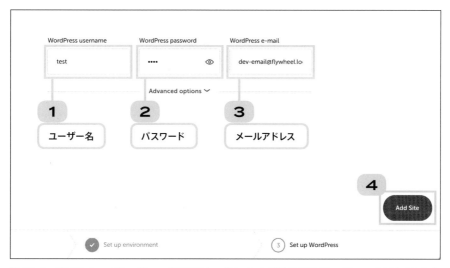

図13-6　続くSet up WordPress画面では、パソコン上で動作するWordPressのアカウントを作成するため、ユーザー名、パスワード、メールアドレスを入力する

　入力し終えたら、画面右下のAdd Siteをクリックします。しばらく待つと、ローカル環境の

WordPressと作成したサイトのセットアップが完了し、サイトの概要を示す画面に切り替わ
ります。この画面でWP Adminをクリックすると、WordPressの管理画面が開きます。認
証が求められるので、前の図で設定したユーザー名とパスワードでログインします。

**図13-7　WordPressとサイトのセットアップが完了すると、サイトの概要が表示される。画面右上の
WP Adminをクリックすると、WordPressの管理画面を開くことができる**

1 図13-6で設定した
ユーザー名とパスワード

2 図13-8
WebブラウザーにWordPress
のログイン画面が表示される。
図13-6で設定したユーザー名
とパスワードでログインする

　ログインすると、WordPressの管理画面が表示されます。標準では英語で表示されているので、これを日本語に切り替えましょう。

　左サイドバーに並ぶメニュー項目からSettingsを選びます。すると、Settingsのサブメニューが現れますが、標準のGeneralのままでかまいません。

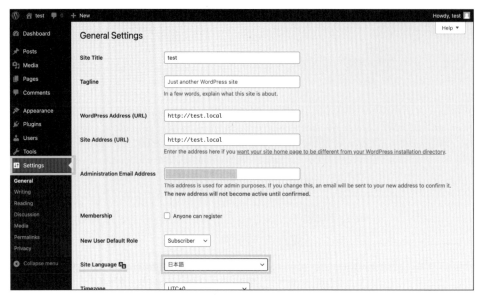

図13-9　左サイドバーからSettingsを選び、Site Languageを日本語に変更する

　画面はGeneral Settingsに切り替わっているので、設定項目の中からSite Language
を探します。標準ではEnglish（United States）になっているので、これをクリックしてメ
ニューを表示し、日本語に変更します。メニューの中では「日本語」と表示されていますが、
Japaneseの位置にあります。設定を変えたら、設定画面の一番下にあるSave Changesを
クリックして反映させます。これでWordPressの画面が日本語に切り替わります。

図13-10　表示が日本語に切り替わった

　準備ができたところで、WordPressがどのようにデータを持つのかを見ておきましょう。Localの画面に戻ります。図13-4で作成したtestの画面で、サイト名称のすぐ下にあるGo to Site Folderをクリックします。すると、初期状態のサイト用データが収録されたフォルダーが開きます。

図13-11　サイトのデータが収録されたフォルダーが開く。サイト名のフォルダー（この場合は test）から app → public とたどると、WordPress のファイル一式がある

　サイト名のフォルダーには app、log、conf の各フォルダーがあります。Web 制作に関連するファイル一式は、app にある public フォルダーに収録されています。

レンタルサーバーに環境を構築する

　WordPress でサイトを公開するには Web サーバーが必要になります。しかしながら、Web サーバーをゼロから構築するには専門知識が必要です。一方で、新たに Web サイトを立ち上げる案件であっても、サーバーはまったく用意されていないこともあります。そうしたときに Web デザイナーでも対応できるのがレンタルサーバーの利用です。サーバーを調達する予算や、サーバー環境の構築に関する専門知識や経験がなくても、あらかじめ相応の環境が作られているサーバーをレンタルして、サイトを公開する環境を用意できます。

　レンタルサーバーは、無料・有料を問わずさまざまなサービスが提供されています。いずれのサーバーでも各サービスの公式サイトに分かりやすい手順が載っているので、これを参照すれば問題なく構築できると思います。

　初心者でも扱いやすいレンタルサーバーという観点で見ると、以下のようなレンタルサーバーから始めるのがいいのではないでしょうか。

■「エックスサーバー」（エックスサーバー）
　　https://www.xserver.ne.jp/

■「さくらのレンタルサーバ」（さくらインターネット）
　　https://rs.sakura.ad.jp/

■　ConoHa WING（GMOインターネット株式会社）
　　https://www.conoha.jp/wing/

　これらはいずれも有料サービスですが、本書では皆さんの学習用に無料で利用できる「エックスフリー」（エックスサーバー、以下Xfree）でサイトを構築する方法をご紹介します。具体的には、サイトを新規に作成してWordPressをセットアップするところまでです。
　まずXfreeのウェブページを開き、メニューバーの「お申し込み」ボタンを押します。

図13-12　XfreeのWebページで「お申し込み」をクリック

　申し込みのプロセスは詳細を省きますが、メールアドレスを登録し、そのメールアドレス宛てに申し込み用のURLが送られてくるという手順で進みます。

図13-13 ユーザー登録の第一歩として、メールアドレスを登録する。すぐにこのメールアドレス宛てに会員登録用のURLが送られてくる

　そのURLを開いて会員情報を登録すると、Xfreeを利用できるようになります。基本的に画面の指示に従って必要事項を入力していけば問題ないでしょう。画面に「ログイン」が表示されれば手続きは完了です。これをクリックしてログインします。

図13-14 会員情報登録が終わったら、ログインボタンが表示される。これをクリックすればサービスを利用できる。

　最初に「サーバーID」を設定します。独自ドメインを利用しない場合は、この文字列がURLの一部に使用されます。

図13-15 最初にサーバーIDを登録する

　サーバーIDを登録したら、このサーバーにWordPressをセットアップします。左のサイドバーにある「無料レンタルサーバー」をクリックして、「ご利用状況一覧」のWordPress欄にある「利用を開始する」をクリックします。これでWordPressをサーバーで利用するための準備ができました。

図13-16　レンタルサーバーで利用するサーバーとして WordPress を選択する。WordPress の欄にある「利用を開始する」ボタンを押す

　ここまでの設定では、図13-15で作成したサーバーで WordPress を利用するかどうか、選べるようになったというのが正確なところです。実際に WordPress を使うには、WordPress の管理画面からサーバーにインストールする必要があります。そこで次に、WordPress の管理パネルを開きます。

図13-17 もう一度サイドバーの「無料レンタルサーバー」を選び、WordPressの「管理者パネルログイン」をクリックする

管理パネルが開いたら、「新規インストール」をクリックして、インストールの際に行う詳細設定の画面を開きます。

図13-18 WordPressの管理パネルが開いたら「新規インストール」をクリック

右側余白：
WordPressの基本

01
02
03
04
05
06
07
08
09
10
11
12
13
14
15
16

なお、この時点では独自ドメインを利用したい場合は、この画面でサイドバーの「ドメイン設定の追加」を選び、WordPressのインストール先に追加する必要があります。ここではその設定はせずに先に進めます。

　「新規インストール」画面に切り替わったら、サイトのアドレスやタイトルなどの項目を指定します。サイトアドレスの欄にはサブドメインを入力するボックスもありますが、初めてセットアップするドメインの場合、サブドメインは空欄のままにしておきます。

図13-19
WordPressについて、サイドのアドレス、WordPressへのログイン用IDであるWordPressID、サイトタイトル（ブログタイトル）などを設定する

　続く画面で登録内容を確認し、「確定（WordPressをインストール）」をクリックすると、インストールが始まります。しばらく待つとインストール完了を知らせる画面が表示されます。この画面にはWordPressにログインするためのパスワードが自動的に生成されているので、必ずこれを控えておきましょう。

WordPressの表示チェックには
シークレットモードが便利

　WordPressの作業中は、WebブラウザーでWordPressの管理画面を頻繁に利用します。一方、作成中のサイトの表示チェックもWebブラウザーを使います。WordPress本体を開きつつプレビュー用のタブもしくはウィンドウも同時に開くと、WordPressのメニューバーがプレビューにも表示されてしまいます。

　わかっていれば問題ないとも言えなくはないですが、ユーザーと同じ環境で見えてこそプレビューで確認する意味があるとも言えます。

　そこでお薦めするのが、プレビューをシークレットモードを見る方法です。WordPressにログインしているのとは、別のWebブラウザーを使うのでも同じことです。

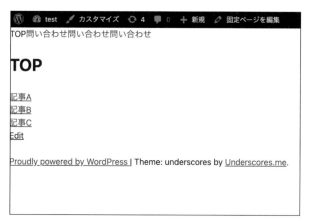

図13-20 WordPressにログインしているブラウザーでプレビューを開くと、最上部にWordPressのメニューバーが表示されてしまう。

WordPressの画面と基本操作

　本書の読者の皆さんで、WordPressの画面を見慣れているという人はほとんどいないのではないでしょうか。まずはWordPressに慣れるために、どこにどのような項目があるのか、サイト構築の際によく使う重要なところをピックアップしてご説明します。なお、Localをパソコンにインストールしたときも、レンタルサーバーにWordPressをインストールして利用するときも、WordPressの画面は変わりません。

■ ダッシュボード

　WordPressの管理画面にログインすると最初に表示されるページです。サイト全体に関する情報やWordPressについての情報が表示されています。コンテンツに関する設定は、画面左側にあるサイドバーから該当する項目を選んで行います。

図13-21 WordPressにログインして最初に表示されるのが、このダッシュボード

　ここでは「投稿」から見ていきましょう。

投稿に関する基本の設定項目

　「投稿」では記事の新規作成、編集、削除などができます。WordPressで管理するコンテンツには大きく2種類あり、この投稿記事のほかに「固定ページ」と呼ばれるものがあります。固定ページについては後述しますが、投稿記事の特徴は個々の記事の公開について日時で管理することができるため、新しい記事を先頭に置いた記事一覧などのページを自動的に作ることができます。

■ 投稿

図13-22 サイドバーの「投稿」をクリックすると「投稿一覧」のページが開く

■ 投稿→カテゴリー

記事を分類するためのカテゴリーを作成・管理するページです。記事一覧および記事アーカイブは、このカテゴリーごとに作成されます。

図13-23 記事を分類する際の基準になるカテゴリーを管理する

■ 投稿→タグ

　記事に付加するタグを管理します。新規のタグは、個別の記事を投稿する際にも作成できます。そうして作成したタグも、この画面で管理できます。

図13-24　記事に付加するタグを管理する

■ 固定ページ

　投稿メニューとは別になりますが、固定ページについてもここで説明しておきましょう。固定ページは記事とは異なり、記事一覧に表示されたり、時系列順に表示したり、タグで抽出したりといった管理の対象になりません。静的なHTMLページを作ったのと同じように扱われます。コーポレートサイトで言えば、お知らせやプレスリリースなど随時追加、更新されるコンテンツは投稿メニューから記事として管理するのに対し、企業理念や遠隔など、一度公開したら基本的にそのまま公開されるページを固定ページにするというイメージです。

　また、WordPressの場合、全ページ共通のナビゲーションメニューなどを固定ページとして作っておき、各記事のテンプレートに部品として埋め込むといった使い方もできます。

図13-25 固定ページの管理画面。WordPress上では、記事と同様の使い勝手で固定ページを管理できる

外観に関する基本の設定項目

　サイトの各ページに共通した外観をさまざまに設定できます。その各項目を見てみましょう。

■ 外観→テーマ

　サイドバーの「外観」を選ぶと、「テーマ」が開きます。WordPressのテーマは、見た目を変えるだけではなく、テーマによって実装できる機能が変わってくる場合があります。投稿をはじめとする基本的な設定項目は共通していますが、特にSEO関係などの設定項目に違いがあったり、WordPressのフォルダー構成が変わったりといったケースがあります。

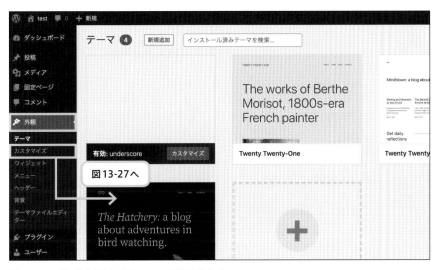

図13-26　サイトに設定するテーマを決められる

■ 外観→カスタマイズ

　サイトのデザインについては、主にこの「カスタマイズ」画面で設定します。サイトを作成・編集する際に重要な項目なので、ここについては一つひとつの項目を見ていこうと思います。まずは、サイト基本情報です。

図13-27　外観のカスタマイズは、サイト全体のデザインの最重要項目だ

■ 外観→カスタマイズ→サイト基本情報

「サイト基本情報」は、ヘッダー部の画像やメニュー、タブなどを設定する画面です。

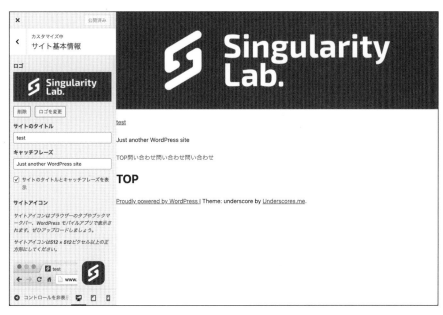

図13-28 サイト基本情報の画面

「ロゴ」には、ヘッダーに表示される画像を設定します。この画像にはホームへのリンクが設定されるので、ユーザーはどのページを開いていてもロゴ画像をクリックすることによりホームに戻ることがでさます。

「サイトアイコン」は、いわゆるファビコン (favicon) を設定する項目です。ユーザーがこのサイトのページを開いたときのタブや、ブックマークに登録したときに使われるアイコンの画像です。今やほとんどのサイトで何らかのアイコンが設定されていることもあり、サイトを構築する際には忘れずに画像を用意しておくようにしましょう。

前の図の設定をプレビューすると、次のような表示になります。

図13-29　図13-28の設定でWebページをプレビューしたところ

■ 外観→カスタマイズ→ホームページ

　ここでサイトの「ホームページ」を設定します。ホームページとは、ドメイン名（〜.comなど）
でWebサイトを開いたときに表示される画面です。

図13-30　ホームページについての設定をする

　ホームページには、「ホームページの登録」で最新の投稿か、固定ページのいずれかを指定します。「最新の投稿」を選択すると、ブログのように「投稿」の記事一覧がホームページに出てきます。「固定ページ」を選択すると、任意に指定した固定ページをホームページとして設定できます。

　企業サイトのように、ブログとして見せたくない場合や、記事一覧を表示するためにサイト自体をカスタマイズして固定ページに埋め込んだといった場合は「固定ページ」を選択します。

　「固定ページ」を選択すると、ホームページとして設定するページを選択することになります。

■ 外観→カスタマイズ→追加CSS

　この画面で、サイト用に追加するCSSを入力できます。通常は、WordPressのフォルダーに別途CSSファイルを用意して、header.phpで読み込むという構成になるのですが、どう反映するかを確認しながら手っ取り早くCSSを記述したい場合や、リリース後も引き続き改修が想定されるようなサイトでは、あえて追加CSSを使うことがあります。そういった場合は、この画面が便利に使えます。

図13-31　追加するCSSを、この画面で記述する

■ 外観→テーマファイルエディタ

WordPressのthemesフォルダーに用意されている、テーマごとの各ファイルを個別に編集することができます。この画面を使えばファイルを開かなくても編集できるので便利です。でも、テーマファイルはPHPで記述されており、その記述を間違えるとサイト全体が停止する危険性があります。PHPを編集する場合はローカル環境で行い、表示や動作を確認できてからサーバーにアップロードするように心がけましょう。

図13-32　テーマとして用意されているPHPファイルをカスタマイズする「テーマファイルエディタ」

その他の重要な設定項目

　それ以外にも早い段階から理解を深めておきたい項目に、プラグインやアクセス制御などに関連する設定があります。まず、プラグインから見ていきましょう。

■ プラグイン

　WordPressにはさまざまな追加機能がプラグインとして用意されています。この画面では、プラグインの追加や削除などの管理ができます。プラグインを導入するときは「新規追加」でプラグインを指定し、「有効化」をクリックすることで利用できるようになります。

図13-33 プラグインの管理画面。プラグインを追加する場合は、「新規追加」でプラグインを指定して、一覧に追加する。実際に利用するには「有効化」をクリックする必要がある

■ ユーザー

　ユーザーを追加・削除できます。ここでいうユーザーは、サイトのユーザーではなく、WordPressのユーザーです。サイトの構築段階では開発メンバー、リリース後は運用チームのメンバーのうち、WordPressでの操作をするメンバーをユーザーとして登録します。

　ユーザーを追加する場合は、必ずユーザーごとに別々のメールアドレスの設定が必要となる点に留意してください。

　また、権限グループの設定があり、自分以外のユーザー権限を変更できます。権限グループはデフォルトで、ウェブデザイナー、購読者、寄稿者、投稿者、編集者、管理者が用意されています。権限グループの使い分けに悩んだら

・ホームページを改修するユーザー → 権限は「管理者」

・記事投稿するユーザー → 権限は「編集者」または「投稿者」

・過去に記事投稿する業務をしていたが現在は行っていないユーザー → 「購読者」

というように割り振るといいでしょう。なお、「購読者」について補足しておきます。これは、投稿権限を持っているユーザーを削除するには注意が必要なためです。ユーザーをただ単に

削除してしまうと、そのユーザーが投稿記事も自動的にすべて削除されてしまいます。削除するユーザーの代わりに、別のユーザーが投稿したことになるように設定を変更することは可能です。執筆者が表示されていないページなら、その設定変更で対応すればいいのですが、記事に執筆者として本来のユーザー名を表示している場合は変更すべきではありません。将来的な記事の扱いが変わることも考慮し、ユーザーを削除するのではなく、最も権限の小さい「購読者」にするなどしてアカウントとしては維持するとしましょう。

図13-34 WordPressで何らかの操作をするユーザーを管理する画面。各ユーザーは権限グループに振り分けて、利用できる機能を制限する

■ 設定→一般設定

　Webサイトのひと通りの設定をまとめてある画面です。基本的には他の画面で設定できる項目を集めた画面と考えていいですが、一部はこの画面でないと設定できない重要な項目です。

371

図13-35 サイトの全般的な設定をする画面。サイトアドレスや管理者のメールアドレスなどを忘れずに確認・設定する

　ここで見ておきたいのはまず「WordPressアドレス」と「サイトアドレス」です。WordPressの管理のためにアクセスするアドレスが「WordPressアドレス」、サイトを閲覧するためのアドレスが「サイトアドレス」です。ここまでの手順で進めてきた場合をはじめ、基本的に初期設定のままで問題ないと思います。しかしながら、独自にWebサーバー用意し、別途WordPressをインストールして使うといった場合、通信を暗号化するSSL設定をしたにもかかわらず、URLのスキームがhttpsになっていないといった場合があります。その場合は、WordPressの側でURLの先頭をhttp（WordPressの初期設定）からhttpsに書き直す必要があります。変更しなくてもアクセスは可能ですが、年々セキュリティへの対応が求められるようになってきており、昨今はhttpのままだとユーザーから見て信頼度が低いWebサイトに見えてしまいます。インストール時にいずれのアドレスもhttpsになっているかを確認しましょう。なお、ローカル環境ではこの点に考慮する必要はありません。

　もう一つ「管理者メールアドレス」も忘れずに設定しましょう。WordPressのアップデートやセキュリティ通知の送り先のアドレスです。通知によってはすぐに何らかの対応が必要な、重要度の高いものも考えられます。すぐに通知を把握して対応することができるメールアドレスを設定しましょう。

■ 設定→パーマリンク

　投稿ページや固定ページに付与するパーマリンクのひな形を設定します。SEOを考えると短い文字列で各ページの内容が分かるようにするのが望ましいので、投稿するごとにそのつど文字列を設定する「投稿名」にするのがお薦めです。一方、毎回文字列を設定する運用にしたくない場合は「数字ベース」にするなど、運用時を想定して設定するのがよいと思います。

図13-36 パーマリンクのひな形を設定する

■ 設定→表示設定

　表示についての設定画面です。冒頭の「ホームページの表示」は、図13-30で設定した「ホームページ」と同じ内容の設定です。

　それ以外でよく使う項目を紹介します。

　「1ページに表示する最大投稿数」は、投稿記事一覧を作成するときに表示する記事数です。これを超える投稿数がある場合、アーカイブページなどで記事を同じページで続けて表示するときにページが分割 (ページネーション) されます。標準では10件になっていますが、1ページで見せる記事数は変更できます。記事の長さに応じて、読みやすいアーカイブページなるよう設定します。

「検索エンジンでの表示」は、テスト環境や一般には公開していないサイトをGoogleなどの検索エンジンの対象にならないように除外させることができます。テスト環境をレンタルサーバーなどに用意する場合は、忘れずにチェックする必要があります。

図13-37 サイトの表示に関する設定画面。ホームページに何を設定するかは図13-30と共通だが、アーカイブページで1ページに表示する記事数、検索エンジンでの扱いなどに関する設定は重要だ

新しい記事を投稿する

　新しい記事を投稿してみましょう。前述の通り、WordPressのコンテンツには投稿記事と固定ページの2種類があります。投稿にかかわる操作は、どちらも同じです。ここでは、投稿記事を作る手順で説明します。

　新規ページの作成は、

① ページを新規追加する
② 投稿の設定をする
③ 記事内容を入力する
④ 公開に関する設定をする
⑤ パーマリンクを設定する

という手順で進めます。

新しいページを追加してカテゴリーなどを設定

　記事を追加するには、サイドバーの「投稿」をクリックして「投稿一覧」を開き、「新規追加」を選びます。

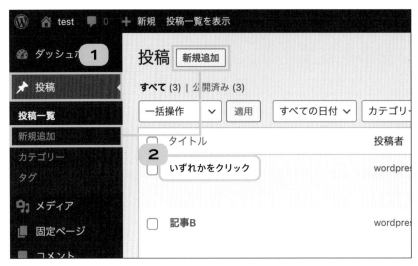

図13-38　新しい記事を追加するには、「投稿」メニューを開き、次に「新規追加」をクリックする

　新規ページの作成画面に切り替わります。内容を入力する前に、記事に関する設定を済ませておきましょう。右サイドバーの下に、設定項目が並んでいます。すべてを設定する必要はありません。特に必要がなければ、次の3項目について設定すればOKです。

　「カテゴリー」で、この記事をどのカテゴリーに分類するかを指定します。カテゴリーは、図13-23で見たように「投稿」メニューの「カテゴリー」であらかじめ設定しておきます。記事作成時には、その中から選択することになります。

　「タグ」は記事に付加するタグです。タグについては、作成済みのタグの中から選ぶこともできるし、ここで新たに作成することもできます。

　「アイキャッチ画像」は、記事の一番上に表示される画像です。また、テーマによっては記事一覧でサムネイルとして表示されたりもします。

図13-39　新規作成画面の右サイドバーで、投稿記事に関する設定ができる。カテゴリー、タグ、アイキャッチ画像などを、この段階で設定しておくとよい

記事を入力して公開日時などを設定

次にコンテンツの中身を入力します。

記事タイトルは「タイトルを追加」の位置に入力します。何らかの文字を入力すると「タイトルを追加」という表示は消えます。

本文は、テキストをそのままベタにタイトル下にある「/を入力してブロックを追加」と表示されている位置に入力することができますが、画面上部のツールバーにある「ブロック挿入ツール」ボタン（＋のアイコン）を押すと、段落や画像、動画、そしてHTMLコードを挿入することができます。WordPressではこうした記事用の要素を「ブロック」といいます。

図13-40 記事のタイトルは「タイトルを追加」の位置に入力する。本文はその下に入力する。ツールバーの「ブロック挿入ツール」をクリックすると、段落や画像、テーブルなどのブロックを簡単に入力できる

　先に本文を入力し、テキストを選択するとメニューが表示されます。この場合、選択したテキストに対して設定可能なブロックが表示されます。また本文エリアで「／」を入力すると、よく使われるブロックが並ぶメニューが表示されます。手になじみのいい方法を見つけて、効率よく入力していきましょう。

図13-41 入力済みの文字列を選択すると、適用可能なブロックがメニューとして表示される（この図では選択したテキストはメニューに隠れてしまった）。ここにないブロックを挿入する場合は、ツールバーの「＋」を押す必要がある

　また、ここで本文中に改ページを入れる方法も紹介しておきましょう。改ページはそれ自体がブロックとして用意されているわけではありません。このためブロックとして「カスタムHTML」を挿入し、本文中に

```
<!--nextpage-->
```

という行を入力します。すると、その位置で改ページを設定できます。記事本文が長いときには、適宜改ページを入れたほうがいい場合があります。
　「カスタムHTML」は、「ブロック挿入ツール」を開くと「ウィジェット」に分類されています。

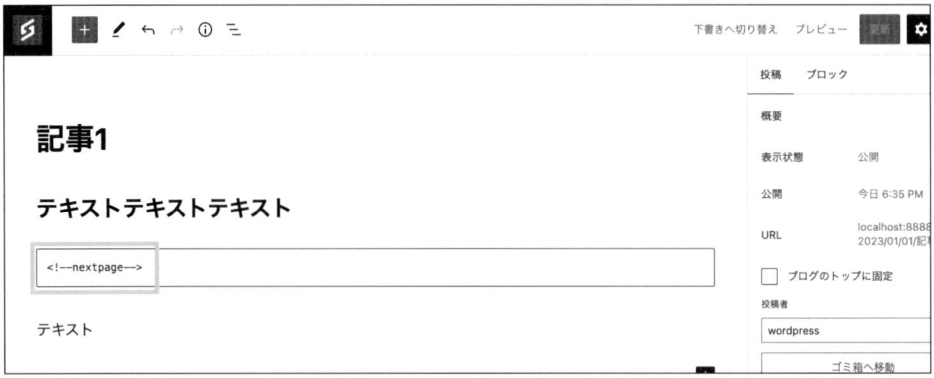

図13-42 長い本文に改ページを挿入するには、「カスタムHTML」を改ページ位置に挿入し、
<!--nextpage-->と記述する

　記事を入力し終えたら、公開日時を設定します。すぐに公開する場合は画面右上にある青い「公開」ボタンを押します。入力途中で保存しておく場合には、「公開」の二つひだりにある「下書き保存」を押します。

　右サイドバーに表示されている「公開」に表示されている「今すぐ」を押すと、カレンダーが表示され、公開日時を設定できます。設定すると、画面右上の「公開」ボタンが「予約投稿」に変わるので、これを押すと予約投稿できます。

　また、「表示状態」の「公開」をクリックすると、「非公開」もしくは「パスワード保護」のいずれかに切り替えることができます。

図13-43
すぐに公開するなら「公開」ボ
タンを、いったん保存するなら
「下書きに保存」を選ぶ。右サ
イドバーでは公開日時や公開
状態を指定することもできる

　WordPressの記事の設定では、パーマリンクとしてURLの末尾に付加する文字列を設定
します。わかりやすく、短い意味のある文字列にするのが一般的です。これにより当該記事
を直接開くことができるURLが生成されます。

　パーマリンクは、右サイドバーのURLに表示されているので、青字になっているリンクをク
リックすると変更できます。投稿記事を新規に作成しているときは変更できません。下書き
保存や予約投稿、ページ公開などの操作をしたあとで変更可能です。新規作成時には、いっ
たん下書き保存をしてから変更するといいでしょう。

図13-44 パーマリンクを変更するには、サイドバーの「URL」に表示されたリンクをクリックし、URLの末尾に付ける文字列を指定する

静的HTMLのサイトを
WordPressに移行する

　よくある案件の一つが、「これまでHTMLとCSSでWebサイトを作っていたが、これをリニューアルしてWordPressで管理できるようにしたい」という案件です。実務に直結するので、WordPressへのサイト移行について、ここで説明しておきましょう。WordPressで新規サイトを構築する場合でも、直接WordPress上のデータを編集するのは作業が繁雑になります。いったん静的サイトを作成してから移行するほうが早いため、ここで紹介する移行方法がそのまま応用できます。

　移行方法は何通りもあり、実際にはサイトの運営、セキュリティ、改修予定などを加味して移行方法を決めます。とはいえここでは一例として、短期間での移行を最優先するケースを想定し、初めてでも手がけやすい手順でのデータ移行をご紹介します。

　なお、新しいサイトではHTML／CSSでWordPressのテーマを自作する方法も、選択肢としては一応あります。単一のページで完結するならそれでも良いのですが、他の固定ページを入れるときに別の手順が必要となるので、今回はWordPress用にすでに用意されているテーマを加工する方法をご紹介します。なお、公開サーバー上で作業することはほぼ無いので、ローカル環境での操作が前提です。

　WordPressへの移行は、以下のような手順で進めます。

① テーマを入手する
② テーマを導入する
③ テーマを有効化する
④ テーマのフォルダー構成を確認する
⑤ header.phpを編集する
⑥ header.phpのパスを変更する
⑦ footer.phpを編集する
⑧ footer.phpのパスを変更する
⑨ 画像などのファイルを格納する
⑩ HTMLを固定ページに反映させる
⑪ WordPressでWebサイトを設定する

⑫ 追加 CSS に CSS を反映させる

⑬ プレビューで表示を確認する

　以上の手順で問題なければ、本番環境で公開します。では、テーマに関する手順から見ていきましょう。

テーマを設定する

　WordPressにはデザインや機能を簡単に設定できるように用意されているテーマがあります。WordPressに初めから用意されているテーマもあれば、外部サイトが提供しているWordPress用のテーマを入手し、自分のWordPressで使えるようにすることもできます。ここでは、外部サイトからテーマを入手する手順を紹介します。

❶ テーマを入手する

　導入するテーマは「underscores」としました。テーマを選定する際、デザインや機能がポイントになるのはもちろんですが、どのくらいカスタマイズしたいかも重要です。用意されたテーマをそのまま使うといったケースはむしろまれで、何らかのカスタマイズが必要になることがほとんどです。カスタマイズ前提なら、加工しやすいシンプルなテーマを使用するのがおすすめです。カスタマイズのしやすさを重視し、ここではunderscoresを選びました。

　このテーマは、https://underscores.me/ で入手できます。テーマ名は自分で自由に設定できます。逆に言うと、自分でテーマ名を決める必要があります。テーマ名を「Theme Name」と表示されているテキストボックスに入力してGENERATEボタンを押します。すると、テーマがzipファイルでダウンロードされます。

図13-45 Underscores（https://underscores.me/）からテーマファイルを入手する。テーマ
名は決まっていないので、自分で入力して指定する。Generate ボタンを押すと、ここ
で命名した名前の ZIP がダウンロードできる

❷ テーマを導入する

　WordPress の画面に戻ります。左サイドメニューの「外観」から「テーマ」を選び、開いた
画面で「新規追加」を押します。画面が「テーマを追加」に切り替わるので、ここで「テーマ
のアップロード」ボタンを押します。ここでダウンロードした ZIP ファイルを指定し、テーマを
インストールします。

図13-46　WordPressの「外観」メニューから「テーマ」を選び、「新規追加」をクリックする。
すると「テーマを追加」画面に切り替わるので、「テーマのアップロード」をクリックして、図13-44でダウンロードしたZIPファイルをそのままアップロードする

❸ テーマを有効化する

　ファイルをアップロードしただけではまだ利用できません。「テーマのインストールが完了しました。」と表示されたら、その下にある「有効化」のリンクをクリックします。

図13-47 インストールが完了したことを示すメッセージが表示されたら、その下にある「有効化」をクリックする

❹ テーマのフォルダー構成を確認する

インストールされたテーマのフォルダーを確認しておきましょう。この次のステップでカスタマイズするheader.phpおよびfooter.phpの所在を確認しておくためです。Localで対象のサイトを指定し、Go to site folderをクリックすると、このサイトのフォルダーが開きます。そこからapp→public→wp-content→themesとたどると、インストールしたテーマのフォルダーが見つかります。そこを開いて、header.phpとfooter.phpがあることを確認しておきましょう。

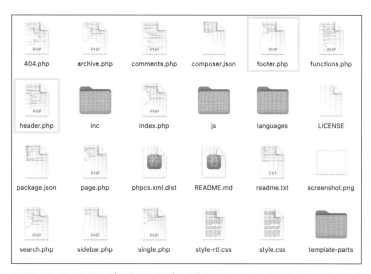

図13-48 サイト用のデータフォルダーの中に、インストールしたテーマのフォルダーがある。その中にあるheader.phpとfooter.phpを確認する

ヘッダーとフッターを編集する

テーマを利用できるようになったところで、カスタマイズしていきましょう。ここでは必要最小限のカスタマイズをする場合の手順を紹介します。もちろん要件によってカスタマイズの内容は変わってくるので、今は全体を通した手順を理解することを第一に考えてください。それから個々の手順を深掘りしていくのがお薦めです。

❺ header.php を編集する

ヘッダーの中身を完全なオリジナルにする場合は、header.php の <header>と</header>の間にある記述をすべて消去し、自作したヘッダー部分の記述に差し替えます。

この場合、WordPressの「外観」→「カスタマイズ」で設定したヘッダーメニューやロゴ表示の設定は反映されなくなります。でも、header.php を編集するほうがマークアップとCSSで自由にヘッダーを加工することができるので、表現の自由度が高まります。

❻ header.php のパスを変更する

静的なHTMLでサイト内のリンクを

```
<a href="/about">
```

のように相対パスで記述していることがあると思います。しかしながら、WordPressでは相対パスをヘッダー、フッターなどサイト共通の場所に使用すると、一部のページが無効なリンクになってしまいます。サイト移行をする場合、従来のサイトでこのような相対パスが記述されている場合は、その記述を変更する必要があります。

そこで、WordPressのPHPの記述を使うと自動的に「絶対パス」を生成することができるため、どのページ上でも同じリンクにすることができます。ここで

```
<a href="<?php echo site_url(); ?>/about">
```

と記述すると、WordPressのアドレスを元に、絶対パスでのURLを生成します。この <?php echo site_url(); ?>が、WordPressアドレス(「設定」→「一般」で設定されているURL)に置換されます。たとえば、サイトのアドレスがexample.comだとすると、example.com/aboutというリンクとみなされます。

リンクのみならず、画像の指定でも同じ記述ができます。こうすることにより、サイトを

ローカルからWordPressに移行してURLが変わっても、また、さらに別のWordPressサーバーに移行してURLが変更になっても、各ページ内で記述したサイト内リンクは特に手を加えなくてもそのままパスが有効です。将来的なサイト移行時にもサイト内リンクに配慮する必要がなくなり便利です。

　この仕組みを利用すると、参照先が変更になった場合でもheader.phpを変更するだけで対応可能です。テーマを変更したことで参照するテーマファイルへのリンクが変更になるとか、画像ファイルを置いておくフォルダー（ディレクトリ）の位置や名称が変わるといったことがあり得ます。そうしたテーマファイルや画像の置き場所をheader.phpで定義しておくことで、各ページのリンクはその定義されたURLを

```
<img src="<?php echo ［各ディレクトリの定義名］(); ?>/arrow_right.png">
```

といった記述で固定できます。移行時にはリンクの書き換えが必要になるかもしれませんが、将来的な移行に備えた準備をしておくと今後の運用が楽になるでしょう。

❼footer.phpを編集する

　フッターの記述を完全オリジナルにする場合は、<footer></footer>の内容を全て消去し、自作したフッター部分のHTMLに差し替えます。

❽ footer.phpのパスを変更する

　これも❻のheader.phpと同様に行います。

❾ 画像などのファイルを格納する

　WordPressのサイト名のフォルダー（この場合はtest）からapp→public→wp-contentとフォルダーをたどるとuploadsがあります。ここに画像などWebページで使うパーツを格納します。

公開のための準備をする

　ここから先は、既存のページを固定ページとしてWordPress上に作成し、サイトを公開するための設定を整えます。最後にプレビューを見ながら調整して、公開へと進みます。

❿ HTMLを固定ページに反映させる

　必要な固定ページを新規に作成します。現行サイトのWebページの記述をもとに、固定ページの新規作成画面から、ヘッダー、フッター以外について記述したHTMLを「カスタムHTML」で挿入し、ページを公開します。なお、画像などのファイルのリンクは、ファイルをWordPressのuploadsフォルダーに移しているので、これに合わせてパスの記述を変更する必要があります。

⓫ WordPressでWebサイトを設定する

　WordPressの「外観」メニューから「カスタマイズ」を選んで、見た目の設定を行います。できるだけHTML／CSSでの見た目を再現させることを主眼にする場合は、以下の設定を参考にしてください。

　まず「サイト基本情報」の「サイトのタイトル」と「キャッチフレーズ」に、何らかの文字列を入力し、そのうえで「サイトのタイトルとキャッチフレーズを表示」のチェックボックスをオフにして無効化します。

　次に「ホームページ設定」を開き、表示するページに「固定ページ」を指定。そのうえで、ホームページとして表示するページを指定します。

　最後に、「ウィジェット」を開いて、不要なブロックをすべて削除します。これで現行サイトから移行した固定ページを最大限再現できるはずです。

⓬ 追加CSSにCSSを反映させる

　現行サイトで独自に記述していたCSSがある場合は、WordPressの「外観」→「カスタマイズ」とたどって編集画面に入り、左サイドバーから「追加CSS」を開きます。するとCSSの入力ボックスが表示されるので（初期状態では空白）、ここにCSSを記述します。

⓭ プレビューで表示を確認する

　設定したテーマやWordPressに標準で実装されているCSSなどの影響で、表示が崩れてしまうことがあります。プレビューで各ページを確認しながら、追加CSSの記述を追加・変更することで調整します。

　問題がすべて解消できて、クライアントのOKも取り付ければ、移行したサイトを公開できます。

メールフォームを導入する

　コーポレートサイトやサービスサイトで、問い合わせ・申し込みフォームが必要なケースは多いと思います。実装手段はさまざまで、最も簡単なのはGoogleフォームを<iframe>タグで埋め込んでしまう方法です。しかし、こうしたユーザーからのコミュニケーションを受け付けるツールは、Webサイトの要を担うと言っても過言ではありません。企業サイトであれば、問い合わせ数、申し込み数、ひいては売り上げにも密接に関連するページです。ユーザーから見て使いやすく、コンタクトを取りやすい入力フォームになるよう、こだわってカスタマイズするほうがよいと思います。

　また、こうしたメールフォームは多くの案件で求められるのに対し、あまりくわしく解説した記事がありません。そこで、ここではやや煩雑でも自由にカスタマイズできて、かつ運用にも適した実装をご紹介します。

　この実装は以下の6段階の工程でご紹介します。

① フォーム送信用のメールアドレスを用意
②「WP Mail SMTP」プラグインで送信メール設定
③「Contact Form 7」プラグインでフォーム設置
④ プラグインでフォームの確認画面設置
⑤ フォームとスプレッドシートを連携
⑥ Google reCAPTCHAでスパム対策

　このうち、①〜③は必須です。④〜⑥については、必ずしも必要というわけではありません。いずれかもしくは三つとも省いても入力フォームとしては成立するでしょう。とはいえ、たくさんのメールに効率よく対応したり、スパムメールなどをできるだけ排除する仕組みとしてよく求められる機能ばかりなので、ひと通り実装の流れを確認しておとよいでしょう。

　メールを受け取るということは、必然的に個人情報を扱うということになります。実際には、クライアントの個人情報保護指針に従う必要があります。運用後のデータ管理も個人情報保護が必要になる点はクライアントとも事前に共有しておかなくてはなりません。

　では、上記のプロセスに従って一つひとつ手順を見ていきましょう。

① フォーム送信用のメールアドレスを用意

まず、フォーム送信用のメールアドレスを用意します。これは、

・サイトを運営する管理者への自動通知メール
・フォーム回答者への自動返信の確認メール

用のメールとなります。

メールのドメインは何でもかまいませんが、入力してくれたユーザー向けに自動返信メールを返す場合、確実に見てもらいたい場合は、迷惑メールに入ることを避けなければなりません。そのためには、サイトのドメインと一致しているメールアドレスを使用するのが基本です。

たとえば、WebサイトのURLがhttps://example.comだった場合、メールアドレスはinfo@example.comやno-reply@example.comなどがよく使われます。

レンタルサーバーでサイトを構築する場合に有料サービスを選択すると、Webサイトと同じドメインのWebメールを簡単に作成できるサービスが付いているケースが多いようです。レンタルサーバーで利用の多い

・エックスサーバー（エックスサーバー株式会社）
・さくらのレンタルサーバ（さくらインターネット株式会社）
・ConoHa WING（GMOインターネット株式会社）

などのサービスでは、サーバーを契約すれば追加料金不要でWebメールを使用することが可能です。

②「WP Mail SMTP」プラグインで送信メール設定

次に、WordPressでメール送信を可能にするプラグイン「WP Mail SMTP」を導入します。WordPressの「プラグイン」メニューから「新規追加」を選んで探しましょう。次の図のようなかわいい鳥さんのマークのプラグインです。「smtp」で検索するといいでしょう。

図13-49　プラグインの新規追加画面から、WP Mail SMTPを追加する。ここでは「wp smtp」で検索した

　インストールが完了し、画面の指示にしたがって有効化すると次のような画面になります。このままセットアップすることもできますが、ここではいったん「ダッシュボードに戻る」でOKです。

図13-50
WP Mail SMTPのインストールが完了した。ここでは「ダッシュボードに戻る」をクリックする

ダッシュボードに戻ると、WordPressでWP Mail SMTPの設定画面が開きます。ここで設定する項目ごとに見ていきましょう。

　まずは、

・送信元メールアドレス
・フォーム名

を入力します。フォーム名という項目がわかりにくいですが、この設定値がメール送信時に送信元として使用される名前です。ユーザーに送信されることを想定して名前を決めましょう。

　その下の「メーラー」は、利用するメールサービスごとに必要な設定値を自動で設定される項目なのですが、ここに並んでいるサービスは海外のサービスばかりです。国内のレンタルサーバーや自社サーバーを利用する場合にはこの中からは選べません。そういうときは「その他のSMTP」を選びます。

　すると、その下に「その他のSMTP」の設定画面が出てきます。もしかすると見慣れない項目もあるかもしれません。設定が必要なすべての項目を見てみましょう。

・SMTPホスト
・暗号化
・SMTPポート
・TLS自動化
・認証
・SMTPユーザー名
・SMTPパスワード

　各項目の設定値は、契約しているレンタルサーバーにすべての情報が記載されています。くわしくは、提供サービスごとのサポートページをご覧ください。

　設定が終わったら、「メールテスト」を押して、正しく設定できているかテストメール送信してみます。送信先に自分のメールアドレスを指定し、「メールを送信」をクリックします。「WP Mail SMTP」からのメールを確認できればOKです。

**図13-51　設定を終えたら、自分で確認可能なメールアドレスにテストメールを送信する。メール
受信を確認できれば、設定は完了だ**

③「Contact Form 7」プラグインでフォーム設置

　続いて問い合わせフォームを作成します。それにはまず、プラグイン「Contact Form 7」を
インストールし、有効化します。手順そのものはWP Mail SMTPと同じです。

図13-52 問い合わせフォームを作るため、新しいプラグイン「Contact Form 7」をインストールして有効化する

プラグインを有効化すると、サイドバーに「お問い合わせ」が追加されるので、これをクリックします。すると、コンタクトフォームを新規追加できる画面に移ります。すでに、デフォルトでフォームが一つ用意されているので、この「コンタクトフォーム1」をクリックして開きます。

図13-53 左サイドバーに追加された「お問い合わせ」をクリックし、デフォルトで用意されている「コンタクトフォーム1」をクリックして開く

「コンタクトフォーム1」の編集画面は次のようになっています。

図13-54　Contact Form 7の編集画面

Contact Form 7を設定する

　Contact Form 7（以下CF7）では通常のHTMLとは異なり、[ ]で括られたショートコードを使ってフォームを呼び出しています。逆にいうと、フォームを作成するコード以外はだいたいのHTMLコードが使えます。

　では、どのように記述すればいいか、見ていきましょう。

　コードを入力するボックスの上に、「テキスト」「メールアドレス」「URL」などのボタンが並んでいます。これがテンプレートになっています。いずれかのボタンを押すと、テンプレートとして用意されたコードを追加できます。とはいえ、あくまでもテンプレートなので、実際のコードの意味を押さえておいたほうが、応用が利きます。

　フォームのコードは以下のように書きます。あくまで一例なので、説明用と思ってください。

```
<label>氏名

    [text* your-name placeholder "例：ヤマダ　タロウ"]</label>


<label>メールアドレス

    [email* your-email]</label>


<label>題名

    [text* your-subject]</label>


<label>メッセージ本文（任意）

    [textarea your-message]</label>


[acceptance acceptance-195 optional] <a href="">プライバシーポリシー</
a>に同意する [/acceptance][multistep multistep-955 first_step "http://
localhost:8888/test/confirm"]


[submit "送信"]
```

■ フォームタイプ

ではこの中で記述されているショートコードを見ていきましょう。まずは、次のコードを見てください。

```
[text* your-name]
[email* your-email]
[radio radio1 use_label_element default:1 "A" "B"]
```

最初のtext、emailなどがフォームのタイプを表します。その次がフォーム名になります。

```
text*
```

といったように、フォームタイプの最後に「*」を付けると、入力必須項目として設定できます。

よく使うフォームタイプには、以下のようなものがあります。

- text　　　　……自由記入欄。短いテキストや氏名などが対象
- textarea　　……自由記入欄。問い合わせ内容などの長文向け
- number　　　……数値専用の記入欄
- email　　　　……メールアドレスの入力用
- tel　　　　　……電話番号の入力用
- radio　　　　……ラジオボタン
- checkbox　　……チェックボックス
- acceptance　……承諾確認用

acceptanceは、主にプライバシーポリシーのチェックで使います。

それ以外のパラメーターについても、よく使うものを中心に見ておきます。

■ プレースホルダー

テキストフォームで使うplaceholderで、入力前に表示する入力例を指定します。

```
[text* your-name placeholder "例：ヤマダ　タロウ"]
```

これをブラウザーで表示すると次のようになります。

例：ヤマダ　タロウ

図13-55　プレースホルダーを使った入力例の表示

■ 初期値（テキスト・数値）

フォーム名の次にダブルクォーテーションで囲んだ文字列を記述することで、初期値を設定することができます。

```
[number* number1 "0"]
```

```
0
```

図13-56　ショートコードに初期値として "0" を設定したときのフォーム

■ プライバシーポリシーのチェック

　acceptanceを使うと、checkboxと異なり、[acceptance]内にリンクを書くことができます。プライバシーポリシーへのリンクを記述するといいでしょう。プライバシーポリシー関連の記述をシンプルにできます。

```
[acceptance acceptance1 optional] <a href="（リンクを記述）">プライバシーポリ
シー</a>に同意する[/acceptance]
```

☐ プライバシーポリシーに同意する

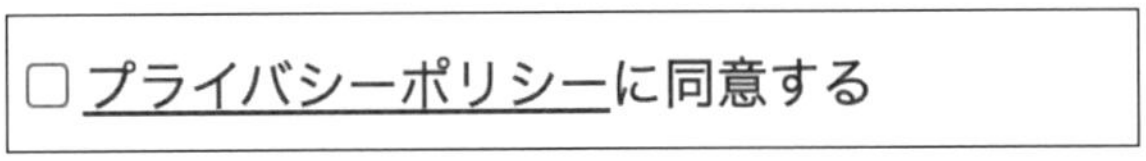

図13-57　CF7のショートコードで記述したプライバシーポリ
　　　　　シーの表示

■ 応答メッセージ位置

　CF7そのものには、送信後の確認画面の設定はありません。その代わりに問い合わせフォームの中で、「送信できました」といった応答メッセージが出ます。確認画面が必要ない場合でも、応答メッセージの位置を工夫することでユーザビリティを上げることができます。
　以下のコードを記述するだけで、その位置に応答メッセージを表示できます。

```
[response]
```

このほかにも、CF7にはいろいろと工夫のしようがあります。CF7のくわしい使い方は

Contact Form 7の公式サイト（https://contactform7.com/ja/tag-syntax/）でご確認ください。

CF7のメール設定

多くのサイトでは、

・サイトを運営する管理者への自動通知メール
・フォーム回答者への自動返信の確認メール

の両方を設定します。

まずは、管理者への自動通知メールを設定してみましょう。CF7の設定ページで「メール」タブに切り替えます。ここで、送信メールについての設定をします。

図13-58　メールフォームから送信するメールの設定

各項目にはデフォルト値がすでに入力されています。必要に応じてカスタマイズして行きます。まず、「送信先」を見てみましょう。CF7はデフォルトでは

```
[_site_admin_email]
```

が設定してあります。このときの送信先は、WordPressの「設定」メニューの「一般」にある
「管理者メールアドレス」で設定したアドレスです。別のアドレスに送りたい場合は、このテキ
ストボックスで指定します。

　送信元、題名、追加ヘッダーなども、管理者にとってわかりやすいものを入れます。

　「メッセージ本文」で送信内容を設定します。この記述の中に「フォーム」タブで設定した
フォーム名を埋め込んでおくと、その入力内容を呼び出して本文に挿入することができます。

　たとえば、「フォーム」タブで

```
[text* your-name]
```

と記述していたフォームの入力内容を呼び出すには、「メール」タブの「メッセージ本文」の中
で

```
[your-name]
```

を埋め込むことにより、本文中に読み込むことができます。

　次に、フォーム回答者への自動返信メールを設定します。そのためには、もう一つ、メール
の設定をする必要があります。「メール」タブの設定画面を一番下までスクロールすると、「メー
ル（2）」の設定ができます。「メール（2）を使用」というチェックボックスをオンにすると、2
番目のメールが有効になり、送信用の設定項目が現れます。

図13-59　メール（2）を有効にして、設定項目を表示したところ

　メールの設定項目自体は最初のメールと変わりません。また、メール（2）についてはこうした自動返信用メールとして使われることが想定されています。

　このため「送信先」はデフォルトで[your-email]になっています。これはフォームで記述した、ユーザーが自分のメールアドレスを入力するフォーム名です。ここはこのままでいいでしょう。

　残る項目の「送信元」「題名」「追加ヘッダー」「メッセージ本文」については、適宜、適切な内容に書き換えましょう。あくまでユーザーもしくは顧客に届くメールであることを念頭に設定する必要があります。

　これでフォームの設計は終わりました。あとはフォームを表示するよう、コードをページに埋め込みます。そのコードは、「フォーム」タブの青地になっている部分に表示されています。このコードをコピーします。

図13-60　「フォーム」タブの青字の部分に記述されたショートコードをコピーする

このコードを、固定ページや投稿などお問い合わせ用に作成するページの所定の位置にカスタムHTMLのブロックを挿入して貼り付けます。

図13-61　問い合わせ用ページのカスタムHTMLに、コピーしたショートコードを貼り付ける

これで、貼り付けた場所にフォームが埋め込まれました。Webページでは次のように表示されます。

TOP問い合わせ問い合わせ問い合わせ

問い合わせ

氏名
例：ヤマダ　タロウ
メールアドレス

題名

メッセージ本文 (任意)

☐ プライバシーポリシーに同意する
送信

Proudly powered by WordPress | Theme: underscores by Underscores.me.

図13-62　図13-61の問い合わせ用ページを表示したところ

フォームのデザインをカスタマイズする

　CF7のフォーム作成画面では、ほとんどのHTMLコードを使用することができます。クラス名でひもづければ、CSSも適用できます。つまり、かなり自由度が高いのです。

　これをどうデザインするかを考えるときには、フォームの入力のしやすさに焦点を当ててみましょう。パソコンなら設問と回答欄が同じ行に並ぶほうが、縦の表示範囲が短くなるので、入力しやすくなります。一方で、スマホで横に並べるのは無理があります。このため、設問の下に入力欄がくるよう、縦並びにしたいというケースが多いと思います。そこで、これを手軽に実装するための加工例をご紹介します。

　フォームをテーブルの中に入れるよう作成します。同じ行 (<tr>) に、設問と回答欄をそれぞれ<td>タグで囲んで記述します。すると、設問と回答欄が横並びになります。

```
<table>
    <tbody>
        <tr>
            <td>氏名</td>
            <td>[text* your-name placeholder "例：ヤマダ　タロウ"]</td>
        </tr>
```

```
        <tr>
            <td>メールアドレス</td>
            <td>[email* your-email]</td>
        </tr>
        <tr>
            <td>題名</td>
            <td>[text* your-subject]</td>
        </tr>
        <tr>
            <td>メッセージ本文（任意）</td>
            <td>[textarea your-message]</td>
        </tr>
    </tbody>
</table>
```

これをパソコンのウェブブラウザーで表示してみます。

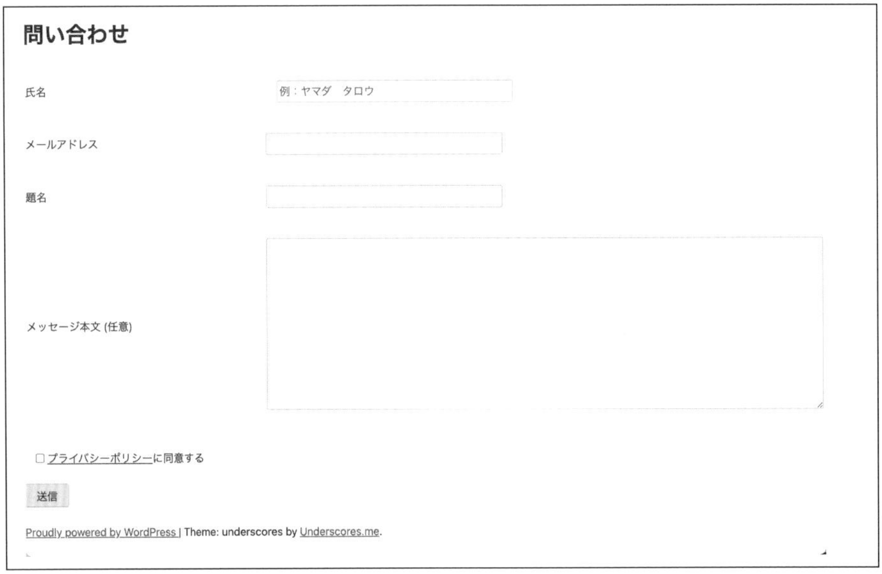

図13-63　テーブルを使ったフォームの表示例

ただし、このままではスマートフォンでも横並びのまま表示されてしまいます。スマホの場合は、項目名と入力欄が縦に並ぶようにしたいところです。そういう場合は、CSSで対応します。このページの追加CSSに

```
@media screen and (max-width:600px) {
    td{
    display:block;
    }
```

を記述します。こうするとスマートフォンで表示させるとき、正確には表示幅が600ピクセル以下のときは、tdのdisplayプロパティにblockを指定することで、縦に並ぶ表示にできます。

図13-64
CSSを追加して同じHTML
コードをスマートフォンで
表示したところ

あとは、セルの間隔を変えてみたり、テーブルの罫線を工夫したりといったように調整すると、かなり見やすいフォームになると思います。ぜひいろいろと試してみてください。なお、適用しているテーマによっては、別途テーマのCSSのほうも加工しないと反映されない場合があります。

④ プラグインでフォームの確認画面設置

こうした入力フォームに、入力内容の確認画面は必須です。ところが、Contact Form 7自体にはフォームの確認画面やサンクス画面は用意されていません。そこで、確認画面用のプラグインで対応します。ここでは、Contact Form 7 Multi-Step Formsを使います。

まずは、プラグインを入手します。これまでと同様の手順で、Contact Form 7 Multi-Step Formsを新規に追加しましょう。

図13-65　新たにContact Form 7 Multi Step Forms プラグインをインストールして有効化する

有効化すると、重要な更新についての通知を受け取る機能をオプトインするよう求められるので、これを許可します。

図13-66　更新やセキュリティについてのオプトインを求められるので、「許可して続ける」をクリックする

　ここで、作成した入力フォームの設定画面に戻ります。どこを修正するかというと、送信ボタンに設定するリンクです。具体的には、確認ページへのリンクに置き換えます。そのためには「フォーム」タブに用意されているテンプレートにある「multistep」をクリックします。

図13-67　「コンタクトフォーム1」の設定画面で、「フォーム」タブにあるテンプレートの「multistep」をクリックする

　multistep の設定画面が表示されるので、各項目を設定します。

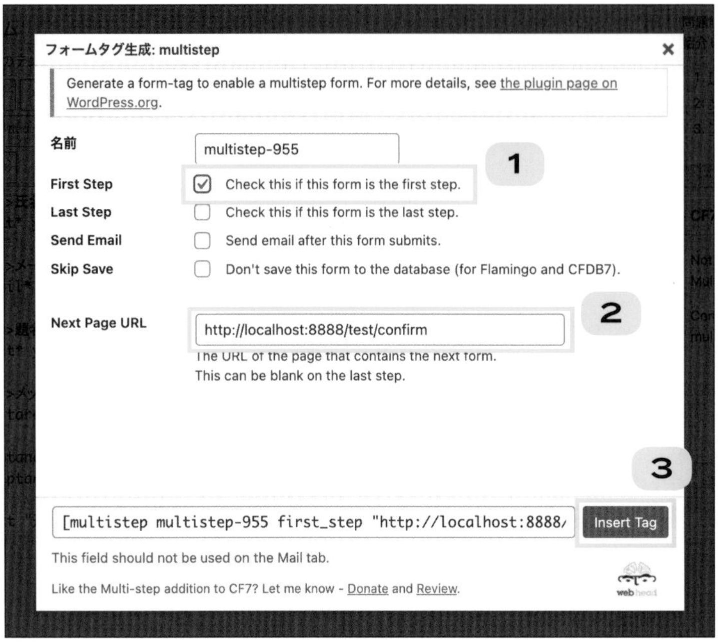

図13-68 multistepの設定画面。First Stepをオンにして、Next Page URL を指定する。Insert Tagをクリックすると、設定内容に合わせたタグ が生成される

この入力画面は、Contact Form1で提供するフォームの最初のステップにあたります。そ こで、First StepからSkip Saveの4項目では、First Stepのみにチェックします。

Next Page URLは、これから作成する確認画面のURLを入力します。先に決めて、ここ で指定します。

そこまで指定したらInsert Tagをクリックします。これでmultistepのタグが生成され、 フォームのコードに挿入されます。

図13-69 multistepの設定画面が閉じられる。フォームの画面を見ると、multistep
のショートコードが挿入されている

続いて、確認画面用のフォームを作成します。左サイドメニューの「お問い合わせ」でコン
タクトフォーム画面に戻り、「新規追加」ボタンを押します。

図13-70 コンタクトフォーム画面に戻り、新たにフォームを追加する

新しく作るフォームは「コンタクトフォーム1確認」としました。

この確認画面用のフォームを設定します。確認画面では、入力フォームの回答を
[multiform "（フォーム名）"]で呼び出します。

たとえば、入力フォームで

```
[text* your-name]
```

と記述してテキスト入力フォームを作った場合は、確認画面では

```
[multiform "your-name"]
```

というコードで、入力内容を呼び出せます。

図13-71　入力フォームから入力された内容を呼び出すように初期状態でコーディングしてあるが、さらに記述を追加する

　この画面では、戻るボタンも挿入します。戻るボタンは、

```
[previous "戻る"]
```

のように記述しますが、経験上たまに機能しないことがあります。そのときは、

```
<a href="./contact/">戻る</a>
```

のように、ショートコードではなく通常のHTMLを記述することで対応する方法もあります。

　続いて、送信が完了したときに表示するサンクスページへのリンクを用意します。同時にここでメール送信をする設定にします。これまでと同じ要領で、テンプレートのmultistepをクリックし、設定画面を呼び出します。

　ここでは、Last StepおよびSend Emailにチェックを入れ、Next Page URLにサンクスページのURLを指定します。

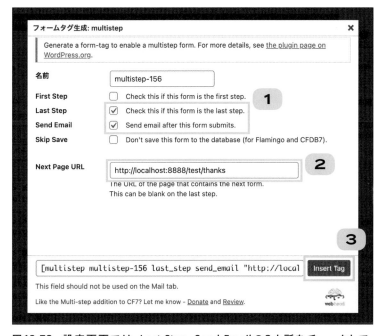

図13-72　設定画面では、Last Step、Send Emailの2カ所をチェックして、
　　　　　Next Page URLにサンクスページのURLを指定する

　これでmultistepのショートコードが挿入されるので、確認ページのフォームをコーディングできました。

　もう一度、ここでメールの設定をします。実のところ、入力画面からすぐに送信する場合には、入力フォームでメールを設定することが必要です。そういう場合もあることを想定して、図13-58でメールの設定をしました。

　しかしながら、Contact Form 7 Multi-Step Formsを利用して確認画面を設ける場合、メールを送信するのは確認画面でユーザーが内容を確認してからです。このため、確認画面を設定する場合は確認画面でメール設定を行い、入力画面での設定は不要になります。この場合の設定内容は、図13-58と同じです。

ここで、確認画面のコード例をあらためて見ていただきましょう。

```
<label> 氏名
    [multiform "your-name"]
</label>


<label> メールアドレス
    [multiform "your-email"]
</label>


<label> 題名
    [multiform "your-subject"]
</label>


<label> メッセージ本文（任意）
    [multiform "your-message"]
</label>


[previous "戻る"]
[multistep multistep-001 last_step send_email "http://～～.com/thanks"]
[submit "送信"]
```

　あとは、確認画面とサンクス画面をそれぞれ固定ページとして作成します。確認画面では、
「コンタクトフォーム1確認」の設定ページにある青地のショートコードをコピーし、「カスタム
HTML」ブロックを作って埋め込みます。

**図13-73　確認画面を作成し、「コンタクトフォーム1確認」で生成されたショートコードをカスタ
ムHTMLとして埋め込む**

　サンクス画面は、ひと言、お礼のメッセージがあれば良いでしょう。必要に応じて、適切な
メッセージを表示するようにしてください。

図13-74　同時にサンクス画面も作成する

　確認画面の設定は以上です。

　ここまで、CSS抜きで解説してきました。この段階での確認画面を見ておきましょう。

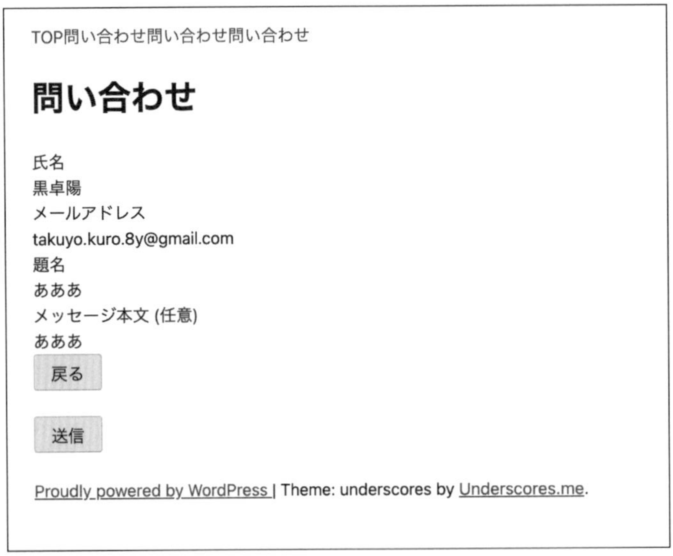

TOP問い合わせ問い合わせ問い合わせ

問い合わせ

氏名
黒卓陽
メールアドレス
takuyo.kuro.8y@gmail.com
題名
あああ
メッセージ本文 (任意)
あああ

戻る

送信

Proudly powered by WordPress | Theme: underscores by Underscores.me.

図13-75　確認画面のプレビュー

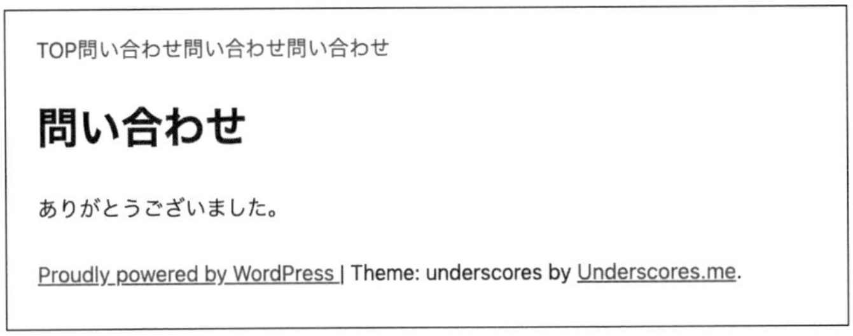

TOP問い合わせ問い合わせ問い合わせ

問い合わせ

ありがとうございました。

Proudly powered by WordPress | Theme: underscores by Underscores.me.

図13-76　サンクス画面のプレビュー

　本書ではフォームの作り込みについては省略しますが、読者の皆さんはぜひ、ここまでできたら見た目を整えるのをチャレンジしてみてください。

⑤フォームとスプレッドシートを連携

　問い合わせフォームの機能としては、管理者とユーザーにメール通知されるだけでも十分ですが、フォーム内容を一覧で確認したいとか、集計を行いたいと要望されることもあります。そうしたケースに備えて、入力された内容をリアルタイムで記録する仕組みを作っておくと、かなり運用が楽になると提案できます。

　CF7には回答結果をスプレッドシートに反映できるプラグインがあります。これを使って、

問い合わせ内容の保存先をGoogleのスプレッドシートにすることで、プールしていく方法をご紹介します。簡単に利用できるので、Googleフォームを使うような場面でもその代わりになります。

まず、CF7 Google Sheet Connectorプラグインをダウンロードし、有効化します。

図13-77　CF7 Google Sheet Connector プラグインをインストールし、有効化する

左サイドメニューから、「お問い合わせ」→「Google Sheets」を選択して、Contact Form 7 - Google Sheet Integration の設定画面を開きます。ここで Google Sheets 欄にある Get Code ボタンを押します。

図13-78　保存先のスプレッドシートと連携するため、Googleに対して専用のコードを要求する

　Googleアカウントのログインが要求されるので、ログインします。ここで認証することで、Google Sheet Connectorプラグインを通じてWordPressからスプレッドシートを利用できるようになります。

図13-79　保存先のスプレッドシートと連携するため、Googleに対して専用のコードを要求する

　WordPressの画面に戻ります。Googleから送られてきたコードがGoogle Access Codeの欄に入力されていることを確認してSaveボタンを押します。

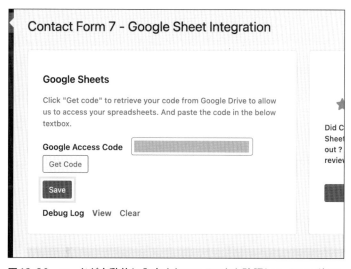

**図13-80　コードが自動的に入力されていることを確認して、Saveボタン
　　　　　を押す**

この手順を見てわかる通り、ログインしたアカウントのGoogle Sheet Connectorプラグインのみ連携可能になります。運用的にどのアカウントと連携するのが適切か、必要に応じてクライアントとの間でも確認してから連携しましょう。

最終的に次のような表示になれば、連携の設定は完了です。

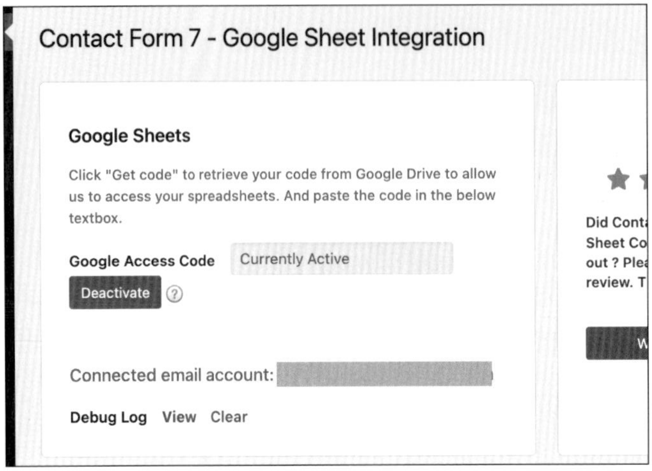

図13-81　スプレッドシートとの連携ができるようになった状態の表示

続いて、Google側で回答集計用のスプレッドシートを用意します。特にスプレッドシート側で設定する必要はありません。このスプレッドシートのファイル名、タブ名、URLをこのあとの設定で利用するため、この段階で控えておきます。

また、シートの1行目には、CF7で設定したフォーム名を入れます。このフォーム名の下に、自動で回答結果が蓄積されます。

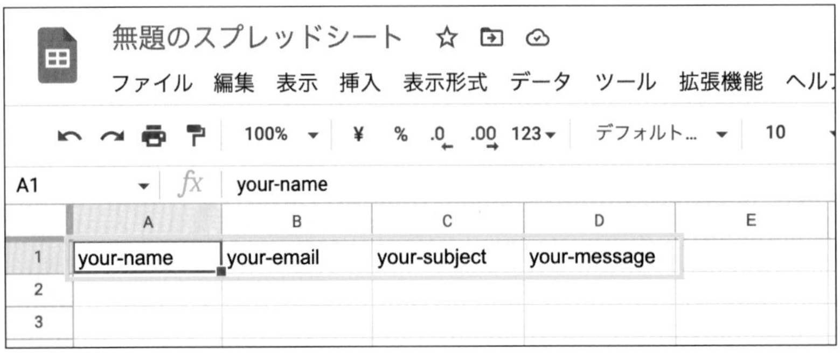

図13-82　1行目に内容を記録するフォームのフォーム名を、項目名として入力する

　WordPress画面に戻り、フォームをスプレッドシートにひもづけます。なお、どのフォームをスプレッドシートとひもづけて記録するかはケースバイケースになってくるので、セオリーがあるわけではありません。確認画面を用意せず、CF7単体で入力フォームを作成するだけなら入力画面のフォーム画面で設定します。一方、Contact Form 7 Multi-Step Formsで確認画面も挿入するなら、確認画面のフォームにそれぞれ反映していきます。

　スプレッドシートの連携には、以下の項目に入力が必要となります。

・Google Sheet Name 　　　……スプレッドシートのファイル名
・Google Sheet ID 　　　　　……スプレッドシートのID（URLから抽出）
・Google Sheet Tab Name 　……タブの名前
・Google Tab ID 　　　　　　……タブID（URLから抽出）

　ここで、Google Sheet ID と Google Tab ID は、スプレッドシートのURLから抜き出せます。スプレッドシートのURLは、

```
https://docs.google.com/spreadsheets/d/[スプレッドシートID]/edit#gid=[タブ
ID]
```

という構成になっているので、必要な文字列を抜き出して設定してください。

図13-83　Google Sheet Name、Google Sheet ID、Google Sheet Tab Name、Google Tab ID が設定する必要のある項目

完了したら、「保存」を押します。これで、スプレッド連携の設定は完了です。

ここでスプレッドシートへの記録が正常にできているかどうか、確認しておきましょう。次の図のような確認画面から、メールを送信してみます。

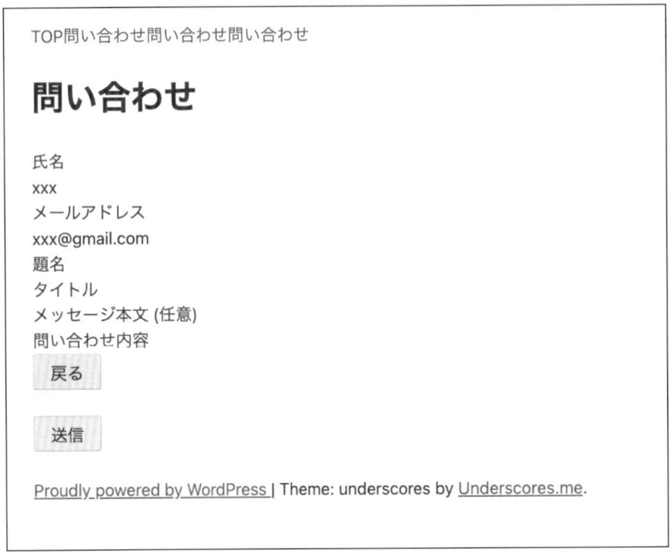

TOP問い合わせ問い合わせ問い合わせ

問い合わせ

氏名
xxx
メールアドレス
xxx@gmail.com
題名
タイトル
メッセージ本文 (任意)
問い合わせ内容
戻る

送信

Proudly powered by WordPress | Theme: underscores by Underscores.me.

図13-84 動作確認用に入力したフォームの確認画面。これを送信する

確認画面で送信ボタンを押すと、スプレッドシートにこのように反映されました。連携はうまくいったとみていいでしょう。

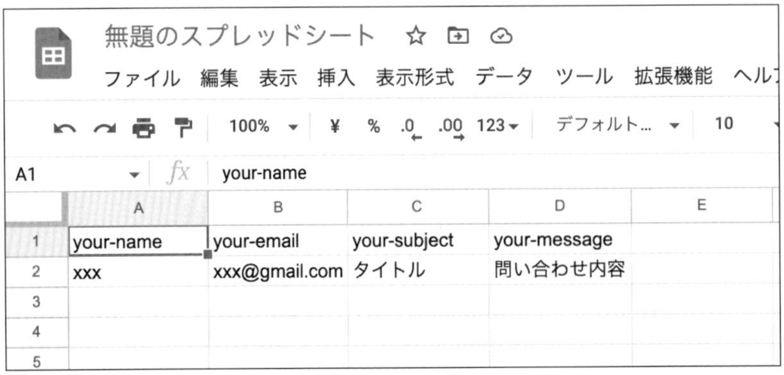

	A	B	C	D	E
1	your-name	your-email	your-subject	your-message	
2	xxx	xxx@gmail.com	タイトル	問い合わせ内容	
3					
4					
5					

図13-85 Google側でスプレッドシートを開いたところ。送信した内容が反映されているのが確認できる

項目に「date」「time」を追加すると、フォームを送信した日時を取得することもできます。

図13-86　送信日時も取得するようにしたスプレッドシートの例

CF7とひもづけたシート自体は、そのままにする必要がありますが、別シートでフォームの件数を集計したり、内容の分類で集計したりといったように、使い方次第でかなり強力なデータを収集・分析できるツールとなります。

⑥ Google reCAPTCHAでスパム対策

フォームを設置すると、必然的に大量受信（スパム）の攻撃にさらされます。その対策としてよく使われるのがCAPTCHAです。フォームを送信前に画像で表示された文字列を入力したり、「信号が写った写真をすべてクリックしてください」といった指示が出されていたりするのを見たことがあるのではないでしょうか。プログラムが機械的に大量のメールをフォーム経由で送るのを防ぐために、どこかに人の目と手を介在させる仕組みです。現在ではその仕組みも進化しており、機械学習などによりスパムか、適切な入力かを見分けられるようになっています。ここではそうした新しいCAPTHCAの中でも手軽に導入できるGoogle reCAPTCHAを紹介します。

なお、このreCAPTCHAの作業は、Webサーバーで行います。ひと通りサイト構築が完了して、Webサーバーにデータを移行してから行うプロセスになります。ローカル環境ではできません。

まずは、reCAPTCHAでWebサイトを登録します。reCAPTCHAのページ（https://www.google.com/recaptcha/about/）を開いて「v3 Admin Console」をクリックします。

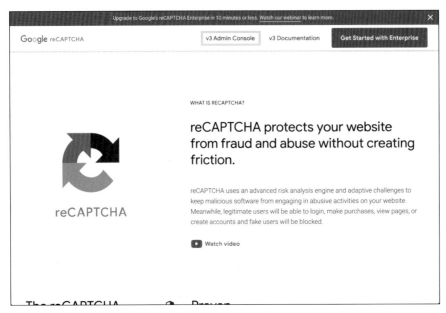

図13-87　reCAPTCHAのページを開いたら、「v3 Admin Console」をクリックしてサイトを登録する

　続く画面で、新規のサイト用にreCAPTCHAの設定をします。「ラベル」「reCAPTCHAタイプ」「ドメイン」の3点を入力して、次に進みます。

図13-88　新規サイトの登録画面。「ラベル」「reCAPTCHAタイプ」「ドメイン」を設定する

　各項目では、次のように設定します。まず「ラベル」は管理者がわかる名前にしておけばOKですが、サイトのドメイン名が無難でしょう。

　「reCAPTCHAタイプ」は、ここではv3を使用します。

　「ドメイン」にはサイトのドメインを入力します。

　reCAPTCHAのキーが発行されたら、これをコピーします。このキーをWordPressで使用します。

図13-89　reCAPTCHAのキーが発行されるので、これをコピーしておく

　WordPressに戻ります。左サイドバーから、「お問い合わせ」→「インテグレーション」をクリックします。表示される画面で少し下のにスクロールするとreCAPTCHAの欄があるはずです。ここにある「インテグレーションのセットアップ」をクリックします。

**図13-90 メニューから「インテグレーション」を開き、reCAPTCHA欄の「インテグレーションの
セットアップ」をクリックする**

reCAPTCHAで発行されたキーを入力し、「変更を保存」します。

図13-91 画面の指示に従って、reCAPTCHAのページで発行されたキーを入力する

これでreCAPTCHAの設定は完了です。reCAPTHCAを実装したページの例を見てください。

図13-92　reCAPTHCAを実装したページの例。右下にreCAPTHCAのボタンが表示されている

こうしたフォームから送信ボタンを押すと、reCAPTCHAが送信内容をチェックします。問題がなければそのまま送信されるので、ユーザーに余計な手間をかけさせることがありません。

このマークの表示が必要ない場合は、CSSで非表示にすることもできます。

サイトをバックアップする

　どんな環境でサイトを運用するにしても、不意のトラブルを完全に避けることはできません。そのため、定期的にサイトをバックアップする必要があります。WordPressのバックアップにも専用のプラグインが用意されています。ここでは、その中からAll in one WP Migrationを使ったバックアップを紹介します。

　これまでに利用したプラグインと同じ要領で、All in one WP Migrationをインストールし、有効化してください。

図13-93　新たにバックアップ用のプラグインであるAll in one WP Migrationをインストールして有効化する

　プラグイン自体で何かを設定する必要はありません。サイドバーに追加されたAll in one WP Migrationをクリックし、「バックアップ」が表示されたら、これを押します。開いた画面で「バックアップを作成」を押します。

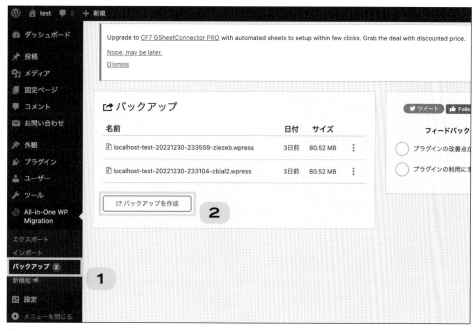

図13-94　サイドバーから「バックアップ」を選び、「バックアップ」の画面に切り替わったら「バックアップを作成」をクリックする

　これでバックアップの準備ができました。ここでは、バックアップしたデータは物理ファイルとしてローカルに保管することにします。サイドバーの「エクスポート」を選びます。画面が「サイトをエクスポート」に切り替わったら、「エクスポート先」をクリックします。

**図13-95　バックアップする場合は、サイドバーの「エクスポート」をクリックし、開いた「サイトをエクス
ポート」画面で「エクスポート先」をクリックする**

　すると、選択可能なエクスポート先がメニューとして一覧表示されるので、その中から「ファ
イル」を選びます。すると、WordPressのファイル一式に加え、各Webページや設定までを
まとめたwpressファイルが作成され、自動的にダウンロードされます。これでバックアップ
は完了です。

　このwpressファイルをWordPressにインポートすると、元のサイトをそのままそっくり
復元できます。このバックアップを応用すれば、たとえばローカルで作成したサイトをエクス
ポートし、そのwpressファイルを本番環境にインポートすることでサイトを構築するといっ
たことが簡単にできます。

　手順自体は、サイドバーから「インポート」を選び、エクスポートのときと同様にインポート
元として「ファイル」を選びます。過ぎにローカルに保存したwpressファイルを選択します。

図13-96 サイドバーの「インポート」をクリックして、「サイトのインポート」画面を開く。「インポート元」
→「ファイル」を選んでバックアップしたファイルを選択するか、バックアップファイルをマウ
スで点線の枠内にドラッグしてインポートする

同じ環境でバックアップ／復元するときは問題ないのですが、Webサイトを別サーバーに
移行するときには移行元と移行先で環境をそろえておく必要があります。事前に

・PHPのバージョン
・WordPressのバージョン

が合っているか、事前に確認しておきましょう。バージョンの違いにより動作不良を起こす可
能性があります。場合によっては、単にエクスポートしたwpressファイルをインポートするだ
けで済まされず、移行先の環境を再現した開発環境を用意し、いったん開発環境にインポー
トして動作を確認、問題が生じた場合はデータやCSSなどを修正し、それから移行先に復元
するといったステップを踏むことも必要になります。

インポートのサイズ上限を引き上げる

サイトをインポートする場合、ファイルサイズに制限が設定されています。デフォルトでは
2M～20MBとなっています。上限を引き上げないとインポートできない場合がほとんどで

す。そこで、インポートの上限を上げる方法を解説します。

それにはまず、WordPress直下に格納されているファイル「.htaccess」を開きます。ローカル環境では隠しファイルになっているので、OSの設定で隠しファイルを表示できるように変更してください。「.htaccess」を見つけられるかと思います。レンタルサーバーでは、管理パネルなどで「.htaccess」を編集する機能が用意されていることもあります。そういう場合は、管理パネルから作業できます。

「.htaccess」を開くと、次のようになっています。

```
# BEGIN WordPress
# "BEGIN WordPress" から "END WordPress" までのディレクティブ（行）は
# 動的に生成され、WordPress フィルターによってのみ修正が可能です。
# これらのマーカー間にあるディレクティブへのいかなる変更も上書きされてしまいます。
<IfModule mod_rewrite.c>
RewriteEngine On
RewriteRule .* - [E=HTTP_AUTHORIZATION:%{HTTP:Authorization}]
RewriteBase /test/
RewriteRule ^index\.php$ - [L]
RewriteCond %{REQUEST_FILENAME} !-f
RewriteCond %{REQUEST_FILENAME} !-d
RewriteRule . /test/index.php [L]
</IfModule>

# END WordPress
```

図13-97　.htaccessの内容

この最終行、#End WordPressの下に次のコードを挿入します。

```
php_value upload_max_filesize 256M

php_value post_max_size 256M

php_value memory_limit 256M

php_value max_execution_time 300
```

このコードの詳細については割愛しますが、この記述を追加することによりアップロード時の最大ファイルサイズが256MBになります[5]。

---

[5]　なお、サーバー環境によってはこのコード挿入がどうしてもエラーになることがあります。その場合は、別の方法を試す必要があります。

```
# BEGIN WordPress
# "BEGIN WordPress" から "END WordPress" までのディレクティブ（行）は
# 動的に生成され、WordPress フィルターによってのみ修正が可能です。
# これらのマーカー間にあるディレクティブへのいかなる変更も上書きされてしまいます。
<IfModule mod_rewrite.c>
RewriteEngine On
RewriteRule .* - [E=HTTP_AUTHORIZATION:%{HTTP:Authorization}]
RewriteBase /test/
RewriteRule ^index\.php$ - [L]
RewriteCond %{REQUEST_FILENAME} !-f
RewriteCond %{REQUEST_FILENAME} !-d
RewriteRule . /test/index.php [L]
</IfModule>

# END WordPress

php_value upload_max_filesize 256M
php_value post_max_size 256M
php_value memory_limit 256M
php_value max_execution_time 300
php_value max_input_time 300
```

図13-98 .htaccessにアップロード時の最大ファイルサイズを256MBに拡大するコードを記述したところ

WordPressのセキュリティ対策

　Webサイトを立ち上げると、ハッキング、スパム、サーバーダウンなどの問題にさらされることになります。納品時には問題ないサイトが作れたとしても、その後の運用で起こることを考慮に入れておかなければなりません。ここでは、Webデザイナーがかかわれる範囲の基本的なWordPressのセキュリティ対策を解説します。

パソコンのセキュリティ対策は有料ソフトで

　まず大前提になるのが、Webデザイナーが自分で使うパソコンのセキュリティ対策です。これが最も基本的な対策になります。メールやなりすましサイト、アプリの脆弱性を狙うなどして、パソコンは常に狙われています。WordPressのみならず、レンタルサーバーに関連する情報まで盗み出されてしまったら、たとえば侵入されて改ざんされたことがわかっても、す

ぐにサイトを停止することさえできなくなる可能性もあります。

　Webデザイナーのパソコンが原因だったというのは最悪の事態かもしれません。それを防ぐためにもセキュリティ対策ソフトは必須です。無料で提供されているセキュリティ対策ソフトもたくさんありますが、クライアントのデータやサイトを預かって仕事をする以上、サポート体制がしっかりしている有料ソフトを強くお勧めします。クライアント側から見て「無料ソフトで対策しています」というWebデザイナーに安心して任せられると思うかどうか。まずは、パソコンのセキュリティ対策をしっかりしていきましょう。

WordPressの設定で対策

　次に、WordPressの設定でできる対策について紹介します。

■ 不要なテーマやプラグインを削除する

　使わないテーマやプラグインを「無効化」していても、WordPressフォルダ内にはプログラムが存在し、これを外部から悪用されてしまう危険性があります。不要で使わないものなら、有効化せずに放置しておくのは不十分です。削除しましょう。テーマやプラグインなら、必要になったらまた導入できます。

■ バージョンアップ

　サイトの改ざんや管理画面への侵入を防ぐためには、WordPress自体とテーマ、プラグインのバージョンアップは重要です。ただし、WordPress自体のバージョンアップを行う場合、サーバー環境（PHPとデータベースのバージョン）が合っていなければサイト自体が動かなくなる場合があるので注意が必要です。基本的には以下の2点のバージョンを確認します。どちらかがバージョンアップしていてもすぐには適用せず、バージョンアップしても大丈夫かどうかを調べてから実行します。

・PHP

　WordPressの新しいバージョンが対応しているPHPのバージョンが、サーバーのPHPのバージョンと合っているか

・データベース

　WordPressの新しいバージョンで必要なデータベース（MySQLまたはMariaDB）のバージョンが、サーバーのデータベースのバージョンと合っているか

プラグインでセキュリティ対策

WordPressにはセキュリティ対策になるプラグインも公開されています。ここでは、バックアップ、管理画面のアクセス制限を支援するプラグインを紹介します。

■ 定期的なバックアップ

何らかの問題が起きてWordPressが動かなくなったとしても、バックアップを取っていれば復活させることができます。本章で紹介した「All in one WP Migration」プラグインでならバックアップを取ることもできますが、手動で操作する必要があります。万全を期するならば、自動でもバックアップを取りたいところです。

そこで便利なのがUpdraftPlus WordPress Backup Pluginです。このプラグインを使うと、定期的に自動でバックアップすることができます。保存先もWordPressのサーバー以外に、GoogleドライブやDropboxなどのクラウドストレージも選べます。万が一、サーバーの障害で問題が起きたような場合でも、バックアップを安全に残せるようにしておきましょう。

■ 管理者画面への侵入を防ぐ

WordPressの管理画面にログインするためのページは、URLがデフォルトで「ドメイン名/wp-admin」になっています。これは周知の事実なので、WordPressの管理者ログインページは攻撃者に簡単に見つけられてしまいます。パスワード攻撃などによる侵入から、管理画面を守らなくてはなりません。「wp-admin」は他の文字列に変えておきましょう。

それにはSiteGuard WP Pluginを使います。ログインページのURLを変更できるほか、WordPress自体のアクセス管理よりも柔軟なアクセス制限、ログイン時のアラートなど、WordPressを使っていくうえで有用なセキュリティ対策が充実しています。

メールフォームを守る

メールフォームもまた、攻撃者から狙われやすいポイントです。これにも、設定及び外部ツールで対策しましょう。

■ スパム対策

問い合わせフォームや、コメント機能を設けている場合、スパム攻撃を受けやすくなります。問い合わせ担当者に大量のメールが送られてきて業務がパンクしたり、場合によっては

入力を受け付ける処理が急激に増大し、サーバーが負荷に耐えられなくなってサイトが落ちることもあります。問い合わせフォームやコメント機能がある場合には、スパム対策していきましょう。対策には、いくつか方法があります。

　まず、メールフォームの設置のところでも取り上げた reCAPTCHA による認証です。Google がロボットを判定してスパムを防いでくれる reCAPTCHA を、Contact Form 7 に組み込むことでフォーム入力時にスパムを見分けて送信を止めることができます。

　入力時に日本語（ひらがな）が入っていることを送信時の条件にすることもできます。スパムは、国内よりは海外からの攻撃のほうが圧倒的に多いのが現状です。PHP コードの記述を追加することで、問い合わせ欄やコメント欄にひらがなの入力を必須にします。抜本的なセキュリティ対策ではありませんが、これだけでも日本語圏以外でのスパム攻撃を防ぎやすくなり、スパムメールの数を大幅に減らすことができます。

■ 海外からのアクセスまたはフォーム送信を制限

　国内向けユーザー向けのサイトでは、サーバーなどを設定することにより、海外からのアクセスそのものを拒否したり、海外からのアクセス時はフォーム送信を禁止したりといった制限を加えることができます。ここでは具体的な設定には踏み込まないので、サーバーのマニュアルなどで確認してください。

　ここでは多くのサイトで共通して有効な対策を紹介しました。このほかにもサイトの状況に応じて、さまざまなセキュリティ対策が必要となるでしょう。セキュリティに関する新しいトピックは技術系のニュースサイトなどでも頻繁に目にすることができます。Web にかかわる仕事である以上、セキュリティにも常にアンテナを張りながら、どういった問題が起こってもすぐに手を打てるよう、動向に気を配っておきましょう。

WordPress用プラグインを活用する

WordPressは、プラグインが充実しているのが特徴です。クライアントから難しい（面倒そうな）要望が出てきても、プラグインを使えば柔軟に対応できるケースもよくあります。ここでは、幅広い機能を実現する"ゼヒモノ"のプラグインを5本紹介します。いずれ皆さんの仕事でも役立つであろうプラグインばかりです。ぜひ頭の片隅に入れておいていただきたいですね。

■ 柔軟なパスワードでWordPressを保護

Password ProtectedはさまざまなパスワードでWordPressを保護するためのプラグインです。典型的な使いどころは、たとえばサイト構築の最終盤です。

サイトを本番環境で公開する前に広く関係者に確認してもらって、本公開へと進めたいといったときに、そこまでプロジェクトメンバーにいなかった人にも閲覧用のパスワードを発行したいといったおきに使います。本番サーバーにデータをインポートしたものの、本公開とは別に一部の人のみが閲覧できるようにするといったことが柔軟にできるようになります。

■ SEO対策の負担を軽減する

All in one SEOは、SEO対策の定番プラグインです。SEOに必要な設定をわかりやすく可視化してくれるので、手軽に基本的なSEO対策ができると思います。

また、また、サイトのアクセス解析で使うGoogle AnalyticsやGoogle Search Consoleとの連携も、このプラグインを使うと簡単にできます

■ 人気記事の一覧を作る

WordPress Popular Postsは記事の閲覧回数を計測し、人気記事一覧やアクセスの多いランキングなどを簡単に生成することができるプラグインです。人気記事を集計する期間としては、直近の24時間、7日間、30日間などが設定可能です。オウンドメディアを構築する場合は、必須のプラグインといえるでしょう。

■ 会員制サイトを作る

サイトの一部あるいは全部に認証をかけることで、会員制サイトを簡単に作れるプラグイ

ンです。WordPressのページを、ログインしないと閲覧できないようにします。登録画面、ログイン画面、パスワード再設定画面までそろっているほか、ログインなしで見れるページ、ログインしないとみれないページをきめ細かく設定できます。会員は、WordPressの「ユーザー」メニューで追加・修正・削除などを行うことができます。

■ イベントカレンダーを作る

　Event Organizerは、イベントカレンダーを簡単に作成できるプラグインです。カレンダーの内容は、サイドメニューに作られる「イベント」で記事を投稿するときのように作成できます。イベントの作成時に設定した日時がカレンダーに反映されます。このプラグインを応用すると、各イベントのページに問い合わせフォームを挿入することで、予約サイトのようなものを作ることもできます。

WordPressビギナーのためのPHP入門

　WordPressの投稿ページや固定ページなどのコンテンツは、WordPressが用意したデータベースに蓄積されます。WordPressはデータベースから個別のデータを呼び出すことによって、メニューに表示したり、記事をあとから編集したり、記事一覧を自動作成したりといった処理を実行します。

　何もかもWordPressに任せないで、呼び出すデータやその形式を任意に指定することもできます。そうすることで、たとえば記事一覧を自由にカスタマイズした形で作成して提供することができます。データの呼び出すにはPHPというプログラミング言語を使用しますが、特にWordPressでは記事やユーザーなど、WordPressに関するデータを簡単に呼び出せる「WP_Query」というクラスが用意されています。

　WP_Queryについては、WordPress公式サイト「WP_Query」（https://ja.wordpress.org/support/）にくわしい情報があります。

　PHPは立派なプログラミング言語です。本書だけではとてもPHPを使いこなせるところまでの解説はできません。ここではPHPの基礎については一切触れません。が、PHP自体は分からなくても記事一覧を実装できるよう解説しました。PHPがどういう記述になっていて、どのようなに編集するとどのように動作が変わるのかというイメージをつかんでください。PHPは多くのWebサイトで使用されている、Webプログラミングではポピュラーな言語です。ぜひ本書を入り口に、解説サイト、本、動画などで今後も引き続き勉強することをお勧めします。

　コーポレートサイト、オウンドメディアをWordpressで実装するなら、なおさら記事一覧を作成する方法を知っておく必要があります。WordPress標準の記事一覧ページで納得するクライアントはいないでしょう。そこで、PHPのコードを改変してオリジナルの記事一覧作成にチャレンジしていただきます。

　今の段階では、見よう見まねで紹介するコードを入力するだけになるかもしれません。でも、それでかまいません。どこでどのようにPHPが使われているかをつかむだけでも、大きな意味があると考えてください。

　まずは簡素なコードで記事一覧を作ってみましょう。

　記事一覧には、大きく2種類の実装方法があります。

13

① function.phpファイルに記事一覧を呼び出すコードを作成して、
   これを固定ページで呼び出す方法

② テンプレートファイルに直接記載する方法

　ここでは、①の方法をご紹介します。慣れてきたら、直接テンプレートファイルも触れるように練習していきましょう。

タイトルだけの記事一覧を作る

　まずは、WordPressをインストールしたフォルダーからapp→public→wp-content→themesとたどって、導入しているテーマ名のフォルダーにある、function.phpをテキストエディタで開きます。

　その一番下に、次のコードを追加します。

コード17-1　function.php の末尾に追加するコード

```
01   function posts_func() {
02   $args = array(
03       'post_type' => 'post',
04       'post_status' => 'publish',
05       'order' => 'DESC',
06       'orderby' => 'date',
07       'posts_per_page' => 10
08       );
09
10       $the_query = new WP_Query($args);
11       while ($the_query->have_posts()) : $the_query->the_post();
12   echo '<p><a href="'.get_permalink( $post->ID ). '">';
13       the_title();
14   echo '</a></p>';
15   endwhile;
16   wp_reset_postdata();
17   }
```

```
18    add_shortcode('posts', 'posts_func');
```

　このコードにより、投稿ページを読み出すプログラムをショートコードpostsで呼び出せるようにしています。

　次に、任意の固定ページに「カスタムHTML」でショートコードを貼り付けます。固定ページは、どのページでもOKです。ショートコードとは、先ほどのpostを [ ] で囲んだものです。つまり、カスタムHTMLには

```
[posts]
```

と記述すればいいわけです。そのときのWordPressの画面を見てください。

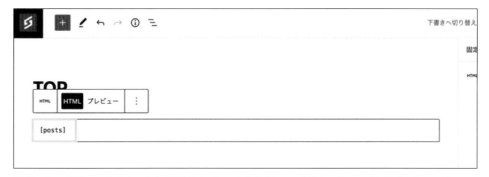

図13-99　固定ページにカスタムHTMLのブロックを作り、コードとして[posts]を入力したところ

　ここで先ほどショートコードを追加した固定ページを開いてみます。すると、記事一覧がリンク付きで表示されています。

TOP問い合わせ問い合わせ問い合わせ

TOP

記事A
記事B
記事C

Proudly powered by WordPress | Theme: underscores by Underscores.me.

図13-100　図13-99のページをWebブラウザーで開いたところ。記事をリスト化できている

　function.phpに挿入したコードを、くわしく見てみます。コードは大きく、3パートに分解できます。PHPは細かく分解していくと理解しやすい言語です。まずは、それぞれのパートがどのような動作をするのか、どのような意味があるのかだけを読み取るのでかまいません。徐々にPHPのコードに慣れていきましょう。

　3パートというのは順に

① ショートコードの発行
② 表示する記事の条件
③ 記事の出力

です。

❶ ショートコードの発行

　先頭の行と最終行がショートコードを発行するスクリプトです。このposts_funcは関数名、postsはショートコード名で、いずれも名前は任意です。ここではそういう名前にしたに過ぎません。

コード17-2　ショートコードを発行するためのパート

```
01  function posts_func() {
02  $args = array(
03      'post_type' => 'post',
```

```
04      'post_status' => 'publish',
05      'order' => 'DESC',
06      'orderby' => 'date',
07      'posts_per_page' => 10
08      );
09
10      $the_query = new WP_Query($args);
11      while ($the_query->have_posts()) : $the_query->the_post();
12      echo '<p><a href="'.get_permalink( $post->ID ). '">';
13          the_title();
14      echo '</a></p>';
15      endwhile;
16      wp_reset_postdata();
17  }
18  add_shortcode('posts', 'posts_func');
```

❷ 表示する記事の条件

2番目のパートは、どのような記事を、どのような順番で、どれくらい表示するかの条件を設定できます。

コード17-3　2番目のパートで一覧に表示する記事を抽出する

```
01  function posts_func() {
02  $args = array(
03      'post_type' => 'post',
04      'post_status' => 'publish',
05      'order' => 'DESC',
06      'orderby' => 'date',
07      'posts_per_page' => 10
08      );
09
```

```
10    $the_query = new WP_Query($args);
11    while ($the_query->have_posts()) : $the_query->the_post();
12    echo '<p><a href="'.get_permalink( $post->ID ). '">';
13        the_title();
14    echo '</a></p>';
15    endwhile;
16    wp_reset_postdata();
17  }
18  add_shortcode('posts', 'posts_func');
```

ここで設定している内容を見てみましょう。3行目に出てくる

```
'post_type' => 'post',
```

により、「投稿記事」を選ぶという条件を記述しています。「post_typeがpostのもの」という
意味だと思ってください。3行目の

```
'post_status' => 'publish',
```

により公開している記事を条件とします。その次の4行目、5行目は

```
'order' => 'DESC',
'orderby' => 'date',
```

で、「日付順の降順（新しい順）」にリストするという動作を記述しています。
　7行目の

```
'posts_per_page' => 10
```

は「1ページに最大10記事まで表示」という設定に表現しています。

❸記事の出力

3番目のパートは、行数も多めなので少しややこしく感じるところでしょう。ざっくり言うと先ほどの2番目のパートで記述した条件（$args）をもとに、データベースから記事を呼び出す処理についての記述です。

コード17-4　記事を出力する3番目のパート

```
01  function posts_func() {
02  $args = array(
03      'post_type' => 'post',
04      'post_status' => 'publish',
05      'order' => 'DESC',
06      'orderby' => 'date',
07      'posts_per_page' => 10
08      );
09
10      $the_query = new WP_Query($args);
11      while ($the_query->have_posts()) : $the_query->the_post();
12      echo '<p><a href="'.get_permalink( $post->ID ). '">';
13          the_title();
14      echo '</a></p>';
15      endwhile;
16      wp_reset_postdata();
17  }
18  add_shortcode('posts', 'posts_func');
```

まず見てもらいたいのが12行目の

```
$permalink = get_permalink( $post->ID );
```

という部分と、次の行の

445

```
the_title();
```

です。

```
get_permalink( $post->ID );
```

は記事のパーマリンク（URL）を呼び出し

```
the_title();
```

は記事のタイトルを呼び出しています。この処理には含まれていませんが、ほかにも記事投稿日や著者、サムネイルなどを呼び出すことができます。

そして、これらがHTMLタグのようなもので囲まれています。ここでやっている処理というのは、記事リンクや記事タイトルは記事によって変わる変数です。このコードが動作するときには、変数としてデータベースから読み込んだ値を、HTMLタグの中の変数を記述した位置に埋め込むことにより、HTMLコードを生成して出力しているのです。

たとえば、<p>と</p>を<div>と</div>に書き換えると、記事タイトルがdivタグで囲まれる記述で出力されます。もちろん、クラスやID名を追加することも可能です。こうしてタグ設定しておけば、あとはCSSでデザインの作り込みができるのです。

記事投稿日・サムネイル付きの記事一覧を作る

もう一歩踏み込んで記事投稿日・サムネイルも表示することで、本格的な記事一覧を作ってみましょう。

■ 投稿日を追加する

投稿日は、

```
echo get_the_date();
```

を追加することで表示できます。記事タイトルと区別できるように
で改行を入れてみま

した。

コード17-5　3番目のパートに公開日を出力するコードを追加

```
01  function posts_func() {
02  $args = array(
03  'post_type' => 'post',
04      'post_status' => 'publish',
05      'order' => 'DESC',
06      'posts_per_page' => 10
07      );
08
09      $the_query = new WP_Query($args);
10      while ($the_query->have_posts()) : $the_query->the_post();
11      $permalink = get_permalink( $post->ID );
12      echo '<p><a href="'. $permalink. '">';
13      echo get_the_date().'<br>';
14          the_title();
15      echo '</a></p>';
16      endwhile;
17      wp_reset_postdata();
18  }
19  add_shortcode('posts', 'posts_func');
```

これでどう表示されるかを見てみましょう。

WordPressの基本

TOP問い合わせ問い合わせ問い合わせ

TOP

2022年7月11日
記事A
2022年2月4日
記事B
2022年2月4日
記事C

Proudly powered by WordPress | Theme: underscores by Underscores.me.

図13-101　記事一覧に公開日も表示するようにしたところ

■ サムネイルを追加する

サムネイルを追加するには

```
echo get_the_post_thumbnail();
```

を、表示したい位置に追加します。このサムネイルは、投稿ページの「アイキャッチ画像」が
反映されます。

コード17-6　さらにサムネイルを表示するコードも追加

```
01   function posts_func() {
02   $args = array(
03       'post_type' => 'post',
04       'post_status' => 'publish',
05       'order' => 'DESC',
06       'posts_per_page' => 10
07       );
08
09       $the_query = new WP_Query($args);
```

```
10        while ($the_query->have_posts()) : $the_query->the_post();
11        echo '<p><a href="'. get_permalink( $post->ID ). '">';
12        echo get_the_date().'<br>';
13        echo get_the_post_thumbnail().'<br>';
14            the_title();
15        echo '</a></p>';
16        endwhile;
17        wp_reset_postdata();
18 }
19 add_shortcode('posts', 'posts_func');
```

このコードで、どのような表示になるのか見てみましょう。

図13-102　公開日に加えて、サムネイルも表示するようにした

　出力してみると、サムネイルの元画像はそれぞれサイズが異なっており、いずれもそのままの画像サイズで表示されています。このためサムネイル付きの一覧としてはバラバラになっています。Webブラウザーで表示しているHTMLを確認すると、以下のような記述になってい

ます。記事の一覧部分だけを見てください。

```
<div class="entry-content">
    <p>
        <a href="http://...">2022年7月11日<br>
        <img src="..." class="…" alt="" decoding="async"><br>
        記事A</a>
    </p>
    <p>
        <a href="http://...">2022年2月4日<br>
        <img src="..." class="…" alt="" decoding="async"><br>
        記事B</a>
    </p>
    <p>
        <a href="http://...">2022年2月4日<br>
        <img src="..." class="…" alt="" decoding="async"><br>
        記事C</a>
    </p>
</div>
```

　画像サイズはバラバラでしたが、HTMLコードとしては整然とした記述になっていることが
わかります。サムネイル画像は見た目の部分ですから、HTMLというよりはCSSで対応する
のが常道です。ここではそこまで踏み込みませんが、CSSで記事一覧の見た目を整えればか
なり完成に近づきます。

任意のデータを自由に呼び出す

　記事タイトル、投稿日、リンク、サムネイル画像などは、WordPressに標準で設定されてい
るデータセットです。これ以外に、たとえば「イベント実施日」「ニュースカテゴリー」のような
WordPressのデフォルトにないデータを呼び出すには、新しいデータセットを設定する必要
があります。
　このとき、以下のようなプラグインとPHPを組み合わせることで、より記事一覧の表現力を

より幅広く高めることができます。

■ Advanced Custom Fields

　新しいデータセットを作るのにぴったりのプラグインです。カスタムフィールドを設定すると、投稿ページや固定ページで設定した内容を入力することができます。これにより、デフォルトにはない、「イベント実施日」「ニュースカテゴリー」など任意の文字列、日付、カテゴリーなどを、投稿ページや固定ページで設定できるようにします。

　たとえば次のWebページでは、「イベント一覧」「イベント開催場所」「イベント開催日」などを指定しています。Advanced Custom Fildsプラグインを通じて一覧ページのPHPで読み込むようなコードを作っています。

図13-103　カスタムフィールドを用いた記事一覧の例（https://sustainable-world-boardgame.com/）

■ Custom Post Type UI

　投稿タイプを設定できるプラグインです。WordPressデフォルトでは「投稿」のみになっていますが、たとえば「ニュース」「お知らせ」などを投稿タイプで設定すると、サイドメニューに「ニュース」「お知らせ」が表示され、分けて投稿することができます。カテゴリーは別の分類に使いたいため、別の分類基準がほしいといった場合に便利です。

JavaScript/jQuery のイントロダクション

HTMLやCSSをユーザーの動きや時間に応じて動作させたり、新しいオブジェクトを追加したり……。こうした動的なWebページを実現するには、JavaScriptでしょう。ユーザーの動きとは、クリックのみならず、マウスホバー、スクロール、もっと応用すればスマートフォンやAR、VR装置の傾きや回転に応じて表示を変化させるように設定できます。JavaScriptが動作している例でいうと、よく使われているのは何らかのアラートを出すポップアップ画面です。何らかのアクションをトリガーに処理が変わっていくという点ではゲームのような動きがイメージとしてわかりやすいかもしれません。実際、JavaScriptで開発されたブラウザーゲームは多数あります。Webサイトとしては、スクロールに応じて動きを付けるサイトやアニメーションなどでよく使われます。

そんな "万能言語" のJavaScriptですが、そのフル機能をマスターしなくてもWebに特化させたJavaScriptライブラリであるjQueryを使えば、数行のコードでもさまざまなことができます。実際、jQueryだけでもかなりのことができるので、JavaScriptはこれからという方は、まずはjQueryをやってみて徐々に慣れていくのも良いと思います。

とはいえ、JavaScriptはプログラミング言語で、jQueryはそのライブラリです。ある程度はプログラミングを勉強した人でないと、簡単には手を出せないでしょう。ただ、Webデザイナーではあっても、特にフリーランスで活動していきたい人などの場合、JavaScriptもある程度できるというのは大きな武器になることがあります。今すぐではなくてもいずれはJavaScriptに挑戦してみてください。

本書でプログラミングの基礎から始めて、JavaScriptの文法まで解説することはできません。ここでは、今後、jQueryを勉強する環境を作るという意味でも、WordPressでjQueryを使えるようにする環境整備と、ごくごく基本的な使い方について紹介します。

jQuery を WordPress で使う

ここでは、WordPressでjQueryを導入する、最も簡単な方法を解説します。まず、Simple Custom CSS and JSプラグインを導入します

図13-104　Simple Custom CSS and JSプラグインをインストールする（検索結果から　プラグインの詳細情報を開いたところ）

　プラグインを有効化すると、左サイドバーにCustom CSS & JSという項目が現れるので、これをクリックします。「カスタムコード」画面になったら、「JSコードの追加」もしくは「Add JS Code」をクリックします。

図13-105　左サイドバーに追加されたCustom CSS & JSをクリックし、開いた画面で「JSコードの追加」もしくは「Add JS Code」をクリックする

　すると、JavaScriptのコードエディタが開きます。これでコーディングできるようになりました。デフォルトのコードが記述してあるところにコードを追加・編集し、タイトル（任意）を

入力します。「公開」ボタンを押すと、作成したコードが有効になります。

図13-106　コードエディタが表示された。所定の場所にJavaScript (jQuery) のコードを記述していく

---

jQueryでclass名を変更してみる

　class名を変更するだけと言っても、CSSで変化前後のデザイン設定を行えば、あとは発火条件 (トリガー) 次第で、さまざまなことが実現できます。なお、以下のjQueryコードは、Simple Custom CSS and JS必須の、スクリプトの前後に記述する

```
jQuery(document).ready(function( $ ){

    (ここにスクリプトを記述する)

});
```

を省略しています。ご注意ください。

❶classを追加する

　まずは、classを追加してみます。トリガーを設定していない場合、ページを開いた瞬間にスクリプトが実行されるので、ページを開いた時点でクラスが追加された状態となります。

・変更前のHTML

```
<p class="red">テキスト</p>
```

・jQueryの記述

```
$('.red').addClass('blue');
```

このような記述でページを開くと、もとのHTMLは

```
<p class="red blue">テキスト</p>
```

と書き換えられて、ユーザーのWebブラウザーで表示されます。

❷ class を除去する

removeClassを記述するとクラスを削除できます。前述のaddClassと組み合わせれば、クラス名を丸ごと書き換えられますね。removeClassしてaddClassすることで、置換したのとおなじことになります。

・変更前のHTML

```
<p class="red">テキスト</p>
```

・jQueryの記述

```
$('.red').removeClass('red');
```

・書き換えられたHTML

```
<p class>テキスト</p>
```

❸ 発火条件（トリガー）を設定する

　続いて、動作を加えてみます。redのクラスにホバー（hover）するとクラスを追加（addClass）するようなコードを書いてみます。

・jQueryの記述

```
$('.red').hover(function() {
    $('.red').addClass('blue');
});
```

　このほかにもいろいろな発火条件や、動作の設定を行うことができます。JavaScript、jQueryで実現できることはたくさんあります。学びながらいろいろな表現にトライしてみてください。

CHAPTER 14

アクセス分析と Web広告の実装

クライアントにとっては、Webサイトを公開したらそれで終わりではありません。クライアントからすれば何らかの目的があって、Webサイトがその目的に対してどのような効果を示しているかが重要になります。どれほど綿密に設計し、手間も時間もかけてデザインしたWebサイトでも、実際に立ち上げてみると想定した効果を得られない場合もあります。その場合、どのように改善するかを見つけなければなりません。

　効果が出せているのか、そうでないのか、あるいは改善すべきところがあるかどうかを分析するための重要な指標がユーザーのアクセス動向などをもとにしたサイト分析です。サイト分析には、サイト内のユーザーの動きを分析する「Googleアナリティクス」と、サイトの検索エンジンによる流入を調べる「Google Search Console」の2種類のツールの扱い方を知っておけば、多様な効果検証を行うことができます。

　どちらもいわゆる「Webマーケティング」でよく使われるツールなのですが、クライアントにサイトの実態を把握したいという要望があり、Webサイト構築の時点でWebデザイナーに設定を依頼するというケースがよくあります。どう分析するかはさておき、サイトに導入するだけであれば高度な知識や複雑な手順を覚える必要はありません。本章でひと通り予習したうえで、実際の画面に見慣れていれば問題なく導入はできるでしょう。まずはそこまでを目標とし、案件の経験をある程度積んだら、さらにレベルの高いWebデザイナーを目指してWebマーケティングに挑戦することをお薦めします。

　またサイト分析とは直接結び付きませんが、同じGoogleが提供するWeb広告の「Google AdSense」も本章で取り上げます。案件によってはWebサイトに収益性を求めるケースもあり、その場合に有力な手段であるためです。

Googleアナリティクスの導入

　Googleアナリティクスは、文字通りサイト内のユーザーの動きを「分析する」ツールです。サイトにアクセスしてきたユーザーの数や、最初にアクセスしてからの閲覧時間などを確認できるほか、特定のボタンのクリックなどの動作が何回実行されたかを、細かく調べることができます。各Webページのどこにユーザーが関心を持って、どのように操作して、最終的にどのページでサイトから離脱したかを明らかにします。こうしたデータを見ることで、より的確なサイトの改善策を検討しやすくなります。

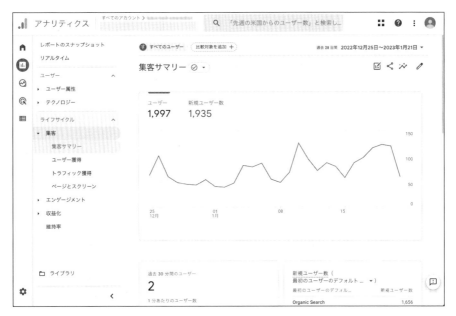

図14-1　Googleアナリティクスの分析画面の例

Analyticsタグの発行

　本書ではGoogleアナリティクスをWebサイトと紐付け、データの取得を有効化するところまでを解説していきます。全体の作業は大きく、①アカウントの設定、②Webサイトへのひも付け、③WordPressへの埋め込み、の3段階に分けられます。順に見ていきましょう。

■ Googleアナリティクスにアクセス

　Googleにログインし、Googleアナリティクス（https://analytics.google.com/analytics/Web/）を開きます。ここでログインしているアカウントに、Googleアナリティクスがひも付けられることになります。クライアントが分析用のアカウントを求めている場合などは、Googleアナリティクス管理専用に新しくGoogleアカウントを作成するといいでしょう。

図14-2 Googleアナリティクス (https://analytics.google.com/analytics/Web/)
のトップページ。この時点でGoogleにログインしているアカウントで、Google
アナリティクスを利用することになる

■ アカウント名を入力する

この画面で「測定を開始」をクリックし、Googleアナリティクス用のアカウント名を設定し
ます。アカウント名に使える文字は、英数字のみです。自由に命名できますが、請負案件の場
合は、クライアントと協議のうえ、会社や団体名、組織名などに関するものを入れることが多
いです。

図14-3 Googleアナリティクス用のアカウント名を設定し、「次へ」(画面外)をクリック
する

■ プロパティを設定する

プロパティとは、Googleアナリティクスにおけるサイト単位での設定のことです。このプロパティにも名前が必要です。アカウント名と同様に自由に付けられますが、基本はサイト名を入力しましょう。合わせて、タイムゾーン、通貨もこの画面で設定します。特に必要がなければ,それぞれ日本、日本円でいいでしょう。

図14-4　プロパティ名、タイムゾーン、通貨単位を設定する

■ ビジネスの概要について入力

この項目はアンケートのようなものと考えてよさそうです。会社の規模（従業員数）やGoogleアナリティクスを利用する目的について回答します。

461

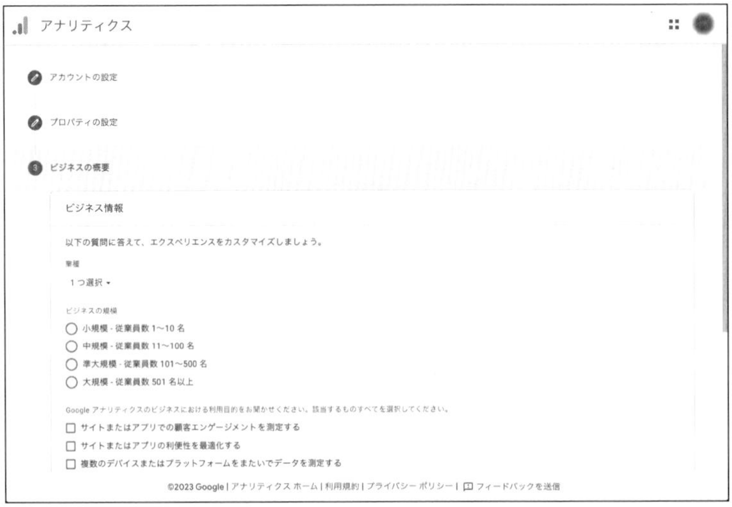

図 14-5 「ビジネスの概要」として、従業員数や Google アナリティクスの利用目
的についての質問に回答する

　このあとに利用規約への承諾や、Google アナリティクスに関するメール配信などの画面
が続きます。各画面で必要に応じた操作をしてください。

■「アナリティクス」

　ここで「アナリティクス」画面が開きます。ここでの作業はまず、連携用のタグを発行する
までの一連の設定です。このタグを WordPress のサイトに貼ることでデータを収集できま
す。
　まず画面左のメニューから「データストリーム」をクリックして、表示された画面で「ウェブ」
を選びます。

図14-6 「アナリティクス」画面が開いたら「データストリーム」を開き、「ウェブ」
を選ぶ

■「データストリームの設定」

「データストリーム」というのは、Googleアナリティクスのデータ分析対象のことと考えて
いいでしょう。この場合は分析したいWebサイトを指します。この画面では、「ウェブサイト
のURL」と「ストリーム名」を入力します。ストリーム名は任意なので、省略してもかまいませ
ん。

図14-7 「データストリームの設定」画面では、分析対象のWebサイトのURLを入
力する。任意で、ストリーム名として別途名前を付けることもできる

■「ウェブストリームの詳細」

　この時点で、Googleアナリティクス自体の設定は完了です。ただし、Webサイト側で何の
対応もしていないので、データは集まっていません。そこで、Webサイト側で使う計測用のタ
グを取得します。

　具体的には次に開く「Webストリームの詳細」画面で「タグの実装手順を表示する」をクリッ
クします。

**図14-8　Webサイト側でGoogleアナリティクスを有効にするために、まず「ウェブスト
　　　　　リームの詳細」画面で「タグの実装手順を表示する」をクリックする**

　続く「実装手順」の画面では、初期状態で「ウェブサイト作成ツールまたはCMSを使用し
てインストールする」タブが開いていますが、「手動でインストールする」を押すと、タグが表示
されます。このタグをWebサイト側に実装するためにコピーします。

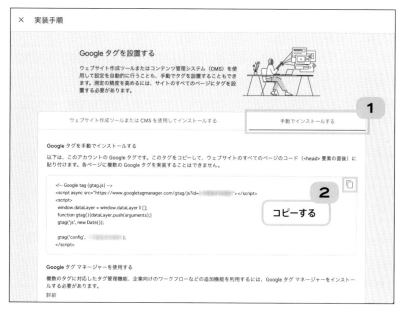

図14-9 「実装手順」の画面で表示されるタグをコピーする

タグをサイトに埋め込む

このタグをサイトに埋め込みます。埋め込み方法はいくつかありますが、よくある方法としては次の2通りがあります。

① ヘッダー表示用のファイル「header.php」の<head>に入れる

<head></head>の一番上か、一番下に入れておくと良いです。プラグイン不要で入れることができます。

② All in One SEOプラグインを使う

第13章で取り上げたAll in Oneプラグインにこうしたタグを反映させる機能があります。プラグインを有効化したら、左サイドバーの「一般設定」をクリックして「ウェブマスターツール」を開きます。開いた画面の「雑多の検証」に、Googleアナリティクスのタグを貼り付けます。同じ画面内の「変更内容を保存」を押すと、Webサイト側でこのタグが動作し始め、Googleアナリティクスにデータが集まるようになります。

導入時に必要な設定項目

　ここまでの手順でタグの埋め込みはできましたが、Googleアナリティクスを有効に活用するためには他にも設定しておきたい項目があります。

　よりよい分析のためのチューンナップは奥が深く、ケース・バイ・ケースである部分も大きいため、ここではどういう項目の設定が必要かを示すのに止め、具体的な設定方法や内容は割愛そます。さまざまなサイトで情報は提供されているので、ベストな設定についてはいろいろな情報源をあたって見つけることをお薦めします。

■ ユーザー単位のデータの保持期間

　デフォルトではAnalyticsのデータ保存期間が2カ月になっています。短期間で運用を終えるサイトでない限り、これでは短いと言わざるを得ません。最大で14カ月に延長することが可能なので、設定変更をお勧めします。

■ 内部トラフィックの除外

　クライアントのサイト担当者はもちろん、Webデザイナー自身も、かなりの頻度でWebサイトを訪問することになります。このためユーザーごとの分析をしようとすると、それぞれヘビーなユーザーとしてデータに含まれてしまい、Googleアナリティクスの分析結果に影響してしまう可能性があります。こうした関係者のアクセスデータは、蓄積されるWebサイトの分析結果から除外したほうがいいのです。

　具体的には、Googleアナリティクスで分析対象から除外するIPアドレスを指定することで、関係者のアクセスを調査しないようにします。

　ここでいうグローバルIPアドレスは、主としてインターネットでの通信時に使われる識別番号です。社内LANで用いられるローカルのIPアドレスではありません。LAN側から見て、ルーターの外側のIPアドレスでもあります。使用中の端末のグローバルIPアドレスは、「CMAN」（https://www.cman.jp/network/support/go_access.cgi）などで調べることができます。

　ただし、固定のネット回線（自宅やオフィスのネットワークなど）を利用していない場合、たとえば公衆Wi-Fiサービスなどを使ったりすると、接続するごとにグローバルIPアドレスが変わります。そうした場合には、自分のアクセスが除外されない可能性が出てきます。「どうすれば自分の閲覧がサイト分析に影響を与えないようにするか」には注意が必要な場面がある点、忘れないようにしてください。

Google アナリティクスを使いこなすコツ

　Web デザイナー本来の仕事ではないのかもしれませんが、クライアントによって Web デザイナーから Google アナリティクスを提案したり、どういう分析をするのかについてレクチャーしたりする場面があります。そこで、Google アナリティクスを使いこなすコツについて簡単に触れておきましょ。

　こうしたアクセス分析をするときに大事なのは、そもそものサイトの目的とゴール（指標）な何かについて、早い段階ではっきりさせることです。意外とそこについてあまり意識していないクライアントも少なくありません。商品やサービスを売りたいのか、広告で利益を出したいのか、ブランディングを目的にしているなら閲覧数が増えたらいいのか、サイトの滞在時間を長くなるようにしたいのか、などが目的になります。一言でサイト分析といっても、さまざまな角度があるのです。

　このため、Google アナリティクスにはさまざまな指標が用意されています。Google アナリティクスの分析画面では、そうした指標がわかりやすく把握できるようになっています。ここでは代表的なものを解説していきます。

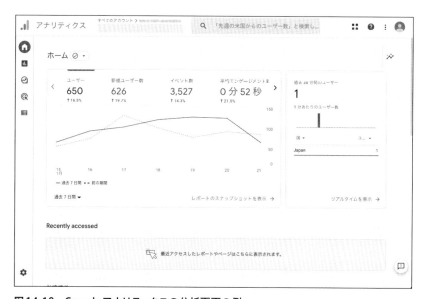

図14-10　Google アナリティクスの分析画面の例

■ ユーザー

設定した期間 (前の画面では「過去7日間」) 中に、このサイトを閲覧した人の数です。デフォルトではGoogleアカウントごとにデータを取得します。このため、従来の同等の分析よりも、同じ人がアクセスしているのであればパソコンやスマートフォンなど異なるデバイスでアクセスしていても、同じ人のアクセスとして分析できるようになっています。

■ イベント数

あらかじめが設定した動作を閲覧ユーザーが行った回数です。よく使われるのは、「商品購入ボタンを押す」などをイベントに設定することで、購入ボタンが何回押されたかを計測します。サイトで意図した動作 (コンバージョン) として、どういった操作をカウントするかを決めておき、サイト側でも動作をカウントできるように専用のタグを貼るなどの設定が必要になります。

■ エンゲージメント

ページを開いただけでなく、下にスクロールして「ページを読もうとした」数です。間違えてページを開いてしまったのと区別して、目的を持ってページを閲覧した数をカウントするといったイメージです。

■ トラフィック

もともとは交通量・通信量の意味で、ここではサイトおよびページの閲覧数のことを指します。

URLパラメーターを使いこなす

Googleアナリティクスはページごとに閲覧数、滞在時間などさまざまなデータを取ることができます。さらに各ページのURLに、URLパラメーターをつけることによって、どこのページからそのページにアクセスしてきたかを分析することができます。

URLパラメーターとは、URLの末尾に付加する変数です。たとえばGoogle検索すると検索結果のURLは

```
https://www.google.com/search?q=URL...
```

のような文字列になっています。この「?」から後ろの文字列がURLパラメーターです。その
基本的な書式は

```
?[パラメーター名]=[パラメーター値]
```

です。このようなパラメーター同士を「&」でつないで、複数のパラメーターをURLに付ける
こともできます。このパラメーター名、パラメーター値は任意で自由に作れます。

　パラメーターは、実はJavaScriptとPHPで値を受け渡すような場面でも活用できます。

　パラメーターの値によっては、Google検索の結果として表示されたリンクのように表
示するページを変えることもできますが、何も設定がなければ、URLにどのようなパラメー
ターを入れても、表示されるページの見た目は変わりません。たとえば、次のURLはどちら
をクリックしても同じページが開きます。

```
https://future-tech-association.org/
https://future-tech-association.org/?p=***
```

　しかしながら、Googleアナリティクスは両者を「別々のページとして」区別し、別のアクセ
スとして集計してくれます。このため、Google検索用には通常のURL、Twitterに掲載する
ときはTwitter専用のパラメーターをつけたURL、YouTube掲載用はさらに別のパラメー
ター……とすれば、「ユーザーはどこからこのサイトにやってきたのか」という閲覧元も含めて
集計することができます。

Google Search Console の導入

　Webサイトを訪れるユーザーは、そのサイトをどう見つけて、アクセスしてくるのか。最も有力なのが検索エンジンです。このため、検索エンジンでWebサイトがどのように扱われているのかはとても重要です。そこで、Google Search Consoleです。これは検索エンジンからの流入を調べるツールです。自分がかかわるWebサイトがどのような単語で検索されたときにヒットして、どれくらいの検索順位に現れて、そこからどれくらいのユーザーが閲覧しに来たのか……。それを明らかにするのがGoogle Search Consoleです。今やWebの中心といっても過言ではない、検索エンジン「Google」から見たサイトの状況を分析し、さらなるサイトの打ち出し方を検討することができます。

DNSコードをサーバーに設定する

　Google Search Consoleを導入する方法は、どういうサーバーを使っているかによってさまざまな方法があります。ここではレンタルサーバーでWebサイトを構築するという環境を想定して、レンタルサーバーの設定画面でGoogleSearch Consoleを有効化するときの手順を紹介します。

　導入するためには、Google Search Consoleから専用のコードを発行を受ける必要があります。その第一歩として、Google Search ConsoleのWebページ（https://search.google.com/search-console/about）を開き、「今すぐ始める」のリンクをクリックします。あらかじめGoogleアカウントでログインしておくか、ログインを要求されたら画面の指示に従ってログインします。

図14-11　Google Search Console の Web ペ ー ジ（https://search.google.com/search-console/about）にある「今すぐ開始」をクリックする

　プロパティタイプを選ぶ画面では、「ドメイン」のURL欄にドメイン名を入力し、「続行」ボタンを押します。

図14-12
**続く画面では「ドメイン」の
ほうのURL欄に、Webサイ
トのドメイン名を入力する**

　「DNSレコードでのドメイン所有権の確認」画面が表示されます。ここで前の画面で入力したドメイン名を確認すると同時に、表示されたTXTレコードをコピーします。これは、IPアドレスとドメイン名をひも付けるコードで、インターネットでドメイン名を使ってアクセスでき

るようにDNSに登録する情報です。

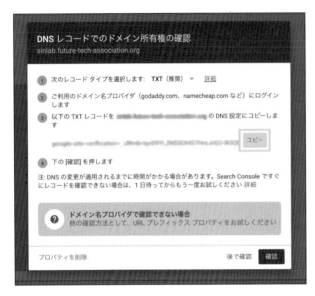

図14-13
ドメイン名を確認し、TXTレコード
をコピーする

コピーしたTXTレコードを、レンタルサーバーの設定画面から該当する項目を探して登録します。登録後は、レンタルサーバーからDNSサーバーに情報が送られます。これにはしばらく時間がかかる可能性があります。Google Search Consoleが発行したレコードがDNSで利用できるようになったことが確認できた段階で、Google Search Consoleでは次の画面が表示され、Googleからの流入分析ができるようになります。

図14-14
Googleがドメインを
チェックし、分析可能で
あることを確認できたこ
とを示す表示。これで分
析が開始されたことがわ
かる

Google Search Consoleの活用

　Google Search Consoleを使えば、分析対象のサイトがどんなキーワードの検索結果で、何番目に表示されているか、そこからどれくらいの人がサイトに流入したかなどを調べることができます。場合によっては、サイトの目的・現状のアクセス状況から考え、そもそも検索エンジンからの流入は無視してよい場合は、あまり気にしなくてもいいかもしれません。その意味では、Google Search Consoleを導入する必要はないケースもあり得るでしょう。

　一方で、たくさんのアクセスを集めたいWebサイトの場合は、検索エンジンからの流入は重要です。そういうサイトではたとえば、サイト内でのテキストにどのようなキーワードを入れればユーザーを集めるのに効果的か、検索結果の表示順を少しでも上げるにはどのようにすればいいかなど、常にトライアンドエラーを繰り返しながら効果を測定する必要があります。地道な作業ですが、新しいキーワードを使ってみたり、反応のいいキーワードを増やしてみたりといったトライをしたときに、Google Search Consoleの分析結果で、それぞれのトライがどのような結果になったかをチェックすることができます。いい結果が出ればそれを土台にまた上積みしていって……を繰り返して、流入ユーザーを増やしていきましょう。

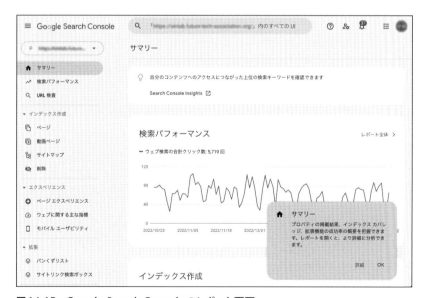

図14-15　Google Search Consoleのレポート画面

Google AdSense の導入

　ブランディングや広報活動の一環でオウンドメディアを導入している企業では、サイト自体を収益化することが多々あります。その中でも、広告のクリック数や表示回数に応じて収入が入る「Google AdSence」は多くのサイトで導入されています。

　Web デザイナーとしてもサイト制作だけでは単価がなかなか上がらなかったりしますが、サイトで収益化するという提案ができて、わかりやすく価値を示すことができれば、それが実績となり、今後のより条件のいい案件につながる可能性が高くなります。

Google AdSence の準備

　Google AdSense は、Web サイトで広告用スペースを提供する代わりに、広告を通じた収益を受け取ることができるサービスです。

　広告は、Google の検索結果や良質なサイト内での宣伝を目的に、Google AdSence に課金した団体や企業もしくは個人のものが掲載されます。つまり、Google が広告を仲介しているわけです。

　Google AdSence に登録をしたサイトは、Google からサイトの効果を分析されます。分析結果に応じて、Google AdSence に広告が掲載されます。ただし、広告媒体としてのサイトとして価値が低いと判定されれば、なかなか広告が集まらない（＝表示されない）可能性があります。良質な情報を提供してサイトの価値を高めることは Google AdSense にとっても意味があります。よいサイトを作ることと並行して、広告で収益化を目指していきましょう。

　Google AdSense を導入するには、まず Google AdSence（https://www.google.com/intl/ja_jp/adsense/start/）にアクセスし、「ご利用開始」というリンクをクリックします。あらかじめ Google アカウントでログインしておくか、未ログインの場合は画面の指示に従ってログインします。

　「準備」画面が開いたところから、Google AdSense の登録です。最初に Web サイトの URL、情報配信の可否、国について設定します。

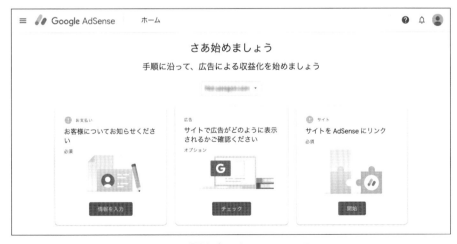

図14-16 「準備」画面では、WebサイトのURLを登録し、支払先の主体が所在する国もしくは地域を登録する

　「さあ、始めましょう」画面ではまず、「お支払い」の欄にある「情報を入力」をクリックします。いったん支払プロファイルを指定する画面で必要な設定をしてから、もう一度この画面に戻ってきます。

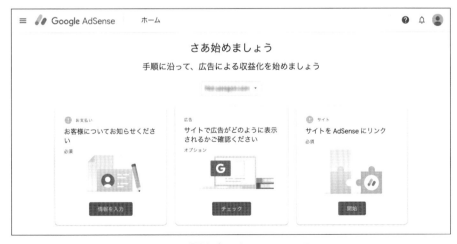

図14-17 まず「お支払い」の欄にある「情報を入力」をクリックする

「顧客情報」画面に切り替わるので、現在のGoogleアカウントが支払プロファイルに表示されていること、およびユーザーの氏名と住所を確認し、必要に応じて変更します。

図14-18　Google AdSenseの顧客として情報を確認する。「送信」をクリックすると、図10-17に戻る

リンクをサイトに埋め込む

　ここで図14-17の画面に戻るので、今度は「サイト」欄の「開始」をクリックします。すると、「サイトをAdSenseにリンクする」画面が開き、サイトに埋め込むコードが表示されます。これをコピーします。

図14-19　Webサイトに埋め込むコードが表示されるので、これをコピーする

基本的には、ここでは設定を変更せず、標準で表示されるコードで問題ありません。コピーしたコードは、WordPressでheader.phpにコピーします。追加する位置は<head>から</head>の間ですが、他の機能に影響を与えないよう、一番上もしくは一番下に記述します。

WordPressでの作業後、AdSenceの画面に戻り「コードを配置しました」にチェックして「次へ」を押すと、AdSenceの審査が開始されます。審査に通過すると、広告表示が有効になります。

自動広告の導入と設定

ここまででGoogle AdSenceが利用できるようになりました。最後に、どのようにWebページに表示するかを設定します。Google AdSenseには、大きく「自動広告」と「手動広告」の2種類があります。どちらを選ぶかにより、表示の設定が異なります。まずは自動広告から見ていきましょう。

自動広告は、GoogleがAIによるユーザーの閲覧行動などを分析し、Webページ上の任意の場所に表示する広告です。基本的にはWebサイト側で設定する必要はなく、Google

AdSense上の設定だけで作業できます。

　Google AdSenseのトップページで左上のメニューから「広告」を選択します。すると、「広告掲載の自動化」画面が開きます。Google AdSenseを登録しているサイトの右端にあるペンのボタンをクリックし、広告設定の画面を開きます。

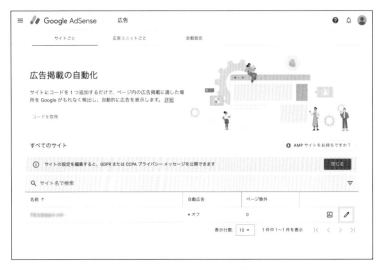

図14-20　Google AdSenseのメニューから「広告」を選び、開いた画面で図14-12で登録したWebサイトの設定画面を呼び出したところ

　「広告設定のプレビュー」画面で「自動広告」をオンにすれば、広告を表示するようになります。

図14-21
「自動広告」をクリックして初期状態のオフからオンに切り替える

　これでGoogle AdSenseをWebサイトに適用できました。作業としてはこれで完了です

が、Google AdSenseにはさまざまな設定項目があります。ひと通り確認しておいたほうがいい項目について、もう少しくわしく見ていきましょう。

■ 広告のフォーマット

Google AdSenceの自動広告にはいくつか決まったフォーマットがあり、それぞれオン／オフを設定できます。各フォーマットについて大まかに説明します。

・ページ内広告
　ページ内に大きな画像で差し込まれる
・Multiplex広告
　ページ内に記事一覧のようなタイルで差し込まれる
・アンカー広告
　ページ下部に固定表示される
・サイドレール
　横から出てくるように表示される
・モバイル全画面広告
　サイト内をボタンで遷移するときなどに、モーダルで表示される

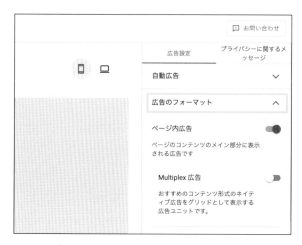

図14-22
広告のフォーマットは項目ごとにWebサイト上での表示の可否を設定できる

アクセス分析とWeb広告の実装

■ 広告掲載数

　広告を表示する量を設定します。自動広告は「広告収益が最大化するように広告を出す」ため、頻繁に表示される広告を閲覧ユーザーが邪魔に感じることがあり得ます。ユーザーのサイトに持つ印象を悪化させないよう広告の表示頻度を調整することで、うるさくならない程度に調整することができます。

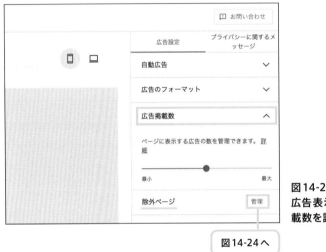

図14-23
広告表示が多い場合は広告掲載数を調整する

■ 除外ページ

　広告を出さないページを設定できます。内容によって広告表示が適切ではないページもあるでしょう。そういうページのURLを登録します。

図14-24　右サイドバーの「除外ページ」にある「管理」をクリックし、「ページ除外の管理」を開いたところ

手動広告の導入

　Webページに画像を埋め込むように、HTMLでWebページ上の特定の場所に広告を設置するのが手動広告です。厳密にWebページ上のこの位置に広告を表示したいという場合に利用します。

　Google AdSense画面の左上にあるメニューから「広告」を選択し、「広告ユニットごと」タブをクリックします。

図14-25　「広告」画面の「広告ユニットごと」タブを開いたところ

　ここで選択するのは、自動広告のところで紹介した広告フォーマットです。それぞれのフォーマットを選ぶと、それに応じたHTMLコードが表示されます。このコードをコピーして、各Webページないしはheader.phpなどの共通で利用されるhtmlコードに貼り付けます。

第6部　Webデザイナーの業務

第15章

納品までの全プロセス

ここまでご覧になってきた皆さんなら、Webデザイナーの仕事がとても幅広く、いろいろなことを引き受けることになるということをご理解いただけたのではないかと思います。それを整理する意味も兼ねて、案件を受注して以降、要件定義からデザイン作成、サイト構築までのWebデザイナーの一連の業務について、フローとして見ていきましょう。皆さんがWebデザイナーとして仕事をしていくうえで、どのように進めていけばいいのかというモデルにしてください。ここでは、フリーランスのWebデザイナーが自分ひとりで担当する案件を受けたと想定しています。プロジェクトチームで制作する場合は、Webサイトを構築するプロジェクト全体のフローと考えてください。

要件定義ですること

　案件を獲得したら、発注者に要件をヒアリングしていきます。発注者から聞き取った内容は、後から振り返れるように、必ずメモしてドキュメント化しましょう。ここでは、デザイン着手までに決めておきたい内容について、主に要件定義の段階でやっておくべきことをまとめます。

■ どこまでやるか？

　新規サイトを制作するのか、既存サイトのリニューアルか、Web以外に環境を作らなければならない領域はあるかなど、クライアントとの間で共有できているほど、その後の工程を安心して進められます。まずは、決めていきたい項目例を書き出してみます。

　まずは制作する範囲です。新規開発の場合はかなり明確なのですが、改修の場合は、現在のサイトのどの範囲が対象になるのか、手を付けなくていい範囲あるいは手を付けてはいけない範囲など、双方の"思うところ"にすれ違いが生じがちです。また、追加開発の場合は、追加分だけなのか、追加に伴う既存部分の調整・改修などはどこまでを対象とするのかなど、事前にしっかりすり合わせておくことが重要です。

　環境構築という点では、サーバーやドメイン、メール／Webメールなどの設定は必要か、Webデザイナーが関与する場合は新規に用意するのか、クライアント側がすでに持っているものを使うのかなどがポイントになります。

　画像や文章も誰が用意するのかについて、責任を明確にしておきましょう。写真素材の場合、新たに撮影・入手する必要があるケースがあります。それをクライアントが担当するのか、Webデザイナーが担当するのかを決めておかないと、ギリギリの段階で双方が「そちらの担当だと思っていた……」と押しつけ合うようなことにもなりかねません。

　デザインについては、早い段階でデザインの方向性について、クライアントから了承を得ておきたいですね。もう一つ重要なのは、デザインの修正についてです。ここを決めておかないと、いつまでもクライアントから修正の指示が続き、ちっとも終わらないという状態にはまります。「修正は何回まで」といったように回数で区切るケースが多いのですが、納期との兼ね合いもあります。修正をどうするかについては、早い段階で合意しておくと、安心して制作を進められます。

　とまとめてみましたが、実際のところこれらすべてをきっちり決めてから進められるプロジェクトというのもあまりありません。その意味では少しでも多くの項目を事前決めておきたいところです。とはいえ、発注者も決して手慣れた"発注のプロ"ではないことがほとんどなので、お互いの信頼関係を構築できてから正式な案件として引き受けるほうが健全ということもあります。大前提は、発注者との人間関係構築ですが、そこも含めて新規にお付き合いを始めるという場合は、とにかくコミュニケーションをこまめに取ることを重視してください。

■ 予算見積もり

　予算は、大きく以下の4点を考慮してます。

・サーバーとドメイン費の費用
・サイトの構築、デザイン、修正の工数分
・画像素材費用
・画像素材の入手、加工、制作費用

　サーバー、ドメインおよび画像素材の調達費用については、原則として実費なので調べれば金額は読めます。一方、工数をどのように見積もるかは、初めのうちは難しいかもしれません。

■ 工数

　工数が発生する項目は、予算見積もりとほぼ同じです。基本的に以下の4点について考えます。工数は、基本的にその作業に必要な時間を見積もります。

・サーバーや環境構築

・デザイン、デザイン修正

・実装、実装修正

・画像素材の入手、加工、制作（必要な場合）

　Webデザイナーとしては、要件を固めてからデザイン案に着手したいところではあります。でも、発注者自身がサイトのイメージを具体的にも描けていない場合もあります。他サイトのデザインを例に見てもらいつつ、大雑把なサイト構成・デザインの方向性を先に共有していくこともよくあります。このため、要件定義やデザイン案の作成が渾然一体となって進んでいくような案件もあります。決めておきたい内容を念頭に入れつつ、臨機応変な対応を求められるのが実態ですね。

プロトタイプ作成

　要件とデザインの方向性が固まってきたら、プロトタイプを作り始めます。Figmaなどのプロトタイピングツールでデザイン案を作成します。デザイン案の作成段階を細かく分けると、以下のような工程になります。

■ サイトの目的を整理する

　何のためのサイトなのか、誰にどのような情報を伝えたいのか、整理していきます。要件定義の段階でもこういった話は必ずするのですが、ここではデザインに落とし込むことを前提に、目的を明確にします。代表的なのは、コーポレートサイトなら会社としての信頼性を高めるため、実績やどのような事業を行っているかを分かりやすく伝えていきます。しっかり目的を定めると、サイトの構成や、デザインの方向性が決まっていきます。「こういう目的があるから、こういうデザインにする」と言語化して共有できるのが理想です。

■ 文章を用意する

　文章は、多くの場合、発注者や専門のライターに書いてもらいます。このテキスト素材からも、どんな情報を伝えたいのか、どんなサイトにしたいのかが読み取れると思います。単なる素材と思わずに、ちゃんと目を通しておきましょう。

　そのうえで、重要な情報が欠けている場合は追加の文書作成をお願いしたり、わかりにく

い部分は修正してもらうと、よりよいサイトになります。文章は、Webデザイナーとしては深入りする必要はないですが、ユーザーにメッセージとして伝わらないとならない素材です。「こうしたほうがよいのではないか」といった提案をクライアントにしてみてはどうでしょうか。そういった形で、より良いサイトを作るために気にかけていきましょう。

■ ベンチマークを探してデザイン案を作成

　サイトのデザインは、自力で独創的なものを生み出すよりも、世の中に数多あるサイトからお手本あるいはひな形になるものを探したほうが時間をかけずに正解を導くことができると思ってください。なおかつ、たくさんのアクセスを集めているサイト、すでに定評の高いことで有名なサイト、お金がかかっているサイトをベンチマークしたほうが、クライアントに対して説得力があります。デザイン的にも、そうしたサイトは細かく精密に設計されており、参考にすべき工夫がたくさん隠れています。

　自分ひとりで精密なデザインを一定の時間内に実現するのは簡単ではありません。仕事である以上、スピードは重要です。手っ取り早く、よいサイトのよいところを参考にすることにためらわないことをお勧めします。

　なお、Webサイトの場合、構成や配色を参考にする程度なら、著作権侵害を問われることはありません。掲載するテキストや写真は流用してはいけませんが、サイトの内容が変わってくるはずなので、他のサイトを積極的にベンチマークしても別物のWebページになるはずです。それでいてデザインのクオリティは上がるでしょう。独創的なデザインよりも、ベンチマークで行くべきなのです。

■ 画像を準備する

　画像は発注者から提供してもらうか、素材画像提供サイトから探します。デザイン案に当てはめてみて、デザインと雰囲気を合わせたり、画像に統一感を出したりするために、必要に応じて色合いやコントラストを調整します。また、できるだけファイル容量を少なく、高精度の画像にするために、ファイル形式（JPG、PNG、WebP）を適切に選択します。

　こうした工程で進めながら、随時クライアントとやりとりします。何度かブラッシュアップ重ねることで、デザイン案を固めていきます。極端なことを言えば、サイトを公開してからでも修正は可能ですが、できるだけこの段階でデザイン案が固めてからサイトを構築していくのが、健全な進め方です。

サイト構築

　HTMLやCSSのコーディング、WordPressのセットアップは、できるだけ速く確実に構築できるように、日々工夫を重ねていきましょう。

■ サーバー、ドメイン、メールアカウントを用意する

　サーバーがない場合は、この段階までに用意する必要があります。基本的に運用のことを考えればクライアントが用意するところですが、レンタルサーバーを使用する場合は、Webデザイナーが用意することもあります。あわせてドメイン、メールアカウントの取得についても、基本的にクライアントが責任を持つところではありますが、案件によっては「よくわからないのでやってほしい」と求められることもあります。ひと通りは知識として入れておけば、そういったイザというときにもあまり苦労することなく対応できるはずです。

■ コーディングする

　HTML、CSSのコーディングは、効率よくをモットーに作業しましょう。場数を踏んで自分なりに最適化していけばいいのですが、最初は試行錯誤で悩むことと思います。そういうときは、次の手順でコーディングするのが最も効率がよいでしょう。

　① HTML／CSSのファイル構成を考える
　② HTML／CSSで記述するタグ、クラス名、IDを決める
　③ HTMLをコーディングする（リセットCSSも忘れずに）
　④ CSSをコーディングする

　HTMLを書き終えてから、CSSに着手するところがポイントです。さらに慣れてきたら、SCSSなどのフレームワークに挑戦してみると、より手早く実装できるようになります。

サーバーにデータをアップロードする

　HTML／CSSの全ファイルが完成したら、いよいよ最終段階です。データをサーバーにアップロードして、テストしてみましょう。

　データのアップロードには、サイトのファイル構成やサーバー環境によって方法が変わってきます。ここではFTPによるアップロードと、WordPressによる実装について説明します。

■ FTPでサーバーにアップロード

　フルスクラッチ（HTML／CSSのみでサイトを作成）の場合、サイトを公開するにはFTPでサーバーにアップロードします。サーバー側でFTP用の設定情報のドキュメントがあるはずなので、それを参考にFTPクライアントをセットアップします。ローカルに、サーバーでのファイル／ディレクトリ構成を作っておけば、簡単にその構成をそのままサーバー上に再現できます。

■ WordPressで実装する

　HTML／CSSだけならVisual Studio Codeなどのツールを使えばローカル環境でプレビューできます。でも、WordPressは環境を用意しないと動きません。ローカル環境でしっかり構築するには、専用のWordPressアプリケーションを使って環境を用意します。本書では「Local」を取り上げて、使い方を説明しました（第13章）。

　WordPress環境を用意したら、HTML/CSSでコーディングした内容を反映していきます。ヘッダーとフッターは、WordPressのphpファイルを直接編集することになります。この作業では不用意に必要な情報を消したり、不要な文字列を入れたりしないよう、慎重に行う必要があります。

　構築が完了して、テスト環境で動作確認したら、プラグイン「All in One WP Migration」などを利用して、テスト環境をエクスポートし、本番環境にインポートします。本書ではバックアップと復元のやり方を紹介しています。それを応用し、本番環境に復元すれば移行できます。

WordPressでの作業の手順例は以下の通りです。

① テスト環境を準備する

② 基本設定 (テーマやタイトルなど)

③ プラグインを導入

④ ヘッダーとフッターを作る (header.php、footer.php)

⑤ ページの中身 (HTML) をテンプレートファイルか、固定ページを挿入

⑥ カスタムCSSにCSSを挿入

⑦ カスタムCSSの修正 (WordPressの見た目修正)

⑧ テスト環境で動作を確認

⑨ 本番環境に移行 (マイグレーション)

　これも構築するサイトによって変わってくるところはあるでしょう。作業モデルと考え、適宜やりやすいようにアレンジしてください。

CHAPTER 16

トラブルに備える

新しい分野にチャレンジするとき、失敗はつきものです。それも、転職やフリーランスに転身となると、大学で専門分野を学ぶくらいの時間をかけたくはなく、できるだけ早くスキルを身に付けて、現場を経験することが肝心だと思うのです。

　トラブルに遭うことを不安に思う人も多いと思います。事前に少しでも、この先に起こり得ることを想定できたら、心持ちが少し楽になるかもしれません。そこで本章では、Webデザイナーとして頻出のトラブルを取り上げ、何が起こるのかに心積もりをし、その乗越方について考えていくお手伝いをしようと思います。とはいっても大前提となるのはトラブルや失敗を恐れずに、常に改善しながら突き進むことですね。

なかなか要件／デザインが固まらない

　Webサイトの案件で最初の山場が来るのは、クライアントが作りたい（リニューアルしたい）サイトの要件を聞いて、それをデザイン案（プロトタイプ）に起こすところです。Webデザインというのは思った以上に奥が深く、選択肢は無限にあるのと、クライアントさんの要求自体が変化することもあり、いつまで経っても収束しないということがよく起こります。

　私もよく経験するのが、次のようなパターンです。クライアントから案件をもらい、デザイン案を何パターンか提示しました。その中からクライアントに絞り込んでもらいました。クライアントの意向に沿って作業を進めていたら、ある日急に要求が変わってしまった……というケースです。「そういうページじゃなくて、やっぱり全体にこういう感じのページにしてくれない？」といった具合です。

　Webデザイン以外の仕事でも、このようなケースはよくあると思います。これを回避するために大事なのが「Webサイトを理解するためのインプット」です！

　と言われても「Webサイトを理解するためのインプット」が何か、すぐにわかる人はいないでしょう。ちょっと説明しますね。

　Webサイトを制作する目的とそれに応じたサイトのタイプには、大体パターンがあります。

・企業について知ってほしい
　　　→コーポレートサイト、オウンドメディア
・サービス、商品について知ってほしい
　　　→サービスサイト、ECサイト

といったところです。

まずは、この目的を最大限に達成しているようなサイトを見つけていきます。これは、サイト解析ツール「Similler Web」を使ってベンチマークする方法でご紹介しています。

次に、クライアントのジャンル（業界）を調べます。クライアントが個人か団体という点も加味して調べます。同じ業界のさまざまな Web サイトを見たり、動画や書籍などを当たったりと媒体は問いません。大切なのは、クライアントと同じ視点に立ち、クライアントが目指すところに合ったサイトをベンチマークとして見つけることです。

もちろん、クライアントから関連資料を提供してもらえるなら、それを隅々まで読み込みます。既存サイトのリニューアルなら、全ページに目を通しましょう。

業界の徹底的な理解があれば、認識のズレを大幅に減らせます。広い視点で、その企業やサービスが、社会や業界の中でどのような立ち位置にあるのかを知って、そしてどう伝えたらいいかの伝え方を知っておくことです。

こういった観点からさまざまなインプットを集めることが重要です。そうしたインプットがあるうえでデザインを作っていけば、そもそもそれまでの作業をひっくり返すようなことを言われる可能性を減らせます。また、ひっくり返されそうになっても、大幅に変えるのではなく、必要最小限の変更で済ませることができるかもしれません。「こういう目的のサイトなので、ベンチマークがこういうデザインになっていることからも、大きく変えるよりも現行のデザインをベースにしたほうが効果は高いと考えます」と言えるかどうかです。

視点を広げることが大事

　ある程度Webサイト制作に慣れてくると、Webを見て、Webから考えるクセが付いてくると思います。それ自体は悪いことではないのですが、インプットと思考がWebだけに閉じてしまうと、いつの間にか視野が狭くなってしまっているという経験を何度かしました。

　そういう閉塞した状況を打破するには、常に視点を広げていくようにすることしかありません。Webにこだわらず、自分が知らない知識に当たったり、知らない人に会ったり、知らない土地に行ってみたり……。Webについてはクライアントの業種や取り扱うサービスや商品は幅広いです。視野は狭いより、広いほうが望ましいので、とにかくたくさん行動していきましょう。

思うようにコーディングできない

　デザインが決まっても、最初のうちはなかなかコーディングに行き詰まることも多いと思います。

　そういうときは、まずはわからない部分のコーディングをいったんあきらめ、四角形でも仮置きすることにしてWebページ、Webサイトを構築してみましょう。悩んだまま進捗を止めるのではなく、とにかく試作でもサイトを作り切ることが大事です。

　HTMLは入れ子構造で、CSSはこれにデザイン設定します。動的なものや3Dはさておき、サイトのデザインは単純に考えることの繰り返しで簡単に答えが出ます。

　お薦めしたいのは、HTMLに慣れないうちはFigmaで作ったデザイン案を印刷して、どれがHTML上のどの要素なのかを書き出してみることです。デザイン案の各要素から、線を引き出して構造を書いてみましょう。

　コーディングにかかる時間は、基本的に作業量に比例します。そこに迷う時間が乗っかるために、作業時間が読めなくなるのです。この迷う時間を減らせれば、コーディングの工数を正確に見積もれるようになるはずです。ここで紹介したのは一例です。迷って手が止まる時間をどうすれば減らせるか。自分なりに方法を見つけてください。

表示の崩れが見つかった

　よくあります。まずは焦らず、原因を分析することです。

　すでにリリースしているサイトなら、本番サイトの表示が崩れているのには目をつぶって、ローカル環境にデータをダウンロード（WordPressならマイグレーション）します。必ずローカルで修正して検証しましょう。あわてて本番サイトのデータを直接いじるのは厳禁です！本番サイトで不適切な修正をすると、復旧がかなり困難になるリスクがあります。可能ならば、GitHubなどでのバージョン管理も検討しましょう。

　表示崩れの原因分析では、その可能性があるものを一つずつ検証していきます。HTML／CSSが疑わしいなら、チェッカーツールやWebブラウザーの開発者向けツールで構造を確認することができます。そういうトラブル時に役立つツールがあることは頭に入れておきましょう。タグが正しい場所で閉じられてなかったり、CSSのコロンとセミコロンが正しく記載されていなかったり……など、自分の経験からミスのパターンはある程度わかっているはず。そういうところから当たるのも、早い解決のために有効です。

人間関係に困った

　会社に所属している場合を考えます。なかなか絶対の正解がない問題ですが、まずは勤めている会社の外に、会える人を確保することが大事ですね。社内にしか人の交流がないと、得られる情報も限られるため、なかなか厳しいものがあります。転職とはいかなくても、社外での交流を持っておくのは良いかなと思います。

　そういう意味では、Webデザイナーやエンジニアには、勉強会や交流会、コミュニティがあります。行き詰まっているときには、そういった新しい交流に乗り出すのは気が向かないかもしれません。普段からそういったイベントに参加していれば、行き詰まったときの助けになるかもしれません。

　そのうえでの話になりますが、人間関係をよくする工夫はやはり欠かせないでしょうね。あいさつする、必要な情報共有を行う、電話はすぐに出る、事務作業は確実にやるといった基本的なことを徹底すると、ピンチが訪れたようなときに、自分の助けになる場面は確実にあります。

　人間関係に悩む前に、誰かをほめたり、いいことがあったらそれを共有したり、ちょっとしたユーモアを交えたコミュニケーションを取ってみたり、少しの負担でできることってたくさんあります。

よいことは、まず自分で実践することが大事なのです。会社がいやなら離れればよいし、それでも離れられないなら行き続けるしかないけれども、どんな状況でも自ら厳しい状況を打開する、そのために動く、工夫し続ける習慣を身に付けると、今すぐでなくともよい職場に恵まれるはずです。

精神的に行き詰まったとき

仕事という意味では、デザインとコーディングをやるしかないのですが、初心者から仕事に入っていくとなかなか思うように進まず、新しい環境に飛び込んでしまったことに後悔してしまうこともあります。

そもそも、Webデザイナーは泥臭い仕事なのです。外から見たら華やかなイメージに見えるかもしれませんが、クライアントの要望はころころ変わるし、文章や画像の修正が次々入ってきたり、サーバーがダウンしたり、自分のミスで誤った内容でサイト更新したりと、落ち込むきっかけはいつでも身近にあります……。

それでも、Webデザインというのは自分が作ったものが、自分が描いた通りに形になる、魅力的な仕事です。そんな具合で、そもそもどうして自分はWebデザイナーになろうと思ったのか振り返りつつ、前向きだったときの気持ちを思いだして向き合っていきましょう！ あとはその過程をどう楽しめるかだと思います。

私の場合、デザインは少しでも新しい表現を実現できないかをいろいろ試していく実験場です。Webサイトの目的とクライアントの要望とベンチマークというしばりはありますが、その中で自分で工夫できるところはないか常に探して、試して、学んでいます。Webサイトのコーディングは、私にとってHTML／CSSはパズルなんですね。もしかするとそのエキスパートモードが、JavaScriptやPHPとかなのかもしれません。

そんな捉え方だけで気持ちは確実に変わります。仕事はそもそも楽しいものだと思いますよ。今の仕事を楽しくないと感じているなら、ぜひ工夫してみてください！

おわりに

　未経験から新しい分野にチャレンジしている皆さんのことを、心から尊敬しております。本書を通じて、Webサイトを作り上げるプロセスを楽しんでいただけたでしょうか。仕事をするならば、楽しく、面白くやっていくことが大事だと思います。本書を通じて、試しにでもWebサイトを作っていただけたら嬉しく思います。

Webデザイナーまでの道のり

　簡単ですが、私がWebデザイナーになるまでを記しておきたいと思います。

　小さいとき、周りの大人が大変そうに仕事している姿を見てきました。大きくなったら、好きな仕事で働けるようになりたいと思って、常に自分が好きなことを探し続けていました。その結果、ぼんやりとですがデザインに関われる仕事をしてみたいと思うようになりました。

　しかし、絵が上手に描けるわけではないし、デザインに関して、専門にできるほど感性が高いかもわからない。だから、美術系には進学しませんでした。大学は、街をデザインすることに興味を覚えて、都市計画を学ぶ学科を選びました。いわゆる土木系で、級友や先輩方は多くがゼネコンや鉄道会社、公務員を目指しているような環境でした。そんな中、大学1年生のとき地図を作る授業がありました。そのときに使ったドローイングソフトが面白くて、大学1年生の夏休みはそのままずっと地図を作っていました。都市計画のための図面を描く、自分の手で地図をデザインできるというところに、とてつもなく大きな魅力を感じたのです。地図を使って、人々が集まって街をよくする活動を行なったら、人々の暮らしがよくなるのではないか。そう考えて、就職先は地図の制作会社を選びました。

　すごくやりたかった地図表現に、入社してすぐのころから携わることができて、心躍るような仕事をたくさんやらせてもらいました。しかし、当時の業界は構造の大転換を迎えたところでした。Web地図の普及によるカーナビの衰退、そうした中での収益減に加え、地図制作の自動化、自動運転向け3D地図への転換などの混乱があり、その結果、思うように自分が

携わったものが世の中に出ていくことがありませんでした。

　自分が作ったものが、社会でどう役に立つのかを見てみたい。そう考えて、地図制作会社は3年ほど勤めて退職しました。しかし、転職先といっても地図業界は日本に数社しかなく、他業種を目指すなら未経験からのスタートになります。そこで、選んだのがWebデザイナーでした。

　会社を退職して、なんとか資金を工面しながら独学で、日によっては1日20時間かけてWebデザインを勉強し始めた矢先、新型コロナウイルスの流行が始まりました。徐々にコーディングに慣れてきたころ、緊急事態宣言が始まりました。飲食店やコンビニも営業縮小や休止によって、アルバイトの口を探すのも厳しかったので、飲食のデリバリーをやりながら、ギリギリの生活をしていました。結局、勉強漬けの日々を9カ月ほど過ごして、ようやく何とか知り合いの伝手を頼ってWebデザイナーとして採用してもらうことができました。

　何とか就職できたものの、周りにはWebデザイナーがいなかったので、仕事は手探りでした。デザインやコーディングを独学で学んだとしても、実際の仕事がすぐにすんなり進むわけではありません。しかも、自分が主体となって進める仕事も初めてでした。最初は、どうやって解決したらいいかわからないことだらけで、たくさん失敗してきました。とにかく必死にやって、2年ほど経って、徐々にWeb制作にも慣れてきました。すると、それまでの自分と同じようにスキル獲得や転職に困っている方がたくさんいらっしゃることもわかりました。そこで、自分の経験が少しでも役に立てばいいなと考え、一般社団法人未来技術推進協会が運営するテックコミュニティ「シンギュラリティ・ラボ」の中でWebデザインの勉強会を開催しました。その次に公開イベントとしてWebデザインおよびWordPressの勉強会を開催するようになり、2022年6月以来、約50回の開催でのべ2000名以上にご参加いただきました。また、これがきっかけで本書を執筆する機会をいただきました。

　さらに、全国各地でWebデザイナーを目指す方や、圧倒的な経験をお持ちのプロのWebデザイナーの方とのご縁ができました。そうした中で、フリーランス集団として実績とノウハウを共有し、未経験からでも高単価の案件獲得を目指す場所があったらと思い「PINKFREAK」という法人を設立し、現在業務拡大に勤しんでいます。

PINKFREAK　　https://pink-freak.com

　自分の親を見てきて、人生の大部分を捧げる仕事を一生懸命やり続けるのは、もちろん大事だとは思います。でもその一方で、人生を楽しく豊かなものにしたいとも思っています。心の余裕があるデザイナーだからこそ、より社会にお役に立つものが作れるはずと考えており

ます。Webサイトの改善は際限なく、これから時代の変化が早ければより柔軟な対応求められるようになるはずです。そのためのフラグシップを目指しています。

おすすめの書籍

　未経験から新しい分野に飛び込んでいくと、率直なところ厳しい戦いの連続になります。多様なスキルや知識を獲得しなければなりませんし、仕事の進め方やマインドセットも身に付けていかなければなりません。本書で書き切れなかったことがたくさんあります。そこで本書を読み終えた皆さんに、ぜひ次に読んでいただきたい本をご紹介します。

＜デザインを学びたい方へ＞

■ ノンデザイナーズ・デザインブック（Robin Williams 著／マイナビ出版）

デザインの基本スキルが身に付く本です。表現だけでなく、なぜこのデザインのほうが見やすくなるのかを論理的に説明してあるので、どのようなデザインにしたらよいか悩んだときに重宝します。

■ センスは知識からはじまる（水野学 著／朝日新聞出版）

デザインより大きいくくりで、クリエイティヴに関する考え方が書かれた本です。Webデザイナーとして社会の中で自分はどうあるべきなのか。第一線で活躍するクリエイティブディレクターの考えを知ることで、自分ならではのデザインポリシーが見つかるかもしれません。

＜コーディングを学びたい方へ＞

■ 1冊ですべて身につくHTML＆CSSとWebデザイン入門講座（Mana 著／SBクリエイティブ）

HTML、CSSのコーディング方法が細かく書かれているので、しっかり基礎固めしたい方にお薦めです。

＜マーケティングを学びたい方へ＞

■ USJを劇的に変えた、たった1つの考え方　成功を引き寄せるマーケティング入門
　（森岡 毅 著／KADOKAWA）

マーケティングの基本的な考え方を学ぶことができます。USJを例に出していますが、どう工夫したらそのサービスを受けたくなるかという点はWebサイトでも共通しており、「どうやったら効果のあるWebサイトが作れるか？」のヒントをたくさん得られると思います。

＜フリーランスで活動していきたい方へ＞

■ うまくいくリーダーだけが知っていること（嶋村 吉洋 著／きずな出版）

個人事業主は、文字通り個人が事業のトップになることであり、起業と同じです。部下がいなかったとしても、Webサイト制作において、自分自身が関係者を動かす責任者であり、リーダーです。いかにリーダーシップを発揮できるか、そのためのヒントを学ぶことができます。

■ 仕事はおもしろい（斎藤一人 著／マキノ出版）

新しいことを始めることは、困難の連続です。知らないこと、できないことが数多ある中で、どんどん厳しい壁に行き当たることになります。その中で、能力ではなく考え方でよい方向に導いてくれる、心の拠り所になる本です。

最後に

　テックコミュニティ「シンギュラリティ・ラボ」にてWebデザイナー向けスキルアップ支援を行っています。無料のオンライン勉強会を多数開催しており、本書で紹介したような基礎知識・基礎スキルのシェアを目的としています。それ以外にも、プロのデザイナーがサイト制作する現場を生で見ることができるイベントも開催しています。実際に、どのようにWebサイト制作するかイメージがつかめるのではないかと思います。
ぜひ、お気軽にご参加ください。

シンギュラリティ・ラボ 公式ホームページ　　https://sinlab.future-tech-association.org/

シンギュラリティ・ラボ イベント申込（Techplay）　https://techplay.jp/community/futuretech-assotiation

---

謝辞

本書を執筆するにあたり、たくさんの方々のご協力、ご助力をいただきました。

Web デザイナーになる前から、ずっと変わらず応援してくださった
一般社団法人　未来技術推進協会の代表　草場 壽一さん

本書執筆にあたって、たくさん相談に乗ってくださった
シンギュラリティ・ラボの　高橋　智博さん

本書執筆にあたっての最新の正しい知識を教えてくださった
フリーランス Web デザイナーの　真田 明さん

書籍化の機会をご提供していただき、私の粗雑な原稿をていねいに仕上げてくださった
日経 BP の　仙石 誠さん

たくさん参考になるご意見をくださった
シンギュラリティ・ラボの皆さん
勉強会にご参加いただいた皆さん

一緒にお仕事させていただいた方々や、
お仕事いただきましたクライアントの方々、
そうした数多くの関係者によって、この本を執筆することができました。

そして、本書を手に取っていただいたみなさん、
心から感謝いたします。

心から楽しめる仕事を通じて人生が豊かになることを願って、
本書を締めくくらせていただきます。

2023年3月　　黒 卓陽

profile

黒 卓陽　くろ たくよう

Web デザイナー／PINK FREAK 代表
一般社団法人 未来技術推進協会にて広報を担当

1993年東京生まれ。
2020年に感染症が流行する中、未経験、知識ゼロ、スキルゼロから独学でWebデザインを学ぶ。
貯金が底をついた状態でデリバリー配達員を行いながら、Webデザイナーとして転職。WordPressでオウンドメディア、企業HP、社内システムなどの制作を行う。

独学で培った知識を、生の経験と共に知ってもらうため

　・ゼロからはじめるWordPress
　・ゼロからはじめるWebデザイン
　・WebデザイナーLIVE

などのオンラインイベントを企画。のべ2000名以上の参加者を集める人気イベントに。企画だけにとどまらず、講師も務める。

また、イベントを通じて全国各地のクリエイターとつながりを持ったことから、未経験から参入できるクリエイター集団《PINK FREAK》を2022年に結成、代表も務める。

■ Twitter
https://twitter.com/KuroTakuyo

■ Instagram
https://www.instagram.com/takuyokuro/

● 本書で紹介しているプログラムおよび操作は、2023年 2月末現在の環境に基づいています。

● 本書で取り上げたソフトウェアやサービス、Webブラウザーなどが本書発行後にアップデートされることにより、動作や表示が変更になる場合があります。あらかじめご了承ください。

● 本書に基づき操作した結果、直接的、間接的な被害が生じた場合でも、日経BP並びに著者はいかなる責任も負いません。ご自身の責任と判断でご利用ください。

● 本書についての最新情報、訂正、重要なお知らせについては、下記Webページを開き、書名もしくはISBNで検索してください。
https://bookplus.nikkei.com/

ゼロからはじめる
Webデザイナー

2023年 3月27日　　第1版第1刷発行

著　者　　黒 卓陽
発行者　　村上 広樹
編　集　　仙石 誠
発　行　　株式会社日経BP
発　売　　株式会社日経BPマーケティング
　　　　　〒105-8308 東京都港区虎ノ門4-3-12

装　丁　　小口 翔平＋須貝 美咲 (tobufune)
デザイン　株式会社ランタ・デザイン
印刷・製本　図書印刷株式会社